"十二五"职业教育国家规划教材

经全国职业教育教材审定委员会审定（高职高专）

U0149590

化工制图与测绘

● 曹咏梅 熊放明 主编

第三版

HUAGONG ZHITU
YU CEHUI

化学工业出版社

·北京·

《化工制图与测绘》由"齿轮油泵测绘"和"氧化锌生产实训车间测绘"两个项目组成。"齿轮油泵测绘"项目包括齿轮油泵拆装及常用测量工具、基础绘图环境设置、计算机绘图基础环境设置、立体的投影、轴测图绘制、零件表达方法、标准件与常用件、零件图与装配图的识读与绘制。"氧化锌生产实训车间测绘"项目包括熟悉氧化锌的生产过程、化工设备图的绘制与识读、化工工艺图的绘制与识读、测绘氧化锌生产实训车间的化工工艺图等内容。

　　本书采用了最新的国家标准及有关行业标准。在内容上，所选的基础理论以必需、够用为度，将计算机绘图内容融入到各情境的相关任务中，强化了绘图、读图、测绘的实践能力培养。

　　本书主要适用于高职高专化工类各专业的制图教学，也可作为职大、夜大、电大等相近专业的教材或参考用书。

图书在版编目（CIP）数据

化工制图与测绘/曹咏梅，熊放明主编. —3 版. —
北京：化学工业出版社，2020.8（2024.2重印）
"十二五"职业教育国家规划教材　经全国职业教育
教材审定委员会审定　高职高专
　ISBN 978-7-122-36700-6

　Ⅰ.①化…　Ⅱ.①曹…②熊…　Ⅲ.①化工机械-机
械制图-高等职业教育-教材　Ⅳ.①TQ050.2

中国版本图书馆 CIP 数据核字（2020）第 082192 号

责任编辑：高　钰
责任校对：宋　玮　　　　　　　　　　　装帧设计：尹琳琳

出版发行：化学工业出版社（北京市东城区青年湖南街 13 号　邮政编码 100011）
印　　刷：三河市航远印刷有限公司
装　　订：三河市宇新装订厂
787mm×1092mm　1/16　印张 21¾　字数 542 千字　2024 年 2 月北京第 3 版第 5 次印刷

购书咨询：010-64518888　　　　　　　售后服务：010-64518899
网　　址：http://www.cip.com.cn
凡购买本书，如有缺损质量问题，本社销售中心负责调换。

定　　价：58.00 元　　　　　　　　　　　　　　　　版权所有　违者必究

前言

结合课程教学改革及国家精品资源共享课的建设，我们在广泛深入调研的基础上，对本书再次进行修订。

第三版在保留原有版本的编写特色基础上，做了一些优化、改进和创新。主要体现了以下特色：

① 突出理论性、应用性和实践性。注重理论与实践相结合，力求作图原理清晰、任务典型突出，培养学生仪器绘图、徒手绘图、计算机绘图、读图、测绘几种技能。

② 采用了最新的《技术制图》、《机械制图》等国家标准及有关行业标准，采用了新的 AutoCAD 版本。

③ 配套的国家精品资源共享课"化工制图与测绘"课程（http://www.icourses.cn/coursestatic/course_4171.html）已经在"爱课程"网站上线并进行了完善。采用自上而下的形式整体设计数字化资源，包括课程概要（课程简介、教学大纲、教学日历、考评方式与标准、学习指南等）；教学团队（课程负责人、课程团队等的人物简介、专业研究方向、教学科研成果等）；基本资源（采纳典型的项目及任务，依据培养目标，细化分解每一个知识点和技能点，形成相应的资源库，如教学录像、演示文稿、教学课件、习题作业、学习手册、电子挂图等媒体素材）；拓展资源（演示动画、化工仿真教学平台、虚拟模型、试题库和习题库等）。还有许多辅助教学和学习的资料可供借鉴，希望有助于学生的学习和教师的教学。

参加本书编写修订工作的有：曹咏梅［前言、项目二（情境二、情境三、情境四）、附录］，熊放明［绪论、项目一（情境四、情境五、情境八）、附录］，管文华［项目一（情境二）］，高永卫［项目一（情境七）］，陈慧玲［项目一（情境三）］，高利波［项目一（情境六）］，王德君［项目二（情境一）］，聂辉文［项目一（情境一）］。本书由曹咏梅、熊放明主编，由黄柏益主审。

由于编者水平有限，书中难免存在不妥之处，敬请同行和广大读者指正。

编 者
2020 年 1 月

目录

项目一　齿轮油泵测绘

绪　　论

一、学习《化工制图与测绘》课程的目的和意义

根据投影原理、国家标准及有关规定，表示工程对象，并含有必要的尺寸与技术说明的"图"，称为"图样"。

在企业的设计部门，设计人员将自己的设计思想用图样表达出来。在企业的制造部门，工人主要依据图样将产品制造出来。可见，无论是设计人员还是制造人员，都必须懂得工程图样。工程图样是联系设计人员和制造人员的工具，被誉为工程界的共同语言，绘图与识图是工程技术人员表达设计思想、进行工程技术交流、指导生产等必备的技能。作为未来的工程技术人员，每个工科院校的学生都必须掌握工程图样的绘制和识读方法，为将来能胜任自己的工作岗位打下坚实的基础。

《化工制图与测绘》是研究化工工程图样的绘制和识读规律，并对现场如何进行测绘的一门学科，是高等职业技术学院化工类各专业学生必修的一门专业基础课。

二、《化工制图与测绘》课程的内容

本课程通过"齿轮油泵测绘"和"氧化锌生产实训车间测绘"两个项目进行学习，各项目由不同情境按工作任务介绍了制图基础知识、机械制图知识和化工制图知识。制图基础知识涵盖了制图的基本知识与技能，计算机绘图基础，投影基础，基本体与组合体，轴测投影。机械制图知识包括机件的表达方法，标准件与常用件，零件图与装配图。化工制图知识介绍化工设备图，化工工艺图等内容。

三、《化工制图与测绘》课程的学习目标

学习本课程的目标如下：
① 掌握正投影的基本原理与方法，并能正确图示空间物体。
② 培养学生三维空间思维和设计构形能力。
③ 培养学生的读图能力和计算机绘图、徒手绘图、尺规绘图的绘图能力。
④ 培养学生进行化工工程现场测绘的能力。
⑤ 理解并贯彻国家标准的有关规定。
⑥ 培养学生一丝不苟的工作作风和严谨的工作态度。

四、《化工制图与测绘》课程的学习方法

① 课程内容抽象，要结合实物与现场分析物体模型，零件、部件的形状与结构特点，总结投影规律。平时多制作一些物体模型或绘制物体的立体图，降低想象难度。
② 课程内容连贯性强，课后要及时复习。由于内容多变，要多动手绘图、多读图、多想象，从而掌握作图方法。

　　③ 要严格遵守和认真贯彻《技术制图》、《机械制图》国家标准及有关技术标准，应牢记某些常用的标准规格，学会查阅相关手册。

　　④ 要正确、熟练地使用常用绘图工具和仪器绘图，也要加强徒手绘图的练习。

　　⑤ 对于计算机绘图部分，课后要及时上机练习。

　　⑥ 在学习过程中，要有意识地培养自己的自学能力，提高自己的创新意识。

项目一

齿轮油泵测绘

情境一　齿轮油泵拆装及常用测量工具

任务一　拆装齿轮泵、认识零部件及机械图

【学习目标】
① 拆装齿轮泵，熟悉齿轮泵的结构。
② 了解齿轮泵的工作原理。
③ 认识机械零件和机械部件，了解零件图和装配图。

工 作 任 务 单

工作任务	熟悉齿轮泵的结构和工作原理，了解机械零部件和机械图
任务描述	① 拆卸图 1-1-1 所示齿轮泵实物或虚拟模型，熟悉齿轮泵的结构。 ② 了解齿轮泵的作用，分析其工作原理。 ③ 认识机械零件和部件，了解机械零件的类型。 ④ 初步认识机械图。  图 1-1-1　齿轮泵
任务分析	本任务从拆装齿轮泵实物或虚拟模型入手，认识机械零件和部件，熟悉零件的类型，初步认识零件图和装配图，并了解它们在生产中的作用，进而知道学习《化工制图与测绘》的意义。
成果展示与评价	各组成员相互配合讨论，对任务描述的各个问题写出报告上交。

知识链接

● 齿轮油泵的作用
● 齿轮油泵的结构及工作原理
● 齿轮油泵拆装
● 认识零部件及机械图

一、齿轮油泵的作用

齿轮泵是液压系统中常用的部件之一，用于将液压油压力升高后输入液压系统，为液压系统提供能量驱动液压缸等，它实际上是一种将电动机等传递过来的机械能转换为压力能的能量转换装置。

二、齿轮油泵的结构及工作原理

1. 齿轮油泵的结构

齿轮油泵的结构如图 1-1-2 所示。泵体和泵盖组成泵的壳体，它们用两个销定位，六个螺栓固定，垫片用于调节齿轮端面与泵盖、泵体间的间隙；壳体内的空间被主动齿轮和从动齿轮分为两部分，形成吸油区和压油区；由填料、填料压盖和锁紧螺母组成的密封装置防止压力油从主动轴泄漏；泵盖上从压油区到吸油区的通道上，由钢球、弹簧、螺塞及小垫片组成的安全装置，可以保障压力过载时打开，压力油流回吸油区，以避免损坏系统中的其他零件和装置。

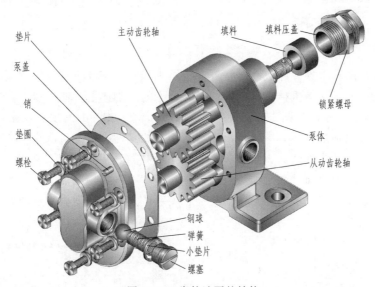

图 1-1-2　齿轮油泵的结构

2. 齿轮油泵的工作原理

齿轮油泵的工作原理如图 1-1-3 所示。当齿轮的啮合齿逐渐分开时，右侧进油口容积增大，压力降低，油被吸入泵内，随着齿轮的转动，齿槽内的油便被不断送到出油口。

过载时，出油口压力过大，钢球上所受的液压力克服弹簧的弹力，使泵盖上安全阀的通路开启，液压油流回吸油口，从而起到保护系统的作用。

三、齿轮油泵拆装

1. 准备工具

准备扳手、螺丝刀、榔头、小铜棒等工具。

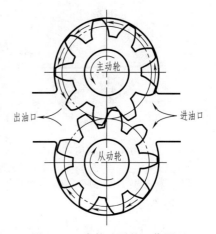

图 1-1-3　齿轮油泵的工作原理

2. 拆卸顺序

用扳手松开六个螺栓和垫圈，用锤头和小铜棒打出两个销，拆开泵盖和垫片；用扳手松开锁紧螺母和填料压盖，取出主动齿轮轴、从动齿轮轴及填料；用螺丝刀松开螺塞，取出钢球、弹簧和小垫片，完成拆卸。

3. 装配顺序

取泵体，装入主动齿轮轴和从动齿轮轴，再装入垫片和泵盖，用锤头打入两个销，装六个垫圈和螺栓，用扳手旋紧；在泵体上端的轴孔中装入填料，用扳手把旋好锁紧螺母的填料压盖旋入填料孔中压紧填料，并用锁紧螺母固定；依次在泵盖安全阀的通道中装入钢球、弹簧和小垫片，再用螺丝刀旋紧螺塞，完成装配。

拆装齿轮泵时应注意以下两点：

① 拆开的零件要妥善保管，体积较小的零件最好用专门的盒子保存起来。

② 不要用过大的力敲击零件，以免损坏。

四、认识零部件及机械图

（一）机械零件和零件图

1. 机械零件

任何机器都是由若干零件组成的。零件在机器工作时要求具有特定的作用，在制造时又能按要求被加工出来，这是机械零件与我们平时所说的"物体"不同的地方。

如图 1-1-4 所示的零件是图 1-1-5 所示旋塞阀上部密封装置中的填料压盖，其作用是压紧填料。压盖的形状是由它在阀中的作用和与之相邻的零件决定的。从阀中还可以看出，在加工压盖时，圆筒的内、外表面，腰圆板上的两孔及左侧安装接触面都要经过切削加工，这些表面较为光滑，其他表面（图中加细点的部分）不需要进行切削加工，较为粗糙。圆筒的外圆柱表面要安装在壳体上端的圆孔中形成配合关系，其松紧程度有一定的要求，故直径尺寸要满足一定的条件。

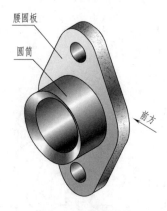

图 1-1-4　填料压盖

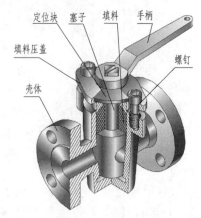

图 1-1-5　旋塞阀

对填料压盖的上述要求，设计者是用零件图给定的。

2. 零件图

零件图是工人加工零件的依据和主要的技术文件。如图 1-1-6 所示为填料压盖的零件图，它从四个方面表达了对加工零件的要求，右下角的标题栏中列出了零件名称、材料、图

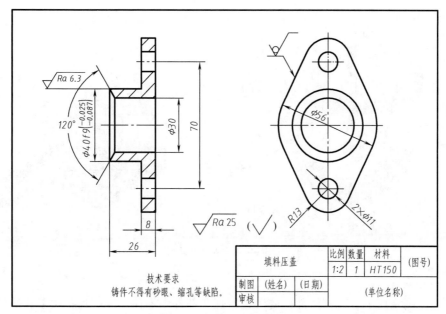

图 1-1-6　填料压盖零件图

形比例、图号等。"HT150"，表示零件的材料为灰口铸铁（简称"灰铁"，代号"HT"），零件毛坯由铸造而来。比例"1∶2"表示图形大小为实物大小的一半。

零件图中有两个视图，用来表达压盖的形状、结构。左边的视图称主视图，为剖视图，是从零件的前方向后方看画出来的；右面的视图称左视图，是从零件的左边向右边看画出的。怎样绘制和识读这些视图，是我们要重点学习的内容之一。

零件图中的尺寸标注，用于确定零件的实际大小和各部分的相对位置。如图 1-1-6 中的尺寸数字"8"表示腰圆板的厚度为 8mm，"70"表示两孔的中心相距 70mm。

图中的尺寸 $\phi40$ 之后还有代号 $f9$ $\left(_{-0.087}^{-0.025}\right)$，表示加工 $\phi40$ 这个尺寸要达到的精度要求。代号 $\sqrt{}$ 、$\sqrt{^{Ra\,6.3}}$ 等表示零件的表面质量要求。标题栏附近有时还用文字写出了一些对零件的其他要求，如铸造圆角的大小，热处理要求等。这些代号和文字规定了加工零件时的质量要求，称为技术要求。掌握这些代号及文字说明的含义，是学习本课程的重要环节。

在零件加工过程中，操作者需要多次反复检测尺寸和表面质量，并与零件图进行比对，从而判断零件是否合格，这项基本技能是机械工人必须具备的。

在前面拆装的齿轮泵中，螺钉、垫圈、销等零件，它们的结构和大小国家已经标准化，称为标准件，它们不需绘制零件图。而其他零件为非标准件，它们需要画出零件图作为生产和交流的指导文件。

（二）机械部件与部件装配图

1. 机械部件

机械部件由许多零件按一定顺序装配而成，用以实现特定的功能。由机械部件和其他零件一起，还可以组成更加复杂的机器。齿轮泵和旋塞阀都是机械部件。

如图 1-1-7 所示是一钻模，在钻孔时可以给钻头定位和导向。钻模由六种零件组成，模体和模座用两个销定位，两个螺钉连接。套筒直接套在模体孔内，松紧程度有一定要求。手把和模体用螺纹连接。上述这些关系，工人在制造钻模时是通过装配图知道的。

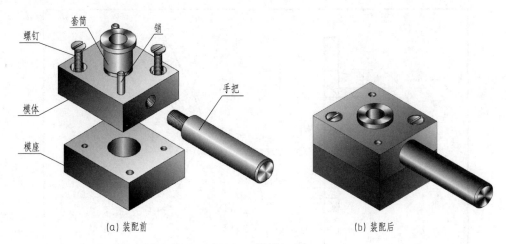

图 1-1-7 钻模部件

2. 部件装配图

部件装配图是用来表达机械部件的工作原理、部件中零件的装配连接关系和零件的主要形状结构的图样。在机械产品的装配、安装、调试和维修时，要依照装配图所规定的要求来进行。装配图是生产中指导工作不可缺少的技术资料。

图 1-1-8 是钻模的装配图。与零件图相比，装配图也有视图、尺寸标注、技术要求等，但他们的表达目的不同，在内容上差别较大。装配图中的视图要表达的是多个零件之间应该如何装配连接、零件的主要形状结构、部件或机器的工作原理，而零件图的视图表达的是单

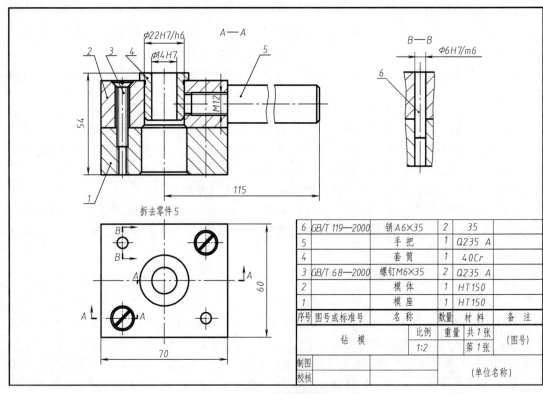

图 1-1-8 钻模装配图

个零件的所有形状结构。装配图中只标注与装配有关的尺寸，而零件图中要把所有结构尺寸都完整标注出来。装配图中的技术要求在内容上也与零件图有很大的不同。另外，与零件图不同的是，装配图中用指引线和数字给每种同一规格的零件编排了序号，并在标题栏上方相应地增加了一个明细栏，用来说明零件的名称、数量、材料等。

任务指导

1. 拆装零件

① 先应该拟定好齿轮泵的装拆顺序，拆装时要严格按事先拟定的顺序进行。

② 在弄清齿轮泵的功用和工作原理的前提下，要仔细分析每个零件的作用、与其他零件的装配连接关系。

③ 对照齿轮泵，取1～2个主要零件，研究它们与相邻零件的关系，粗略分析需要哪些技术要求，理解如何规定零件的技术要求。

2. 注意事项

① 拆装齿轮泵时，不要过分用力敲打零件，以免损坏。

② 要妥善保管好拆卸的零件，以免丢失。

③ 要参照教材给出的立体图，严格按事先拟定的装拆顺序进行拆装，严禁乱装乱拆。

④ 任务完成后，应该将齿轮泵装好交还。

任务二　了解常用测量工具

【学习目标】

① 认识并学会使用常用的几种测量工具。

② 了解几种常见尺寸的测量方法。

工 作 任 务 单

工作任务	测量齿轮泵部分零件的尺寸。
任务描述	① 认识几种常用测量工具，学会使用方法。 ② 了解几种常见尺寸的测量方法。 ③ 选择齿轮泵的典型零件，测量零件上各个结构的相关尺寸。
任务分析	测量尺寸是测绘的基本技能。在产品仿制、机械维修等工作中，尺寸测量、特别是精确测量准确与否，关系到生产出来的零件是否符合使用要求。本任务通过测量齿轮泵的典型零件，熟悉几种常用测量工具的使用方法，掌握几种常见尺寸的测量技巧。
成果展示 与评价	各组成员对齿轮泵的各个零件分工测量，独立测量相关尺寸后绘简图上交。

知识链接

● 常用的测量工具

● 零件的尺寸测量方法

一、常用的测量工具

模型测绘必须掌握尺寸的测量方法。常用的量具有直尺、外卡钳、内卡钳、游标卡尺等，如图 1-1-9 所示。

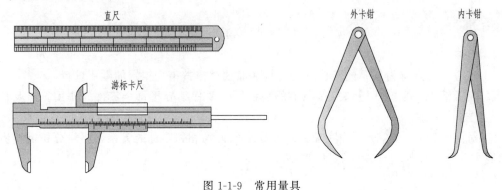

图 1-1-9　常用量具

二、零件的尺寸测量方法

1. 直线尺寸（长、宽、高）的测量

一般可直接用直尺测得，有时要用直角尺或三角板配合进行测量，如图 1-1-10 所示。

2. 回转体直径尺寸的测量

测量外径用外卡钳，如图 1-1-11（a）所示；测量内径用内卡钳，如图 1-1-11（b）所示。当精度要求较高时，可用游标卡尺测量，如图 1-1-12 所示。

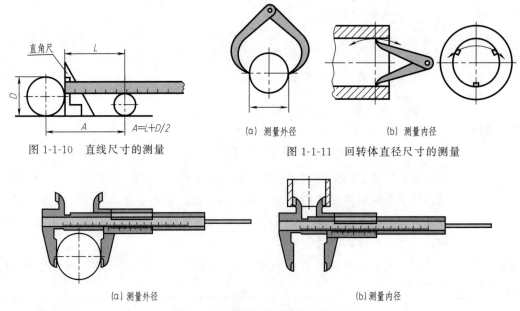

图 1-1-10　直线尺寸的测量

(a) 测量外径　(b) 测量内径

图 1-1-11　回转体直径尺寸的测量

(a) 测量外径　(b) 测量内径

图 1-1-12　游标卡尺测量外径和内径

3. 壁厚的测量

筒体和接管的壁厚可量取外径 D 和内径 d，通过计算求出，如图 1-1-13（a）所示。当内径不便于测量时，可按图 1-1-13（b）的办法进行，经计算得 $x=A-B$ 及 $y=C-D$，即

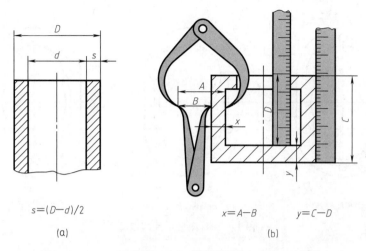

$s=(D-d)/2$

(a)

$x=A-B$ $y=C-D$

(b)

图 1-1-13　测量壁厚

为壁厚。

4. 孔间距的测量

当孔的直径不等时，孔间距为 $A=L+\dfrac{d_1+d_2}{2}$，如图 1-1-14 所示。

5. 中心高的测量

可用图 1-1-15 所示的方法，量出尺寸 A 和 D（精度要求较高时应量出 B 和 d），用公式 $H=A+\dfrac{D}{2}\Big(或\ H=B+\dfrac{d}{2}\Big)$ 计算中心高 H。

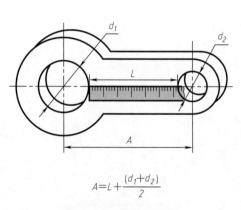

$A=L+\dfrac{(d_1+d_2)}{2}$

图 1-1-14　测量孔间距

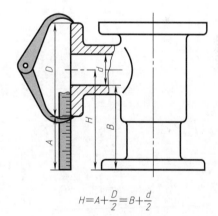

$H=A+\dfrac{D}{2}=B+\dfrac{d}{2}$

图 1-1-15　测量中心高

任务指导

1. 测量步骤

① 观察所测零件，仔细分析零件的哪些部位尺寸精度要求高，哪些要求低。

② 画出零件的简图，将零件分成不同的部分，依次取其一部分进行测量。测量时要注意，既要测出确定该部分位置的尺寸，也要测出确定其大小的尺寸，如图 1-1-16 所示为测量齿轮泵中垫片的几个步骤。

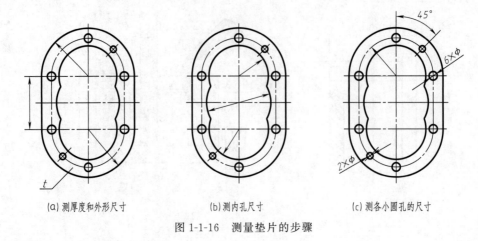

(a) 测厚度和外形尺寸　　　　(b) 测内孔尺寸　　　　(c) 测各小圆孔的尺寸

图 1-1-16　测量垫片的步骤

③ 测量过程中，要使用游标卡尺等测量精度高的尺寸，精度低的尺寸可用直尺等测得，并适当圆整。

2. 注意事项

① 应根据零件的精度选用相应的量具。

② 允许将不重要的尺寸圆整。

③ 对零件上还未学到的一些特殊结构，如螺纹、齿轮轮齿的尺寸，可暂不进行测量。

情境二 基础绘图环境设置

任务一 绘制图框、标题栏及线型练习

【学习目标】
① 熟悉有关制图的国家标准。
② 掌握图样格式、图线的画法以及尺寸标注方法。
③ 练习使用绘图工具。

工 作 任 务 单	
工作任务	绘制图框、标题栏及线型练习
任务描述	① 绘制图框和标题栏。 ② 按图 1-2-1 要求，用 A4 图纸，绘制图线并标注尺寸，比例 1∶1。 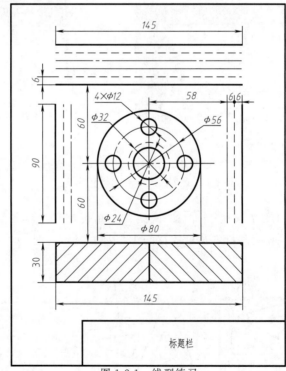 图 1-2-1 线型练习
任务分析	本任务所示图形的格式（边框线、标题栏、图线的型式与粗细、尺寸标注等），必须符合相关的国家标准。要完成该任务，应掌握绘图工具的正确使用方法，熟悉相关国家标准。
成果展示 与评价	各组成员每人完成 A4 图纸一张，小组互评后上交。

知识链接

- ● 尺规绘图工具及其使用
- ● 国家标准关于制图的基本规定
- ● 尺寸注法

一、尺规绘图工具及其使用

为提高绘图质量和绘图效率，应掌握绘图工具和仪器的正确使用方法。现将几种常用的绘图工具和仪器及其使用方法简介如下。

1. 图板

图板一般用胶合板制成，用于固定图纸，板面要求平整光滑，左侧为导向边，必须平直。

2. 丁字尺

丁字尺主要用来画水平线，由尺头和尺身构成。使用时，尺头内侧必须靠紧图板的导向边，在有刻度的一面由左至右画水平线，如图 1-2-2 (a) 所示。

(a)　　　　　　　　　　　　　(b)

图 1-2-2　图板、丁字尺、三角板的用法

3. 三角板

一副三角板有 30°（60°）与 45°两块。三角板配合丁字尺使用，可画垂直线、倾斜线[图 1-2-2 (b)] 和一些特殊角度线（与 15°成整数倍）（图 1-2-3）。

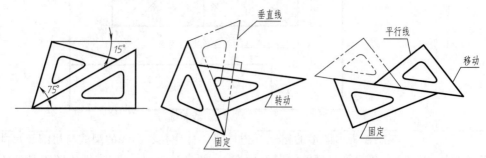

图 1-2-3　三角板的配合使用

4. 圆规

圆规用于画圆或圆弧。使用时，应将钢针有肩台的一端插入图纸，并使肩台与铅芯尖平

齐。圆规的使用方法如图 1-2-4 所示。

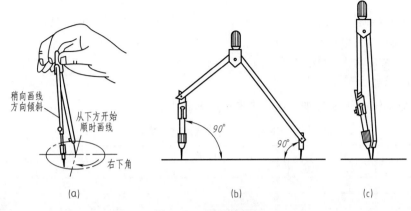

图 1-2-4　圆规的使用

5. 分规

分规主要用来截取尺寸、等分线段等。分规的用法如图 1-2-5 所示。

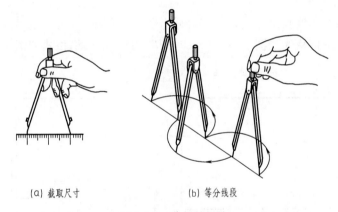

(a) 截取尺寸　　　　(b) 等分线段

图 1-2-5　分规的用法

6. 铅笔

铅笔分硬、中、软三种。"H"表示硬性，前面数字越大，表示铅芯越硬（色淡），"B"表示软性，前面的数字越大，表示铅芯越软（色黑）。HB 表示铅芯软硬适中。

绘制底图时，一般使用 H 或 2H 铅笔，并削成圆锥形；描深底稿时，一般采用 HB 或 B 铅笔，并削成扁铲形。削铅笔时注意保留标号，如图 1-2-6 所示。

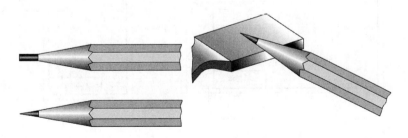

图 1-2-6　铅笔的削法

二、国家标准关于制图的基本规定

中国国家标准简称"国标"，代号"GB"。例如 GB/T 67—2000，其中 GB/T 表示推荐性国家标准，67 是编号，2000 是发布年号。

1. 图纸幅面及格式（GB/T 14689—2008）

（1）图纸幅面

图纸的基本幅面共有五种，其尺寸关系，见表 1-2-1。

表 1-2-1　图纸基本幅面尺寸

幅面代号	A0	A1	A2	A3	A4
$B \times L$	841×1189	594×841	420×594	297×420	210×297
a	25				
c	10			5	
e	20		10		

必要时，允许选用加长幅面，加长幅面的尺寸必须是由基本幅面的短边成整数倍增加后得出。

（2）图框格式

图纸上应使用粗实线画出图框，其格式分为留装订边和不留装订边两种。

留有装订边的图框格式如图 1-2-7 所示；不留装订边的图框格式如图 1-2-8 所示。

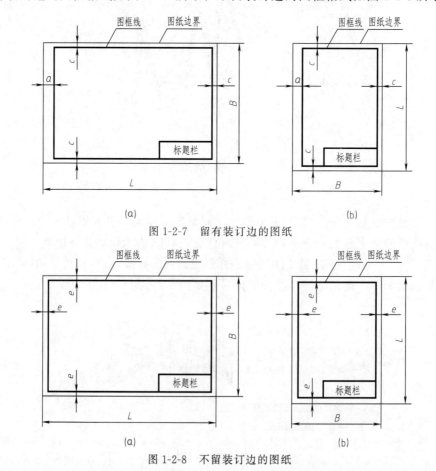

(a)　　　　　　　　　　　　　(b)

图 1-2-7　留有装订边的图纸

(a)　　　　　　　　　　　　　(b)

图 1-2-8　不留装订边的图纸

（3）标题栏

每张图纸都必须按 GB/T 10609.1—2008 的规定画出标题栏，作业中可按图 1-2-9、图 1-2-10 所示的标题栏绘制。标题栏应画在图纸的右下角，并使底边和右边与图框线重合，标题栏中的文字方向通常为看图方向。

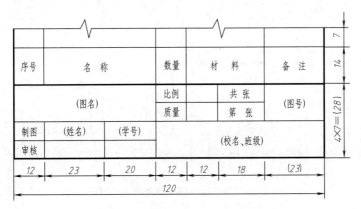

图 1-2-9　作业用装配图的标题栏与明细栏

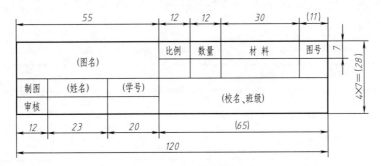

图 1-2-10　作业用标题栏格式

（4）对中符号和看图方向

为便于复制和缩微摄影，应在图纸各边的中点处分别画出对中符号。对中符号用粗实线绘制，长度从图纸边界开始伸入图框内约 5mm ［图 1-2-11（a）］，若标题栏中的文字与看图方向不一致，应绘制方向符号 ［图 1-2-11（b）］。

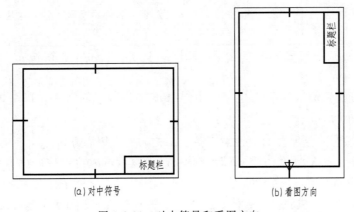

(a) 对中符号　　　　　　(b) 看图方向

图 1-2-11　对中符号和看图方向

2. 比例（GB/T 14690—1993）

绘图比例是指图样中机件要素的线性尺寸与实际机件相应要素的线性尺寸之比，如图 1-2-12 所示。

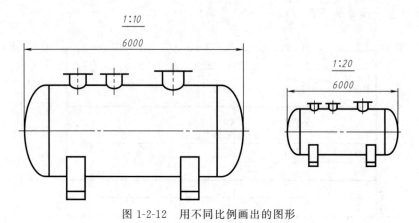

图 1-2-12　用不同比例画出的图形

绘制图样时，一般应采用表 1-2-2 中规定的比例。绘制同一机件的各个视图应采用相同的比例，并在标题栏的比例一栏中填写。为了反映机件的真实大小和便于绘图，尽可能选用 1∶1 的比例。

表 1-2-2　比例系列

种　　类	优先选择系列	允许选择系列
原值比例	1∶1	—
放大比例	5∶1　　2∶1 5×10^n∶1　　2×10^n∶1　　1×10^n∶1	4∶1　　2.5∶1 4×10^n∶1　　2.5×10^n∶1
缩小比例	1∶2　　1∶5　　1∶10 1∶2×10^n　　1∶5×10^n　　1∶1×10^n	1∶1.5　　1∶2.5　　1∶3 1∶1.5×10^n　　1∶2.5×10^n　　1∶3×10^n 1∶4　　1∶6 1∶4×10^n　　1∶6×10^n

注：n 为正整数。

3. 字体（GB/T 14691—1993）

（1）基本要求

① 图样中书写的汉字、数字和字母，必须做到"字体工整，笔画清楚、间隔均匀、排列整齐。"

② 字体高度（用 h 表示）的公称尺寸系列为：1.8mm，2.5mm，3.5mm，5mm，7mm，10mm，14mm，20mm。

③ 汉字应写成长仿宋体字，并应采用国家正式公布的简化字。汉字的高度不应小于 3.5mm，字宽一般为 $h/\sqrt{2}$。

汉字的书写要领：横平竖直、注意起落、结构匀称、填满方格。

④ 字母和数字分 A 型和 B 型。A 型字体的笔画宽度（d）为字高（h）的 1/14，B 型字体的笔画宽度（d）为字高（h）的 1/10。在同一图样上，只允许选用一种型式的字体。

⑤ 字母和数字可写成斜体和直体。斜体字字头向右倾斜，与水平基准线成 75°。

（2）字体示例

① 长仿宋体汉字书写示例（图 1-2-13）。

10号字

字体工整笔画清楚间隔均匀排列整齐

7号字

横平竖直注意起落结构均匀填满方格

5号字

技术制图机械电子汽车航空船舶土木建筑矿山井坑港口纺织服装

3.5号字

螺纹齿轮端子接线飞行指导驾驶舱位挖填施工引水通风闸阀坝棉麻化纤

图 1-2-13　汉字字体示例

② 字母、数字书写示例（图 1-2-14）。

大写斜体

小写斜体

阿拉伯数字斜体

罗马数字斜体

图 1-2-14　字母、数字书写示例

4. 图线（GB/T 17450—1998、GB/T 4457.4—2002）

（1）线型及其应用

图样应按国家标准规定的线型绘制，机械制图中常用的几种标准图线见表 1-2-3。

表 1-2-3　图线型式及应用（摘自 GB/T 4457.4—2002）

图线名称	图线型式	图线宽度	一般应用
粗实线	——————————————	d	可见轮廓线
细实线	——————————————	约 $d/2$	尺寸线、尺寸界线、剖面线、指引线、重合断面的轮廓线、螺纹牙底线、过渡线
波浪线	～～～～～～～	约 $d/2$	断裂处的边界线、视图与剖视的分界线
双折线	——/\——/\——	约 $d/2$	断裂处的边界线
虚线	— — — — — —	约 $d/2$	不可见轮廓线、不可见棱边线
细点画线	— · — · — · —	约 $d/2$	轴线、对称中心线、齿轮分度圆及分度线
粗点画线	— · — · — · —	d	有特殊要求的线或表面的表示线
细双点画线	— ·· — ·· — ·· —	约 $d/2$	轨迹线、相邻辅助零件的轮廓线、极限位置的轮廓线、假想投影的轮廓线、中断线

（2）图线的尺寸

图线的宽度系列为：0.13、0.18、0.25、0.35、0.5、0.7、1.0、1.4、2（单位：mm）。图线分为粗、细两种，粗线宽度一般采用 $d = 0.5$mm 或 0.7mm，细线的宽约为 $d/2$。

（3）图线应用示例（图 1-2-15）

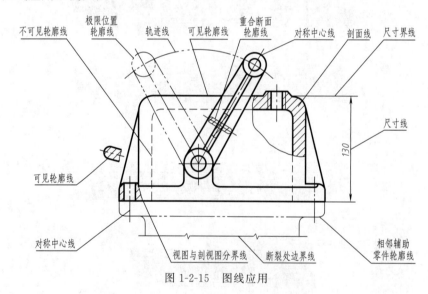

图 1-2-15　图线应用

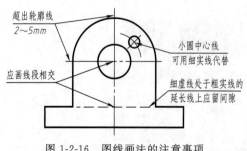

图 1-2-16　图线画法的注意事项

（4）注意事项（图 1-2-16）

画图线时应注意：

① 同一图样中的同类线型应基本一致。

② 画中心线时，圆心应为线段的交点，中心线应超出轮廓线 2～5mm。当图形较小时，可用细实线代替点画线。

③ 虚线与其他图线相交时，应画成线段相交。虚线为粗实线的延长线时，不能与粗实线

相接，应留有空隙。

三、尺寸注法

尺寸是加工零件、装配机器、安装设备和管道的主要依据。GB/T 4458.4—2003《机械制图　尺寸注法》和 GB/T 16675.2—2012《技术制图　简化表示法　第二部分：尺寸注法》中对尺寸标注作了专门规定。

1. 标注尺寸的基本规则

① 机件的真实大小应以图样中所注的尺寸数值为依据，与图形的大小及绘图的准确度无关。

② 图样的尺寸以毫米为单位时，不需标注计量单位的代号或名称，如果采用其他单位，则必须注明相应的计量单位的代号或名称。

③ 图样中所标注的尺寸为该图样所示机件的最后完工尺寸，否则应另加说明。

④ 机件的每一尺寸一般只标注一次，并应标注在反映该结构最清晰的图形上。

⑤ 标注尺寸时，应尽可能使用符号和缩写词。

2. 尺寸的组成

完整的尺寸由尺寸界线、尺寸线、尺寸数字和尺寸终端组成，如图 1-2-17 所示。

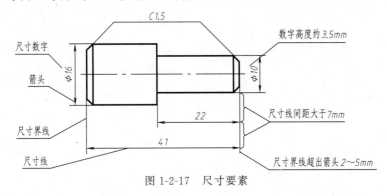

图 1-2-17　尺寸要素

（1）尺寸界线

尺寸界线应从图形的轮廓线、轴线或对称中心线引出，也可利用轮廓线、轴线或对称中心线作尺寸界线，用细实线绘制，如图 1-2-18 所示。

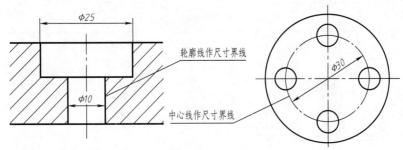

图 1-2-18　尺寸界线

（2）尺寸线

如图 1-2-19 所示，尺寸线用细实线绘制，绘图时应注意以下两点。

① 尺寸线不能用其他图线代替，也不得与其他图线重合或画在其延长线上。

② 尺寸线应与所标注的线段平行，间距不小于 7mm。

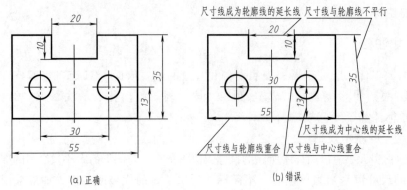

图 1-2-19　尺寸线

（3）尺寸终端

尺寸终端有箭头和斜线两种形式。箭头形式可用于各种图样；斜线用细实线绘制，其方向和画法如图 1-2-20 所示。斜线形式只能用于尺寸线与尺寸界线相互垂直的情况。同一张图样中只能采用一种尺寸终端形式。

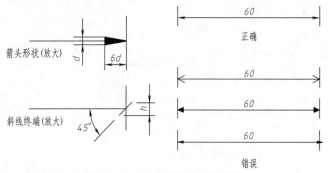

图 1-2-20　尺寸终端的两种形式

（4）尺寸数字

线性尺寸的数字一般应注写在尺寸线的上方，也允许注写在尺寸线的中断处，同一张图样上的注写方式应一致。

3. 常见尺寸的标注方法（表 1-2-4）

表 1-2-4　尺寸标注方法

项目	图　例	说　明
线性尺寸	（a）　　　　　（b）	数字方向随尺寸线方位的变化而变化，按图（a）所示方式注写，但应避免在图示 30°范围内标注尺寸。当无法避免时，可采用图（b）所示形式注写
	（c）	尺寸线必须与所标注的线段平行。应避免尺寸线与尺寸界线相交，见图（c）

续表

项目	图 例	说 明
直径与半径		圆或大于半圆的圆弧应标注直径,数字前加注符号"ϕ",尺寸线必须过圆心;等于或小于半圆的圆弧应标注半径,数字前加注符号"R",尺寸线从圆心开始,箭头指向轮廓线
球面尺寸	(a)　　　　(b)	标注球面直径或半径时,数字前应加符号"$S\phi$"或"SR",如图(a)所示。不至于引起误解时允许省略符号"S",如图(b)所示
角度		尺寸界线应沿径向引出,尺寸线画成圆弧,圆心是角的顶点。角度数字一律沿水平方向注写,一般注写在尺寸线的中断处,必要时可写在尺寸线的上方或外侧,也可引出标注
小尺寸		没有足够位置画箭头或标注尺寸数字时,可按图示形式标注

【拓展学习】——尺寸的简化注法

1. 板状类零件

标注板状类零件的厚度时,可在尺寸数字前加注符号"t",如图 1-2-21 所示。

2. 正方形结构

表示断面为正方形结构时,可在正方形尺寸数字前加注"□"符号,或用"12×12"的形式标注,如图 1-2-22 所示。

3. 对称机件

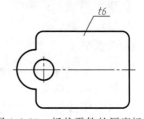

图 1-2-21　板状零件的厚度标注

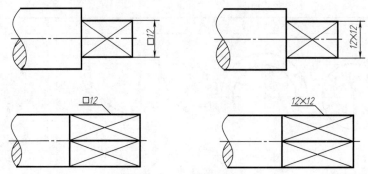

图 1-2-22　正方形截面的标注

当对称机件的图形只画一半或略大于一半时，尺寸线应略超过对称中心线或断裂处的边界线，并在尺寸线一端画出箭头，尺寸数字应按完整大小标注，如图 1-2-23 所示。

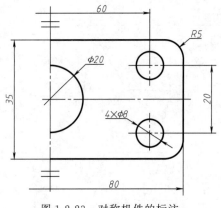

图 1-2-23　对称机件的标注

任务指导

1. 绘图步骤

（1）画底稿（用 H 或 2H 铅笔）

① 画图框和标题栏；

② 布图，画基准线；

③ 按图 1-2-1 所注的尺寸作图，标注尺寸；

④ 校对底稿，擦去多余的图线。

（2）描深图线

① 描深粗实线圆和直线（用 HB 或 B 铅笔）；

② 描深虚线、点画线、细实线圆和直线（用 H 或 HB 铅笔）；

③ 填写标题栏。

2. 注意事项

① 各种图线必须符合国家标准的规定。

② 同类图线的宽度应一致。粗实线线宽推荐采用 0.7mm。

③ 各种图线的相交画法，应符合要求。

④ 加粗描深时，应按先粗后细、先曲后直、先水平后垂直的顺序进行。

任务二 平面图形的绘制

【学习目标】

1. 巩固尺规绘图方法。
2. 掌握几何作图及平面图形的画法。

工 作 任 务 单

工作任务	平面图形的绘制
任务描述	① 按图 1-2-24 要求，用 A4 图纸绘制挂轮架的平面图形并标注尺寸。 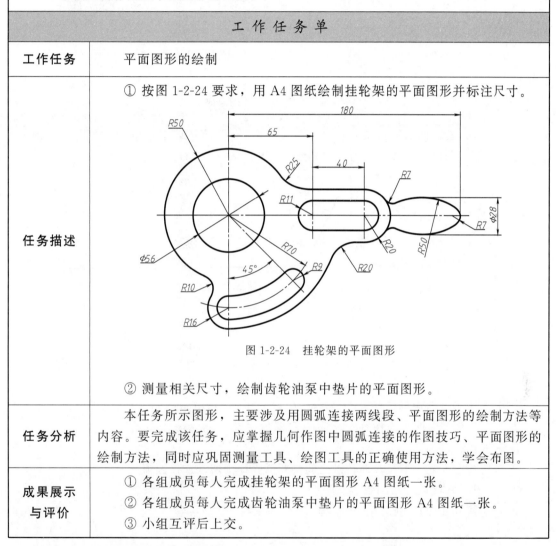 图 1-2-24 挂轮架的平面图形 ② 测量相关尺寸，绘制齿轮油泵中垫片的平面图形。
任务分析	本任务所示图形，主要涉及用圆弧连接两线段、平面图形的绘制方法等内容。要完成该任务，应掌握几何作图中圆弧连接的作图技巧、平面图形的绘制方法，同时应巩固测量工具、绘图工具的正确使用方法，学会布图。
成果展示 与评价	① 各组成员每人完成挂轮架的平面图形 A4 图纸一张。 ② 各组成员每人完成齿轮油泵中垫片的平面图形 A4 图纸一张。 ③ 小组互评后上交。

相关知识

● 圆弧连接
● 平面图形的画法

一、圆弧连接

　　用一圆弧光滑地连接相邻两线段的作图方法，称为圆弧连接。连接圆弧的圆心轨迹如图 1-2-25 所示。

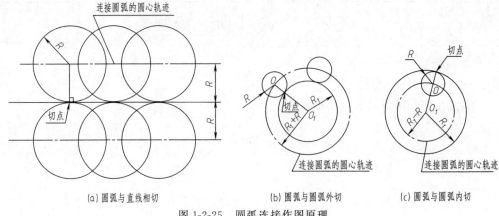

(a) 圆弧与直线相切　　　　(b) 圆弧与圆弧外切　　　(c) 圆弧与圆弧内切

图 1-2-25　圆弧连接作图原理

（1）用圆弧连接两已知直线

用圆弧连接两已知直线，作图步骤如图 1-2-26 所示。

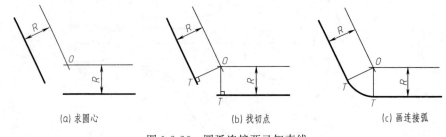

(a) 求圆心　　　　　　(b) 找切点　　　　　　(c) 画连接弧

图 1-2-26　圆弧连接两已知直线

① 求连接圆弧的圆心。

作与已知两直线分别相距为 R（R 为已知圆弧半径）的平行线，交点 O 即为连接圆弧圆心。

② 求连接圆弧的切点。

从圆心 O 分别向两直线作垂线，垂足 T 即为切点。

③ 画连接圆弧。

以 O 为圆心，R 为半径在两切点之间作圆弧，即为所求连接圆弧。

（2）用圆弧连接两已知圆弧

① 外连接（外切）的作图步骤如图 1-2-27 所示。

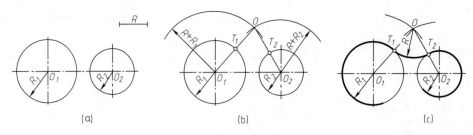

(a)　　　　　　　　(b)　　　　　　　　(c)

图 1-2-27　圆弧与两圆弧外连接画法

（ⅰ）求连接圆弧圆心：分别以 O_1、O_2 为圆心，以 $R+R_1$、$R+R_2$ 为半径画弧，两圆弧交点 O 即为连接圆弧圆心。

（ⅱ）求连接弧切点：连接 OO_1、OO_2 交已知弧于 T_1、T_2，即为切点。

（ⅲ）画连接圆弧：以 O 为圆心，R 为半径作圆弧，即为所求连接弧。

② 内连接（内切）的作图步骤如图 1-2-28 所示。

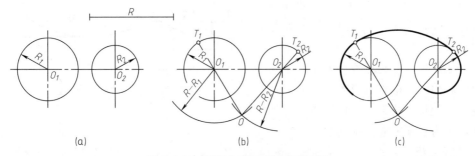

图 1-2-28 圆弧与两圆弧内连接画法

（ⅰ）求连接圆弧圆心。分别以 O_1、O_2 为圆心，以 $R-R_1$、$R-R_2$ 为半径画弧，两圆弧交点 O 即为连接圆弧圆心。

（ⅱ）求连接弧切点。连接 OO_1、OO_2 并延长，交已知弧于 T_1、T_2，即为切点。

（ⅲ）画连接圆弧。以 O 为圆心，R 为半径作圆弧，即为所求连接圆弧。

③ 用圆弧连接已知直线和圆弧（外切）。

作图步骤如图 1-2-29 所示。

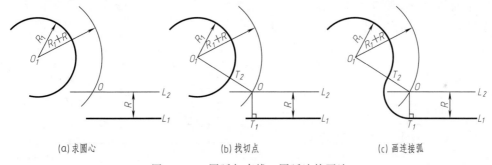

(a) 求圆心　　　　(b) 找切点　　　　(c) 画连接弧

图 1-2-29 圆弧与直线、圆弧连接画法

（ⅰ）求连接弧圆心。作已知直线的平行线 L_2，距离为 R；以 O_1 为圆心，$R+R_1$ 为半径画弧，直线 L_2 与圆弧的交点 O 即为连接弧圆心，如图 1-2-29（a）所示。

（ⅱ）求连接弧切点。从点 O 向直线 L_1 作垂线得垂足 T_1，连接 OO_1 与已知弧相交得交点 T_2，T_1 和 T_2 即为连接弧切点，如图 1-2-29（b）所示。

（ⅲ）画圆弧连接。以 O 为圆心，R 为半径作圆弧，即为所求连接圆弧，如图 1-2-29（c）所示。

二、平面图形的画法

在画平面图形之前，首先应对平面图形的尺寸和线段进行分析，以确定作图的方法和顺序。现以手柄（图 1-2-30）为例，说明绘制平面图形的方法和步骤。

1. 尺寸分析

（1）定形尺寸

确定平面图形中各线段形状大小的尺寸。如图 1-2-30 中 $\phi5$、$\phi20$、$R12$、$R50$、$R10$、

$R15$、15。

（2）定位尺寸

确定平面图形中线段间的相对位置的尺寸。如图 1-2-30 中 8 是 $\phi5$ 小圆水平方向的定位尺寸，75 确定了 $R10$ 圆心水平方向的位置。

标注定位尺寸的起点称为基准。通常以图形的对称线、中心线或某一主要轮廓线为基准，如图 1-2-30 中 A 为高度方向的基准，B 为长度方向的基准。

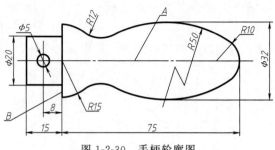

图 1-2-30　手柄轮廓图

2. 线段分析

（1）已知线段

定形尺寸和两个方向的定位尺寸均齐全的线段，如图 1-2-30 中的圆弧 $R10$、$R15$。

（2）中间线段

定形尺寸齐全并具有一个方向的定位尺寸的线段，如图 1-2-30 中的圆弧 $R50$。

（3）连接线段

只有定形尺寸没有定位尺寸的线段，如图 1-2-30 中的圆弧 $R12$。

画平面图形时，应先画已知线段，再画中间线段，最后画连接线段。

3. 平面图形的作图方法和步骤

绘制手柄轮廓的作图步骤如图 1-2-31 所示。

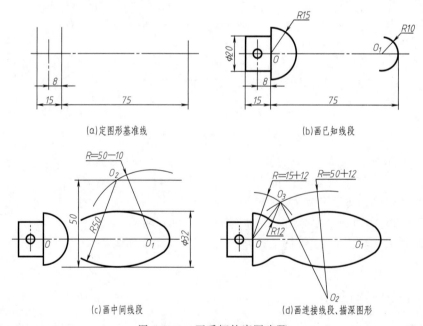

(a)定图形基准线　　　　(b)画已知线段

(c)画中间线段　　　　(d)画连接线段、描深图形

图 1-2-31　画手柄轮廓图步骤

【拓展学习】——其他几何作图方法

1. 等分圆周

　　圆的三、六等分，可用丁字尺和三角板配合画出［图 1-2-32（a）］，也可用圆规以圆的半径画出［图 1-2-32（b）］。

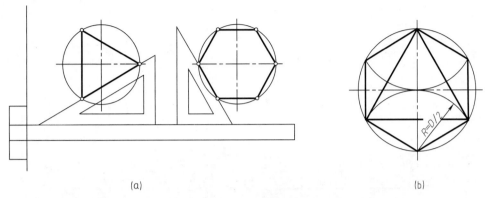

(a)　　　　　　　　　　　　　　　　(b)

图 1-2-32　等分圆周

2. 斜度和锥度

① 斜度：指一直线（或平面）相对于另一直线（或平面）的倾斜程度。斜度在图样上的标注形式为"∠1：n"，如图 1-2-33 所示。符号"∠"的指向应与实际倾斜方向一致。

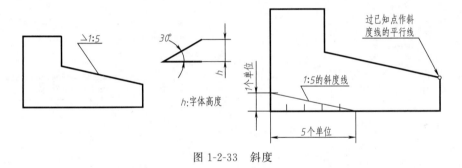

图 1-2-33　斜度

② 锥度：指正圆锥体的底圆直径与高度之比。锥度的标注形式为"▷1：n"，如图 1-2-34 所示。

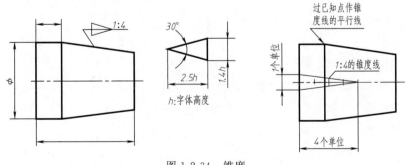

图 1-2-34　锥度

任务指导

1. 绘图步骤（图 1-2-35）

（1）分析图形

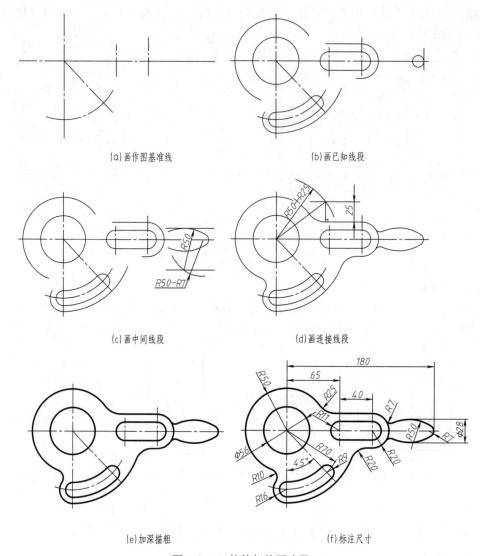

(a)画作图基准线　　(b)画已知线段
(c)画中间线段　　(d)画连接线段
(e)加深描粗　　(f)标注尺寸

图 1-2-35　挂轮架绘图步骤

分析图形中的尺寸作用及线段性质，从而决定作图步骤。

（2）画底稿

① 画出图框和标题栏；

② 画出图形的基准线、对称线及圆的中心线等；

③ 按已知线段、中间线段、连接线段的顺序作图；

④ 画出尺寸界线、尺寸线。

（3）检查底图，描深图形

（4）注写尺寸数字，填写标题栏

2. 注意事项

① 布置图形时，应考虑标注尺寸的位置。

② 画底稿时，图线应轻细而准确，并应找出连接弧的圆心及切点。

③ 描深时，应按"先粗后细、先曲后直、先水平后垂直、倾斜"的顺序进行，尽量做

到同类图线规格一致，线段连接光滑。

④ 箭头应符合规定，大小一致，不要漏注尺寸或漏画箭头。

任务三　草 图 绘 制

【学习目标】

① 掌握徒手绘制直线、角度线、圆、圆弧及椭圆的技巧。

② 掌握徒手绘制平面图形的方法。

工 作 任 务 单

工作任务	草图绘制
任务描述	① 徒手绘制图 1-2-36 所示齿轮油泵装配示意图。 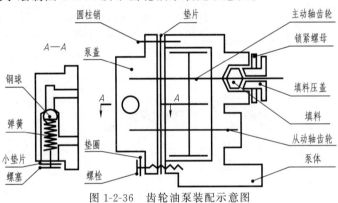 图 1-2-36　齿轮油泵装配示意图 ② 绘制齿轮油泵中垫片的平面草图（图 1-2-37）。 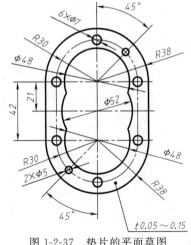 图 1-2-37　垫片的平面草图
任务分析	本任务所示图形，包含了各类图线及平面图形的徒手绘制技巧。要完成该任务，应学会直线、常用角度、圆、曲线及椭圆的徒手画法。
成果展示 与评价	各组成员每人完成草图 2 张，小组互评后上交。

相关知识

- 直线的徒手画法
- 常用角度的徒手画法
- 圆的徒手画法
- 圆角、曲线及椭圆的徒手画法

以目测估计图形与实物的比例，按一定画法徒手（或部分使用绘图仪器）绘制的图形称为草图。徒手画图是工程技术人员必备的一项基本技能。

草图是绘制正式工作图的原始资料，不能错误地理解成"潦草"的图。绘制草图应做到：内容完整、图形正确、比例适当、线型分明、图面整洁、字体工整。

一、直线的徒手画法

徒手绘制直线的要领是：笔杆垂直纸面并略向画线方向倾斜，眼观直线的终点，以控制画线方向，一笔画成，做到粗细均匀。水平线、垂直线、倾斜线的画法如图 1-2-38 所示。

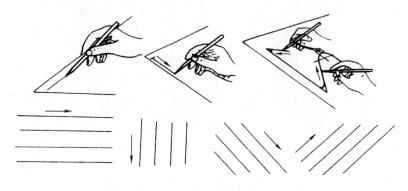

图 1-2-38　直线的徒手画法

二、常用角度的徒手画法

通常采用辅助三角形绘制常用的角度线。根据比例关系，在两直角边上定出几点，然后连线，可画 45°、30°、60°等常见角度线，如图 1-2-39 所示。

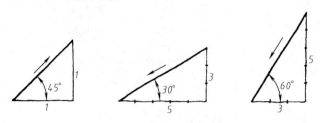

图 1-2-39　常见角度的徒手画法

三、圆的徒手画法

画小圆时，凭目测在中心线上按半径定出四点，然后依次连接各点成圆。画大圆时，可按半径目测定八点连接成圆，如图 1-2-40 所示。

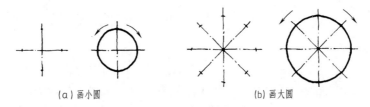

(a) 画小圆　　　　　　　　　(b) 画大圆

图 1-2-40　圆的徒手画法

四、圆角、曲线及椭圆的徒手画法

徒手绘制圆角、曲线及椭圆，可利用辅助正方形、矩形、棱形进行画图，如图 1-2-41 所示。

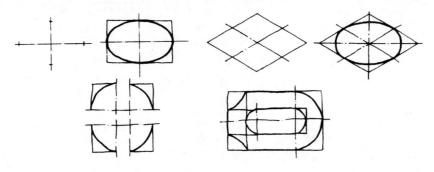

图 1-2-41　圆角、曲线及椭圆的徒手画法

【例题】　徒手绘制如图 1-2-42 所示的平面图形。

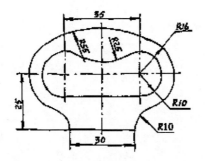

图 1-2-42　徒手绘制平面图形

作图步骤如图 1-2-43 所示。

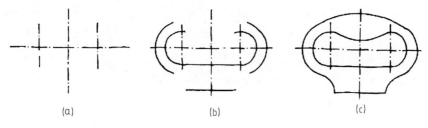

(a)　　　　　　　　　(b)　　　　　　　　　(c)

图 1-2-43　徒手绘制平面图形的步骤

任务指导

1. 绘图步骤

① 分析图形。着重分析图形中的尺寸及线段性质，从而决定作图步骤。

② 画出图形的基准线、对称线及圆的中心线等，灵活采用各种辅助图线。

③ 按已知线段、中间线段、连接线段的顺序绘图，齿轮泵垫片平面草图的作图步骤如图 1-2-44 所示。

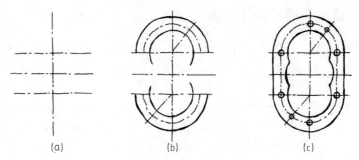

(a)   (b)   (c)

图 1-2-44 　徒手绘制垫片平面草图的步骤

2. 注意事项

① 绘制每条线段时，应屏住呼吸，一气呵成。

② 画线时应按先直线，后曲线的顺序进行。

③ 绘制曲线时，应先找出一系列特征点，再用光滑曲线连接。

情境三　计算机绘图基础环境设置

任务一　用 AutoCAD 绘制简单平面图形（一）

【学习目标】

通过完成本任务，熟悉 AutoCAD 2020 的用户界面、图层的设置与使用；掌握 Auto-CAD 2020 的常用绘图及编辑命令的操作方法；掌握文字输入方法；掌握图框和标题栏的基本绘制过程，以及如何生成样板文件。

工 作 任 务 单

工作任务	绘制简单平面图形
任务描述	① 熟悉 AutoCAD 的基本操作及用 AutoCAD 输入文字的方法。 ② 用 AutoCAD 绘制如图 1-3-1 所示的图框和标题栏，并保存为样板文件。 ③ 绘制如图 1-3-1 所示的五角星（大小自定）并保存。 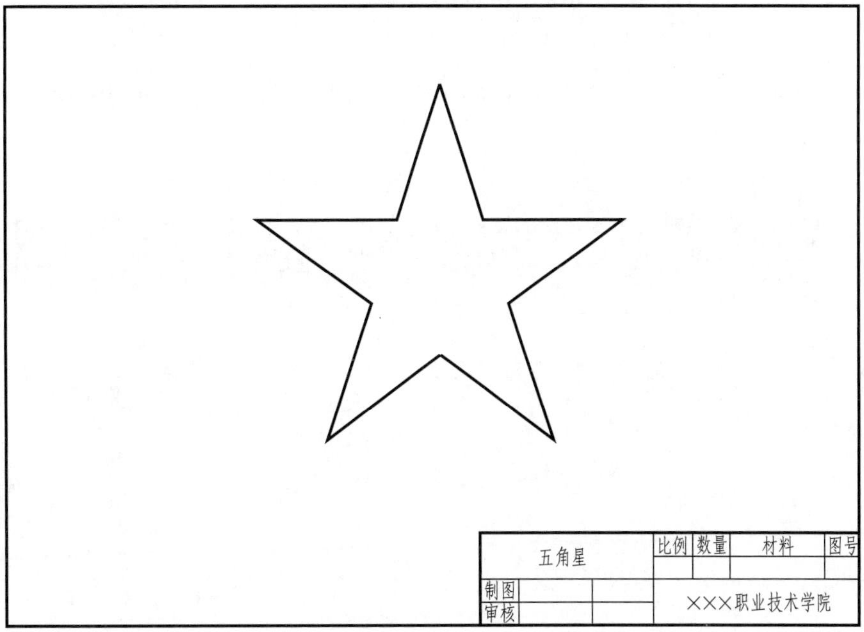 图 1-3-1　五角星
任务分析	本任务给出了一简单平面图形，包含图框和标题栏。要完成此任务，需熟悉 AutoCAD 2020 的用户界面，掌握几个常用绘图、编辑命令的操作方法以及文字输入方法，熟悉生成样板文件的方法。
成果展示 与评价	各组成员每人完成一个 A4 图纸样板。

知识链接

- ● AutoCAD2020 的工作界面
- ● 绘图环境的设置
- ● 图层的设置与使用
- ● 设置线型比例
- ● 文字输入
- ● 常用绘图命令之一
- ● 常用编辑命令之一

一、AutoCAD2020 的工作界面

1. 启动 AutoCAD2020

方法 1：在 Windows 桌面上双击 AutoCAD2020 中文版快捷图标 **A**。

方法 2：单击 Windows 桌面左下角的"开始"按钮，在弹出的菜单中选择"所有程序→Autodesk→AutoCAD2020-Simplified Chinese→AutoCAD2020"。

启动后会出现开始选项卡，可使用"开始绘制"按钮来绘制新的图形；或使用各种样板启动一个图形；还可以从"最近使用的文档"列表打开图形；在"通知"区域中会在产品更新时收到相关信息；在"连接"中可登录账户或发送反馈。

2. AutoCAD2020 的用户界面

AutoCAD2020 的用户界面在不同工作空间不同，选择 **草图与注释**，得到的 AutoCAD 用户界面如图 1-3-2 所示。

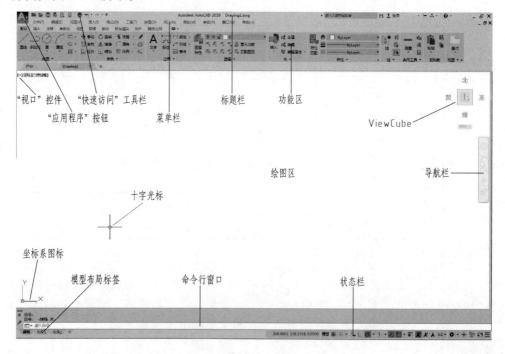

图 1-3-2　AutoCAD2020 的用户界面

（1）标题栏

AutoCAD2020 的标题栏，左侧显示程序名，右侧显示当前所操作图形文件的名称。

（2）"应用程序"按钮及"快速访问"工具栏

单击"应用程序"按钮 ，以执行创建、打开或保存文件；核查、修复和清除文件；打印或发布文件等操作，也可以通过双击"应用程序"按钮关闭应用程序。

可使用"快速访问"工具栏显示经常使用的工具。通过单击最右侧的下拉按钮并单击所需的选项，可轻松将常用工具添加到"快速访问"工具栏，例如单击 显示菜单栏 可显示菜单栏。要快速将功能区按钮添加到"快速访问"工具栏，可在功能区上的任何按钮上单击鼠标右键，并单击"添加到快速访问工具栏"，如图 1-3-3 所示。

（3）菜单栏

AutoCAD2020 的下拉菜单中包含 12 个菜单，几乎包含了该软件的所有命令，单击某一菜单会弹出相应的下拉菜单，如图 1-3-4 所示。

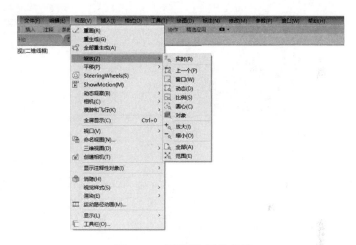

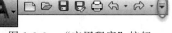

图 1-3-3　"应用程序"按钮
及快速访问工具栏

图 1-3-4　"视图"下拉菜单

（4）功能区

功能区按逻辑分组来组织工具，提供一个简洁紧凑的选项板，其中包括创建或修改图形所需的所有工具。可以将它水平固定在绘图区域的顶部（默认）、垂直固定在绘图区域的左边或右边、在绘图区域中或第二个监视器中浮动。

功能区由一系列选项卡组成，这些选项卡被组织到面板，其中包含很多工具栏中可用的工具和控件，如图 1-3-5 所示。

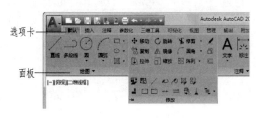

图 1-3-5　功能区

图 1-3-6　功能区面板

一些功能区面板提供了对与该面板相关的对话框的访问。要显示相关的对话框，可单击面板右下角处由箭头图标■表示的对话框启动器，如图 1-3-6 所示。

注：可以控制显示哪些功能区选项卡和面板。在功能区上单击鼠标右键，然后单击或清除快捷菜单上列出的选项卡或面板的名称。

① 浮动面板

可以将面板从功能区选项卡中拉出，并放到绘图区域中或其他监视器上。浮动面板将一直处于打开状态（即使切换功能区选项卡），直到将其放回到功能区，如图 1-3-7 所示。

②滑出式面板

单击面板标题中间的箭头 ▼ ，面板将展开以显示其他工具和控件。默认情况下单击其他面板时，滑出式面板将自动关闭。要使面板保持展开状态，可单击滑出式面板左下角的图钉图标，如图 1-3-8 所示。

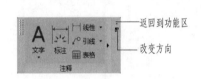

图 1-3-7 浮动面板

图 1-3-8 滑出式面板

（5）绘图窗口

绘图窗口是 AutoCAD 显示、编辑图形的区域，可创建或修改设计对象。绘图区域的左上角是"视口"控件，可控制视口数目；在绘图窗口的左下角有一个坐标系图标，它反映当前所使用的坐标系形式和坐标方向。

（6）ViewCube

ViewCube 是在二维模型空间或三维视觉样式中处理图形时显示的导航工具。通过ViewCube，可以在标准视图和等轴测视图间切换，从不同视角进行查看。

（7）导航栏

使用导航栏，可以方便地访问多种特定的导航工具，如控制盘、平移和缩放。可以根据工作方式自定义导航栏上提供的工具。使用右下角的菜单按钮可自定义导航栏。

（8）文本窗口与命令行

文本窗口与命令行是用户输入命令和显示命令提示信息的区域。

（9）状态栏

状态栏位于屏幕底部右下方，显示光标位置、绘图工具以及会影响绘图环境的工具。状态栏提供对某些最常用的绘图工具的快速访问。可以切换设置（例如，夹点、捕捉、极轴追踪和对象捕捉），也可以通过单击某些工具的下拉箭头，来访问它们的其他设置，如图 1-3-9 所示。

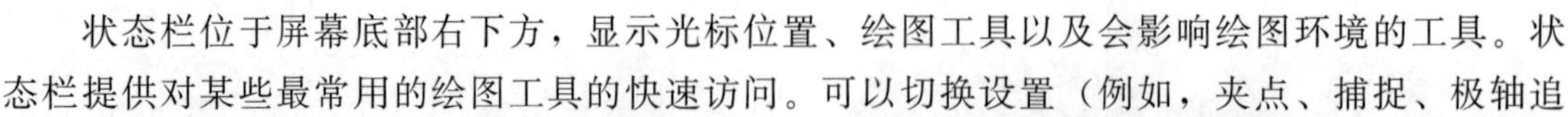

6772.1399, 697.2266, 0.0000 模型

图 1-3-9 状态栏

注：默认情况下，不会显示所有工具，可以通过状态栏上最右侧的按钮，选择要从"自定义"菜单显示的工具。

单击任一按钮，可打开或关闭相应的辅助工具。在按钮上单击右键可进行详细设置。

几个常用辅助绘图工具的功能见表 1-3-1。

表 1-3-1　状态栏功能说明

按钮	说　明
模型或图纸空间	可切换模型空间和图纸空间。
栅格显示	控制是否采用栅格辅助绘图。
捕捉模式	启用栅格捕捉后，在移动光标时，光标将捕捉到指定的栅格间距上；启用极轴捕捉后，光标将沿指定的极轴对齐路径捕捉到指定的距离。
正交模式	约束光标在水平方向或垂直方向移动。
极轴追踪	沿指定的极轴角度跟踪光标。
等轴测轴草图	通过沿着等轴测轴（每个轴之间的角度是 120°）对齐对象来模拟等轴测图形环境。
对象捕捉追踪	从对象捕捉点沿着垂直对齐路径和水平对齐路径追踪光标。
二维对象捕捉	打开二维对象捕捉，移动光标时，将光标捕捉到最近的二维参照点。例如端点、圆心、中点等。
显示注释性对象	使用注释比例显示注释性对象。禁用后，注释性对象将以当前比例显示。
标注比例	设置模型空间中的注释性对象的当前注释比例。
动态 UCS	将 UCS 的 XY 平面与一个三维实体的平整面临时对齐。
线宽	控制是否在屏幕上显示线宽。
动态输入	控制是否打开动态输入显示。

在状态栏中，单击"切换工作空间"按钮，然后选择要使用的工作空间。如图 1-3-10 所示是 AutoCAD 中可用的初始工作空间。

3. 保存文件

① 从"应用程序"按钮中选择"保存"或"另存为"命令，也可单击"快速访问"工具栏中的"保存"按钮 ![保存图标] 保存文件。

② 保存为图形样板文件

如果以后需要重复使用当前的文件样式，可将此文件保存为图形样板。样板文件的扩展名为 dwt，如图 1-3-11 所示。

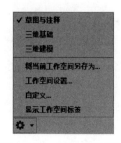

图 1-3-10　切换工作空间

图 1-3-11　"图形另存为"对话框

4. 退出 AutoCAD2020

执行下列操作之一，可以退出 AutoCAD2020。

① 单击"应用程序"按钮选择"退出 Autodesk AutoCAD 2020"命令。

② 单击 AutoCAD 主窗口右上角的"关闭"按钮×。

二、绘图环境的设置

AutoCAD2020 命令的启动形式有以下几种：

① 单击"快速访问"工具栏上的相应按钮。

② 单击功能区上的相应按钮。

③ 选择菜单输入。

④ 用键盘输入命令（命令英文缩写或全称）。

撤消已输入的命令，按键盘左上角的"Esc"键；重复刚撤消的命令，按"Enter"键。

在本书的绘图实例中，我们将灵活运用这些方式。

注意：在本书的绘图实例中，我们使用楷体显示 AutoCAD 命令行原文，并在原文后的小括号内对该行的操作方式进行简要说明。

1. 图纸幅面的设置

图纸幅面是指绘图区域的大小。图幅大小的设置可选择菜单"格式→图形界限"或执行"LIMITS"命令。输入命令后，命令行显示：

命令：LIMITS（回车）

重新设置模型空间界限：

指定左下角点或［开（ON）/关（OFF）］<0.0000，0.0000>：（回车）

指定右上角点 <297.0000，210.0000>：297，210（设置为 A4 大小的图纸，回车）

2. 绘图辅助工具

（1）缩放（ZOOM）

该命令用来在屏幕上放大或缩小图形的视觉尺寸，其实际尺寸不变。可单击导航栏上"缩放"按钮下方的下拉箭头选择缩放的方式，如图 1-3-12 所示。

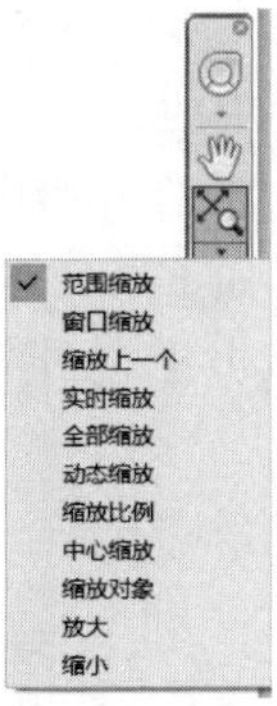

命令：Z（回车）

ZOOM

指定窗口的角点，输入比例因子（nX 或 nXP），或者

［全部（A）中心（C）动态（D）范围（E）上一个（P）比例（S）窗口（W）对象（O）］<实时>：

图 1-3-12　缩放

选项说明：

① 全部（A）：显示当前视区中图形界限的全部图形。

② 中心（C）：表示指定一个新的画面中心，然后输入缩放倍数，重新确定显示窗口的位置。

③ 动态（D）：进入动态缩放/平移方式，在当前视图中显示出全部图形。

④ 范围（E）：根据实体边界显示全图。

⑤ 上一个（P）：显示前一视图。

⑥ 比例（S）：按比例缩放。

⑦ 窗口（W）：开窗放大。

⑧ 对象（O）：选择对象全屏放大。

（2）设置栅格和捕捉

栅格主要用于显示一些标定位置的小点，给用户提供直观的距离和位置参考。

捕捉模式用于限制十字光标，使其按照用户定义的间距移动。

在 AutoCAD2020 中，选择菜单"工具→绘图设置"（或在状态栏中"栅格"或"捕捉"按钮上单击右键，选择"设置"命令），弹出如图 1-3-13 所示的"草图设置"对话框，设置捕捉间距和栅格间距等内容。

图 1-3-13　捕捉和栅格设置

（3）对象捕捉

在 AutoCAD2020 中，可单击状态栏中"对象捕捉"按钮旁的下拉箭头，随时打开对象捕捉，如图 1-3-14 所示。

单击"对象捕捉设置"按钮，打开"草图设置"对话框。在"对象捕捉"选项卡中，选择"对象捕捉模式"中相应的复选框，绘图时系统能自动捕捉这些设置的对象，如图 1-3-15 所示。

图 1-3-14　对象捕捉

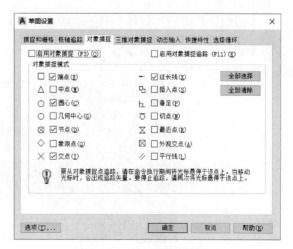

图 1-3-15　设置对象捕捉模式

（4）极轴追踪

使用极轴追踪功能可以用指定的角度绘制图形对象。

单击状态栏中"极轴追踪"按钮旁的下拉箭头，可选择已经设置过的极轴角，如图 1-3-16 所示。

单击"正在追踪设置"按钮，打开"草图设置"对话框，在"极轴追踪"选项卡中可对极轴角进行设置，如图 1-3-17 所示。绘图时，系统能自动找到与"增量角"成倍数关系的方向。

3. 图形单位的设置

选择菜单"格式→单位"，弹出如图 1-3-18 所示的"图形单位"对话框，可设置长度、角度的单位及精度。

图 1-3-16　极轴追踪

图 1-3-17　极轴追踪设置

图 1-3-18　"图形单位"对话框

三、图层的设置与使用

AutoCAD 的图层相当于无厚度的透明纸，每张透明纸可画不同线型、颜色等内容的图形。一张完整的图样可以看成是由若干张这种透明纸叠加而成的。

1. 创建新图层

在默认状态下，AutoCAD 会自动创建一个 0 层。

单击功能区"图层"面板上的图层特性管理器图标，打开"图层特性管理器"对话框，单击"新建图层"按钮，可以在图层列表中创建一个名称为"图层 1"的新图层，如图 1-3-19 所示。

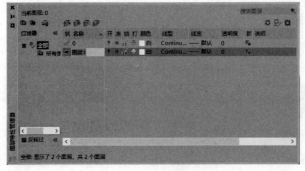

图 1-3-19　创建新图层

单击某个图层上的"颜色"、"线型"、"线宽",弹出相应对话框可对它们进行修改。

在默认状态下,线型为连续线型(Continuous)。单击"Continuous"命令,打开"选择线型"对话框,选择一种线型后,单击"确定"可改变线型,如图 1-3-20 所示。

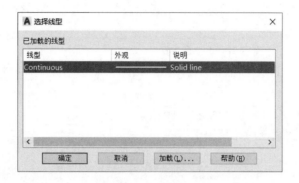

图 1-3-20　选择线型

如果"已加载的线型"列表中没有合适的线型,可单击"加载"按钮,打开"加载或重载线型"对话框进行选择,如图 1-3-21 所示。

图 1-3-21　"加载或重载线型"对话框

2. 图层的管理

(1)切换当前层

单击功能区"图层"面板上的"图层"下拉列表,选择要将其设置为当前层的图层,可切换当前层,如图 1-3-22 所示。用户只能在当前层绘制图形。

(2)重命名图层

在"图层特性管理器"(图 1-3-19)对话框中选中图层,单击图层名称可重命名图层。

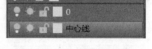

图 1-3-22　切换当前层

(3)删除图层

在"图层特性管理器"对话框中,选中需删除的图层后,单击删除图层按钮 (或按"Delete")就可以删除该层。但 0 层、当前层、含有实体的图层不能被删除。

(4)改变图形对象所在图层

若某一图形不在预先设置的图层上,可选中该图形,切换到所需的图层,然后按"Esc"键即可。

四、设置线型比例

为改变虚线、点划线、中心线等非连续线型的外观，可设置线型比例。

选择"格式→线型"菜单，打开"线型管理器"对话框，单击右上角的"显示细节"按钮，如图 1-3-23 所示。

利用"详细信息"设置区中的"全局比例因子"编辑框，可以设置图形中所有非连续线型的外观。

在命令行中键入"LTS"后回车，直接输入比例，也可设置"全局比例因子"。

五、文字输入

1. 设置文字样式

选择菜单"格式→文字样式"，弹出文字样式对话框，如图 1-3-24 所示。通过该对话框，可对文字样式命名，并设置字体、效果等。长仿宋字可按图 1-3-24 所示进行设置。

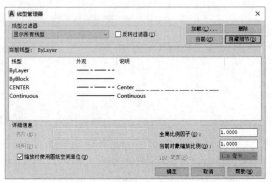

图 1-3-23　"线型管理器"对话框

图 1-3-24　文字样式的设置

2. 单行文字的输入（TEXT）

① 单击功能区"注释"面板上的"文字"下拉箭头，选择"单行文字"。

② 选择菜单"绘图→文字→单行文字"（命令为 DT），启动单行文字输入命令，屏幕提示：

当前文字样式："长仿宋字"　文字高度：2.5000　注释性：否　对正：左

指定文字的起点 或 [对正（J）/样式（S）]：（指定起点）

指定高度＜2.5000＞：（指定高度）

指定文字的旋转角度＜0＞：（指定文字的倾斜方向角度）

输入文字：（输入文字，按两次回车键结束该命令。）

选项说明：

① 对正：指定文字与拾取点的对齐方式，其提示如下：

指定文字的起点或［对正（J）/样式（S）］：j（回车）

输入选项［左（L）/居中（C）/右（R）/对齐（A）/中间（M）/布满（F）/左上（TL）/中上（TC）/右上（TR）/左中（ML）/正中（MC）/右中（MR）/左下（BL）/中下（BC）/右下（BR）］：（输入需要的选项）

② 样式：用于改变当前文字的样式。选择该项后，提示如下：

输入样式名或［?］〈Standard〉：（输入样式名，回车）

3. 多行文字的输入（MTEXT）

（1）多行文字的输入

单击功能区"注释"面板上的"多行文字"按钮 **A** （或选择菜单"绘图→文字→多行文字"），启动多行文字输入命令，提示：

命令：MTEXT

当前文字样式："长仿宋字" 文字高度：20 注释性：否

指定第一角点：（用鼠标光标指定一点）

指定对角点或［高度（H）/对正（J）/行距（L）/旋转（R）/样式（S）/宽度（W）/栏（C）］：（指定对角点）

指定对角点后弹出文字编辑框，如图 1-3-25 所示，输入文字并进行编辑后，按"关闭文字编辑器"即可。

图 1-3-25　多行文字输入编辑对话框

（2）特殊字符的输入

如图 1-3-26 所示，在文字编辑框中单击鼠标右键，在弹出的快捷菜单中选"符号→其他…"，弹出字符映射表，选取相应的字符复制、粘贴即可。常用符号对应的代码如下。

度数°：％％D　　　　　直径 ϕ：％％C　　　　　±：％％P

图 1-3-26　多行文字输入编辑框右键菜单

（3）堆叠文字的创建

分数、公差等文字需要进行堆叠，在 AutoCAD 中必须使用特殊的分隔字符，几个分隔字符的作用如下。

"/"：垂直地堆叠文字，由水平线分隔。

"♯"：对角地堆叠文字，由对角线分隔。

"^"：创建公差堆叠，不用直线分隔。

例如要输入"$\phi 100^{+0.060}_{-0.015}$"，应在文本编辑框中输入"％％c100＋0.060^－0.015"，按住鼠标左键拖动选中"＋0.060^－0.015"，单击"堆叠"按钮 ，如图 1-3-27 所示。最后单击"关闭文字编辑器"，即可输入要求的文字及公差。

图 1-3-27　堆叠文字的输入

4. 文本编辑

(1) 文字内容的修改

图 1-3-28　特性对话框

直接双击要修改的文字，或者选取要修改的文字，单击鼠标右键，在快捷菜单中单行文字选"编辑…"，多行文字选"编辑多行文字…"，均可对文字内容进行修改。

(2) 属性的修改

选取要修改的文字，单击右键，在快捷菜单中选"特性"，弹出"特性"对话框，如图 1-3-28 所示。在这个对话框中，可以对文字的内容、高度等进行修改。

六、常用绘图命令之一

1. 在 AutoCAD 中点的坐标数值输入法

当 AutoCAD 提示输入点时，可在命令行采用下列方法输入点的数据。

① 绝对直角坐标输入：x，y，(z)，如"100，120"。

② 绝对极坐标输入：L＜θ，如"120＜45"。

③ 相对直角坐标输入：@Δx，Δy，(Δz)，如"@60，100"。

④ 相对极坐标输入：@L＜θ，如"@100＜60"。

2. 直线 (LINE)

缺省状态下，AutoCAD 通过两点绘制一条直线。

【例题 1】　绘制如图 1-3-29 所示的三角形。

单击功能区"绘图"面板上的"直线"按钮 （下拉菜单"绘图→直线"），启动"直线"命

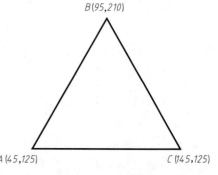

图 1-3-29　画三角形

令，屏幕指示：

命令：_line

指定第一个点：45，125（回车）

指定下一点或 ［放弃（U）］：145，125（或@100，0）（可用绝对直角坐标或相对直角坐标输入数值，回车）

指定下一点或 ［放弃（U）］：95，210（或@—50，85）（回车）

指定下一点或 ［闭合（C）/放弃（U）］：c（闭合成三角形，回车结束操作）

注：输入直线命令后，在键盘上直接输入直线的长度并回车也可画直线（称为直线距离输入法）。

3. 多边形（POLYGON）

该命令用于绘制正多边形。

【例题2】 绘制如图 1-3-30 所示的正五边形。

单击功能区"绘图"面板上的"多边形"按钮 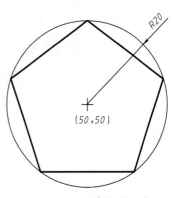（下拉菜单"绘图→多边形"），启动"多边形"命令后，出现如下提示：

命令：_polygon 输入侧面数 <4>：5

指定正多边形的中心点或 ［边（E）］：50，50（回车）

输入选项 ［内接于圆（I）/外切于圆（C）］<I>：I（回车）

两个选项说明如下：

图 1-3-30 正多边形画法

内接于圆（I）：以过正多边形顶点的圆的半径来确定正多边形的大小。

外切于圆（C）：以多边形的内切圆半径来确定正多边形的大小。

指定圆的半径：20（回车，结果如图 1-3-30 所示）

七、常用编辑命令之一

使用编辑命令时需要选择对象。对象的选择方法有以下三种方式：

① 用左键单击选择一个对象。

② 单击左键从左向右拖动，选择所有位于矩形窗口内的对象，用户需要指定窗口的两个角点。

③ 单击左键从右向左拖动，除选择全部位于矩形窗口内的所有对象外，还包括与窗口四边相交的所有对象。

1. 偏移（OFFSET）

偏移命令可以创建与选定对象形状平行的新对象。

【例题3】 将图 1-3-31（a）所示的长圆形向内偏移4mm，变为图 1-3-31（b）。

单击功能区"修改"面板上的"偏移"按钮 （下拉菜单"修改→偏移"），启动"偏移"命令后，出现如下提示：

命令：_offset

当前设置：删除源=否 图层=源 OFFSETGAPTYPE=0

指定偏移距离或 ［通过（T）/删除（E）/图层（L）］<10.0000>： 4（回车）

选择要偏移的对象，或［退出（E)/放弃（U)］＜退出＞：（用鼠标选择长圆形上的一条线）

指定要偏移的那一侧上的点，或［退出（E)/多个（M)/放弃（U)］＜退出＞：（用鼠标在长圆形内任意位置单击）

选择要偏移的对象，或［退出（E)/放弃（U)］＜退出＞：（用鼠标选择长圆形上的另一条线）

指定要偏移的那一侧上的点，或［退出（E)/多个（M)/放弃（U)］＜退出＞：（用鼠标在长圆形内任意位置单击）

……

按上述步骤依次选择长圆形上的所有边，完成偏移后按"ESC"结束，结果如图 1-3-31（b）所示。

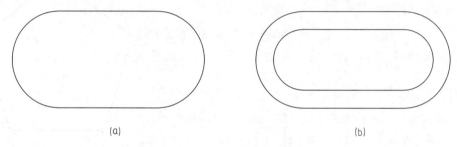

图 1-3-31　偏移

2. 修剪（TRIM）

修剪命令是以直线、圆、圆弧等图形对象作为边界，将某些不需要的部分剪掉。

【例题 4】　将图 1-3-32（a）所示的图形修改为图 1-3-32（c）。

操作方法如下：

单击功能区"修改"面板上的"修剪"按钮 （下拉菜单"修改→修剪"），启动"修剪"命令后，出现如下提示：

命令：_ trim

当前设置：投影＝UCS，边＝无

选择剪切边…

选择对象或＜全部选择＞：（选择修剪的边界，如图 1-3-32（b）中虚线所示）

选择对象：（回车确认）

选择要修剪的对象，或按住 Shift 键选择要延伸的对象，或

［栏选（F)/窗交（C)/投影（P)/边（E)/删除（R)/放弃（U)］：（选择被修剪的对象）不与剪切边相交。

选择要修剪的对象，或按住 Shift 键选择要延伸的对象，或

［栏选（F)/窗交（C)/投影（P)/边（E)/删除（R)/放弃（U)］：（回车确认），结果如图 1-3-32（c）所示。

注意：修剪后，有时会产生一些单段图线无法修剪，用删除命令删除即可。

3. 删除（ERASE）

删除命令是所有编辑命令中使用频率较高的一个。

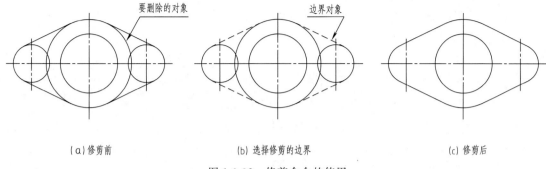

（a）修剪前   （b）选择修剪的边界   （c）修剪后

图 1-3-32　修剪命令的使用

【例题 5】 将图 1-3-33（a）所示的图形修改为图 1-3-33（b）。

单击功能区"修改"面板上的"删除"按钮 ![按钮]（下拉菜单"修改→删除"），启动"删除"命令后，出现如下提示：

命令：_ erase

选择对象：（用鼠标框选或左键点击选择图 1-3-33a 中的五边形）找到 n 个

选择对象：（点击右键或回车，即删除所选择的图形对象，结果如图 1-3-33（b）所示。）

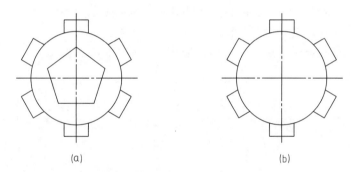

（a）   （b）

图 1-3-33　删除

选取对象后，按键盘上的 Delete 键也可进行删除（推荐使用该方法）。

任务指导

1. 绘图步骤

（1）绘制图框和标题栏，并保存为样板文件

① 绘制 A4 图框。

启动 AutoCAD2020。

单击功能区"图层"面板上的"图层特性管理器"图标 ![图标]，打开"图层特性管理器"对话框，单击"新建图层"按钮 ![按钮]，新建一个"粗实线"层，"线宽"设为 0.4。

设置图形界限，操作如下：

选择菜单"格式→图形界限"或执行"LIMITS"命令。命令行提示如下：

命令：LIMITS

重新设置模型空间界限：

指定左下角点或 [开（ON）/关（OFF）]＜0.0000，0.0000＞：（回车）

指定右上角点＜297.0000，210.0000＞：297，210（回车）

这样就将图纸幅面设置成了 297×210（A4）.

将图纸全屏显示，操作如下：

命令：Z（回车）

ZOOM

指定窗口的角点，输入比例因子（nX 或 nXP），或者

［全部（A）中心（C）动态（D）范围（E）上一个（P）比例（S）窗口（W）对象（O）］＜实时＞：a（回车）

画图框，操作如下：

命令：_ line

指定第一个点：25，5（回车，开启"正交"模式，光标拉向正右方）

指定下一点或［放弃（U）］：267（回车，光标拉向正上方）

指定下一点或［放弃（U）］：200（回车，结果如图 1-3-34 所示）

指定下一点或［闭合（C）/放弃（U）］：（同时开启"对象捕捉"、"极轴追踪"和"对象捕捉追踪"模式，光标沿虚线向左，再向下碰一下 A 点，并沿垂直虚线上移，当光标处水平和垂直两虚线交汇时，单击左键绘出 D 点，如图 1-3-35 所示）

指定下一点或［闭合（C）/放弃（U）］：（捕捉 A 点后单击左键）

指定下一点或［闭合（C）/放弃（U）］：（回车，结束画图框）

注：绘制图框的后两条线段时，利用极轴追踪和对象捕捉追踪模式，捕捉端点，不需输入距离，能够简化作图。

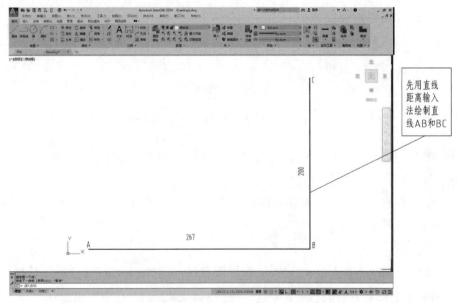

图 1-3-34　利用正交功能直接输入距离绘制图框

绘制出的图框如图 1-3-36 所示。

② 绘制标题栏　利用偏移和修剪命令绘制出标题栏，操作如下：

命令：_ offset

当前设置：删除源＝否　图层＝源　OFFSETGAPTYPE＝0

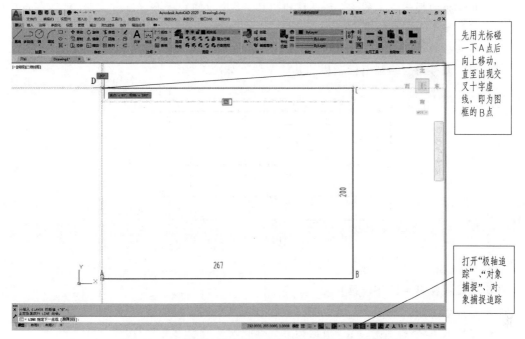

图 1-3-35　利用极轴追踪和对象捕捉追踪功能绘制图框

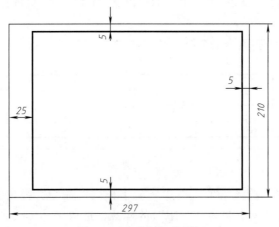

图 1-3-36　绘制好的图框

指定偏移距离或［通过（T）/删除（E）/图层（L）］＜通过＞：　120

选择要偏移的对象，或［退出（E）/放弃（U）］＜退出＞：（选择右边框线）

指定要偏移的那一侧上的点，或［退出（E）/多个（M）/放弃（U）］＜退出＞：（在右边框线左侧任意单击一点）

（回车两次重复偏移命令）

命令：

OFFSET

当前设置：删除源＝否　图层＝源　OFFSETGAPTYPE＝0

指定偏移距离或［通过（T）/删除（E）/图层（L）］＜120.0000＞：　28（回车）

选择要偏移的对象，或［退出（E）/放弃（U）］＜退出＞：（选择下边框线）

指定要偏移的那一侧上的点，或［退出（E）/多个（M）/放弃（U）］＜退出＞：（在下边框线上方任意单击一点）

选择要偏移的对象，或［退出（E）/放弃（U）］＜退出＞：（回车）

同样利用偏移命令绘制出标题栏的其他图线，如图 1-3-37。

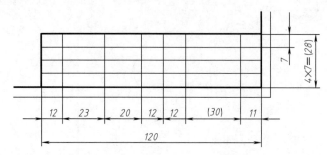

图 1-3-37　利用偏移命令绘制图线

命令：_ trim

当前设置：投影＝UCS，边＝无

选择剪切边 ...

选择对象或 ＜全部选择＞：（按鼠标右键选择所有对象为剪切边）

选择要修剪的对象，或按住 Shift 键选择要延伸的对象，或

［栏选（F）/窗交（C）/投影（P）/边（E）/删除（R）/放弃（U）］：（依次选择所有需剪切的直线）

产生的单段图线可用删除命令删除，结果如图 1-3-38 所示。

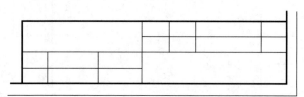

图 1-3-38　修剪标题栏

③ 文字样式的设置：选择菜单"格式→文字样式"命令，弹出"文字样式"对话框，单击"新建"按钮，创建一个名为"汉字"的样式，选取字体 isocp. shx，使用大字体 gb-cbig. shx，高度为 5，宽度因子为 0.707，其他设置取默认值。如图 1-3-39 所示，单击"应

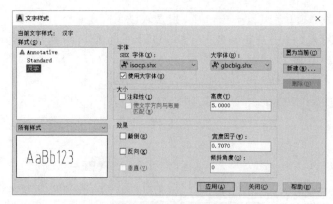

图 1-3-39　文字样式的设置

用",再单击"关闭"。

④ 输入文字:单击功能区"注释"面板上的"多行文字"按钮 **A**,按照提示,捕捉需要输入文字方框的左下角和右上角作输入文字的第一角点和对角点。输入文字后,点击"文字编辑器"中"段落"面板上的"居中"按钮，如图 1-3-40 所示。

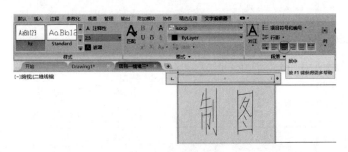

图 1-3-40　输入文字

用同样的方法输入标题栏中的其他文字,完成后如图 1-3-41 所示。

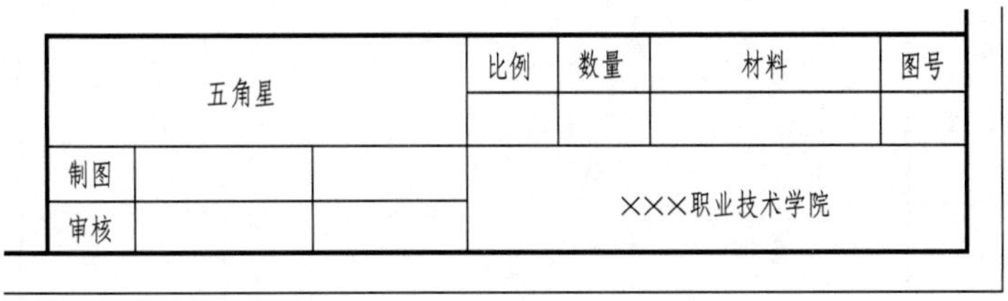

五角星			比例	数量	材料	图号
制图			×××职业技术学院			
审核						

图 1-3-41　完成后的标题栏

⑤ 保存为样板文件:从"应用程序"按钮中选择"另存为→图形样板"命令,也可单击"应用程序"菜单中的"另存为"按钮，弹出"图形另存为"对话框,在"文件类型"下拉列表中选择"AutoCAD 图形样板(＊.dwt)"进行保存,如图 1-3-42 所示。以后绘图时,若需要 A4 图纸,均可使用该图形样板,而不必再重新绘制图框和标题栏。

图 1-3-42　"图形另存为"样板文件

在 AutoCAD 中，图形样板需要设置的内容，还包括对线型、文字及标注样式、常用图块等一系列内容的设置，这些内容将在以后的任务中涉及到。

（2）绘制五角星

① 将图层切换到"粗实线"层，单击功能区"绘图"面板上的"多边形"按钮，绘制五边形操作如下：

命令：_ polygon 输入侧面数 <4>：5（回车）

指定正多边形的中心点或 [边（E）]：160，120（回车）

输入选项 [内接于圆（I）/外切于圆（C）] <I>：I（回车）

指定圆的半径：60（回车）

绘制出的正五边形如图 1-3-43 所示。

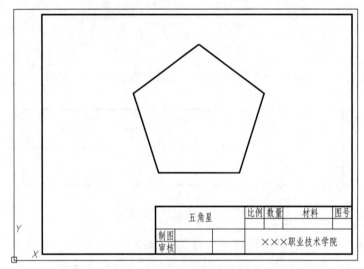

图 1-3-43　绘制正五边形

② 单击状态栏的"对象捕捉"按钮，打开并设置自动捕捉"端点"。单击功能区"绘图"面板上的"直线"按钮，连接五边形的端点，按回车键绘制出五角星（见图 1-3-44）。

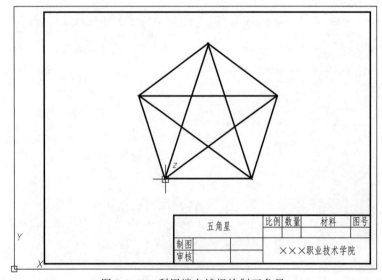

图 1-3-44　利用端点捕捉绘制五角星

③ 单击功能区"修改"面板上的"修剪"按钮✂，按回车键（或鼠标右键）选定所有图形作为修剪边界，再用鼠标选择需要修剪掉的线段，如图 1-3-45（a）所示。选中五边形，按 Delete 键将其删除，如图 1-3-45（b）所示。完成后的图形见图 1-3-1。

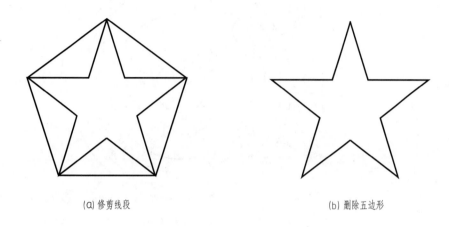

(a) 修剪线段　　　　　　　　　(b) 删除五边形

图 1-3-45　修剪并删除

④ 单击"快速访问"工具栏中的"保存"按钮💾，将文件命名为"五角星"保存。

2. 注意事项

① 同时打开"极轴追踪"、"对象捕捉"和"对象捕捉追踪"功能，可以精确、快捷地确定目标点，不妨多练习该法，提高绘图速度。

② 直接距离输入法能够快速指定一个与上一输入点相关的点。在提示输入点时，可沿所需方向移动十字光标，然后输入一个相对于参考点的距离值，回车即可。使用正交 或极轴追踪时，这个功能特别有用。

③ 在 AutoCAD 中，常需要重复使用命令。按回车键或空格键可重复刚刚执行过的命令。

任务二　用 AutoCAD 绘制简单平面图形（二）

【学习目标】

通过完成本任务，进一步掌握 AutoCAD2020 的常用绘图及编辑命令，熟悉用 AutoCAD2020 绘制简单平面图形的步骤。熟练使用"绘图"工具、"修改"工具、快速访问工具栏、状态栏等中相关命令。

工 作 任 务 单

工作任务	熟练绘制简单平面图形

任务描述	绘制如图 1-3-46 所示的平面图形（不标注尺寸）。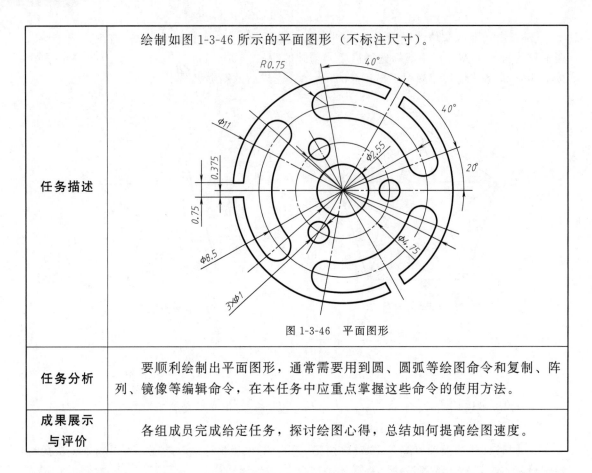 图 1-3-46　平面图形
任务分析	要顺利绘制出平面图形，通常需要用到圆、圆弧等绘图命令和复制、阵列、镜像等编辑命令，在本任务中应重点掌握这些命令的使用方法。
成果展示与评价	各组成员完成给定任务，探讨绘图心得，总结如何提高绘图速度。

知识链接

- 常用绘图命令之二
- 常用编辑命令之二

一、常用绘图命令之二

1. 矩形（RECTANG）

矩形命令是利用两个角点或矩形的长和宽来绘制矩形。另外还可以设置矩形的倒角、圆角、标高和厚度等。

【例题 1】　绘制如图 1-3-47 所示矩形，设置线宽 0.35。

单击功能区"绘图"面板上的"矩形"按钮

（下拉菜单"绘图→矩形"），启动矩形命令后，出现如下提示：

　　命令：_ rectang

　　指定第一个角点或［倒角（C）/标高（E）/圆角（F）/厚度（T）/宽度（W）］：f（回车）

　　指定矩形的圆角半径 ＜0.0000＞：5（回车）

　　指定第一个角点或［倒角（C）/标高（E）/圆

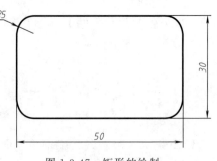
图 1-3-47　矩形的绘制

角 (F)/厚度 (T)/宽度 (W)：w (回车)

指定矩形的线宽 <0.0000>：0.35 (回车)

指定第一个角点或 [倒角 (C)/标高 (E)/圆角 (F)/厚度 (T)/宽度 (W)]：(用鼠标光标在绘图区选定一点单击，作为矩形的第一角点)

指定另一个角点或 [面积 (A)/尺寸 (D)/旋转 (R)]：@50，30 (用相对坐标方式，回车结束操作)

常用选项说明如下：

① 倒角 (C)：设置矩形倒角。

② 圆角 (F)：设置矩形倒圆角的半径。

③ 宽度 (W)：设置构成矩形的直线宽度。

2. 圆 (CIRCLE)

圆是绘图中常用到的图形，AutoCAD 的圆 (CIRCLE) 命令，提供了 6 种画圆的方式，如图 1-3-48 所示，可通过单击功能区"绘图"面板上的"圆"按钮 下拉箭头 [图 1-3-49 (a)]，或单击菜单"绘图→圆" [图 1-3-49 (b)] 选择。

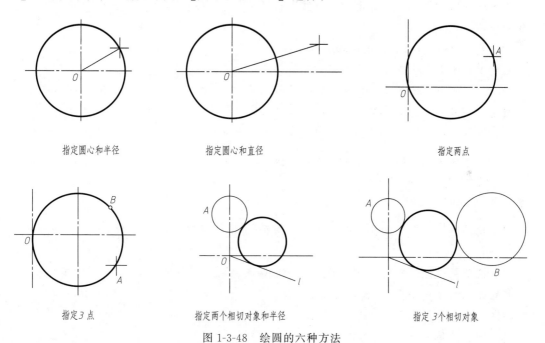

指定圆心和半径　　　　指定圆心和直径　　　　指定两点

指定 3 点　　　　指定两个相切对象和半径　　　　指定 3 个相切对象

图 1-3-48　绘圆的六种方法

① 圆心、半径 (R)：已知圆心和半径画圆。

② 圆心、直径 (D)：已知圆心和直径画圆。

③ 两点 (2)：以两已知点间的距离为直径画圆。

④ 三点 (3)：过已知三点画圆。

⑤ 相切、相切、半径 (T)：过两个切点且给定半径画圆。

⑥ 相切、相切、相切 (A)：过三个切点画圆。

【例题 2】　绘制过 A (45，125)、B (145，125)、C (95，210) 三点的三角形的外接圆、内切圆，如图 1-3-50 所示。

操作步骤：

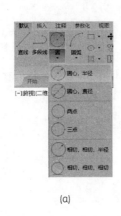
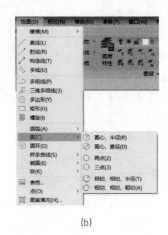

(a)　　　　　　　　　　　　(b)

图 1-3-49　绘制圆的命令

① 用直线命令绘制三角形 ABC。

单击功能区"绘图"面板上的"直线"按钮，屏幕提示：

命令：_ line

指定第一个点：45，125（输入 A 点）

指定下一点或［放弃（U）］：145，125（输入 B 点）

指定下一点或［放弃（U）］：95，210（输入 C 点）

指定下一点或［闭合（C）/放弃（U）］：（捕捉 A 点）

指定下一点或［闭合（C）/放弃（U）］：（回车结束）

注意：本例中因采用绝对坐标输入，需关闭状态栏中的"动态输入"按钮。
② 设置捕捉：设置捕捉交点和切点。
③ 画外接圆。

单击功能区"绘图"面板上的"画圆"按钮，屏幕提示：

命令：_ circle

指定圆的圆心或［三点（3P）/两点（2P）/切点、切点、半径（T）］：3p（回车）

指定圆上的第一个点：（捕捉交点 A）

指定圆上的第二个点：（捕捉交点 B）

指定圆上的第三个点：（捕捉交点 C）

④ 画内切圆。

单击功能区"绘图"面板上的"圆"按钮下拉箭头，选择"相切、相切、相切"，或选择菜单"绘图→圆→相切、相切、相切"，屏幕提示：

命令：_ circle

指定圆的圆心或［三点（3P）/两点（2P）/切点、切点、半径（T）］：_ 3p 指定圆上的第一个点：_ tan 到（在直线 AB 上单击捕捉切点）

指定圆上的第二个点：_ tan 到（在直线 BC 上单击捕捉切点）

指定圆上的第三个点：_ tan 到（在直线 AC 上单击捕捉切点）

结果如图 1-3-50 所示。

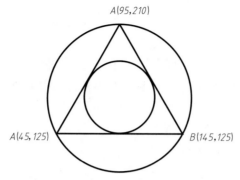

图 1-3-50　画外接圆与内切圆

3. 圆弧（ARC）

圆弧可以看成是圆的一部分，圆弧不仅有圆心和半径，而且还有起点和端点。绘制圆弧的方法有多种，可通过单击功能区"绘图"面板上的"圆弧"按钮 下拉箭头［图 1-3-51（a）］，或单击菜单"绘图→圆弧"［图 1-3-51（b）］选择。图 1-3-52 画出了三点法和指定起点、圆心、端点绘制圆弧的两种方法。

（a）

（b）

图 1-3-51　绘制圆弧的方法

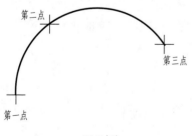

（a）三点法

（b）起点、圆心、端点法

图 1-3-52　绘制圆弧

4. 椭圆（ELLIPSE）

椭圆有长轴，短轴两个主要参数。缺省状态下，AutoCAD 通过指定长轴和短轴的三个端点绘制椭圆。

【例题 3】 以点（100，155）为圆心作一半径为 20 的圆，再作一半径为 60 的同心圆。以该圆心为圆心作两个相互正交的椭圆，椭圆短半轴为小圆半径，长半轴为大圆半径。

操作步骤：

① 画两个同心圆，如图 1-3-53（a）所示。

② 画两个椭圆，如图 1-3-53（b）所示。

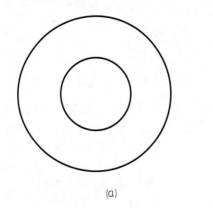

(a)　　　　　　　　　　(b)

图 1-3-53　绘制同心圆与椭圆

单击功能区"绘图"面板上的"椭圆"按钮，或选择菜单"绘图→椭圆"，出现的提示为：

命令：_ellipse
指定椭圆的轴端点或［圆弧（A）/中心点（C）］：_c
指定椭圆的中心点：（用鼠标捕捉两同心圆圆心）
指定轴的端点：（用鼠标捕捉大圆右边的象限点）
指定另一条半轴长度或［旋转（R）］：（用鼠标捕捉小圆上方的象限点）

上述步骤可画出长轴在水平方向的椭圆，用同样的方法可画出长轴在竖直方向的椭圆。

二、常用编辑命令之二

1. 放弃（UNDO）与重做（REDO）

单击"快速访问"工具栏上的"放弃"按钮，可撤销上一步操作，单击"重做"按钮，可重做一次刚刚撤消的工作，也可单击图标右侧的下拉箭头选择需撤销或重做的工作。

2. 复制（COPY）

该命令可将选中的对象进行多次复制。

【例题 4】 以点（100，150）为中心，作一内径为 20，外径为 40 的圆环，在该圆环的四个象限点上作四个同样大小的圆环，外面四个圆环均以一个象限点与内圆环上的象限点相重叠，如图 1-3-54（c）所示。

操作步骤：

① 设置捕捉：（象限点捕捉）

② 画中间圆环

单击功能区"绘图"面板上"圆环"按钮◉，或选择菜单"绘图→圆环"，屏幕提示：

命令：_ donut

指定圆环的内径 <0.5000>：20（回车）

指定圆环的外径 <1.0000>：40（回车）

指定圆环的中心点或 <退出>：100，150（回车），如图 1-3-54（a）所示。

③ 复制右侧圆环。

单击功能区"修改"面板上"复制"按钮🔏，或选择菜单"修改→复制"，屏幕提示：

命令：_ copy

选择对象：找到 1 个（选择中间圆环）

选择对象：（点击右键）

当前设置： 复制模式＝多个

指定基点或 [位移（D)/模式（O)] <位移>：

指定第二个点或 [阵列（A)] <使用第一个点作为位移>：（捕捉中间圆环左端点）

指定第二个点或 [阵列（A)/退出（E)/放弃（U)] <退出>：（捕捉中间圆环右端点，回车，复制出右侧圆环，结果如图 1-3-54（b）所示）

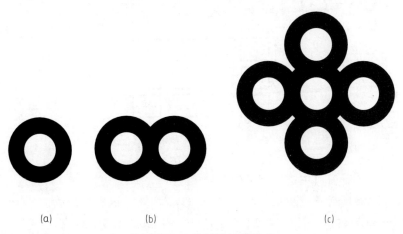

(a)　　　　　　　(b)　　　　　　　　　　(c)

图 1-3-54　绘制并复制圆环

④ 用同样方法复制左、上、下侧圆环，结果如图 1-3-54（c）所示。

3. 阵列（ARRAY）

阵列命令是将对象进行有规律的多个复制，分为矩形阵列、环形阵列和路径阵列三种。下面介绍常用的矩形阵列和环形阵列。

（1）矩形阵列

【例题 5】 用图 1-3-55（a）所示的矩形，修改为图 1-3-55（b）所示的矩形阵列。

单击功能区"修改"面板上"矩形阵列"按钮▦， （或菜单"修改→阵列→矩形阵列"），命令行出现如下提示：

命令：_ arrayrect

选择对象：（单击选择矩形）找到 1 个

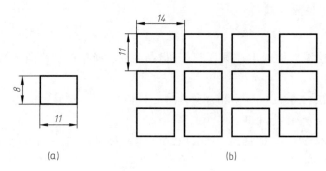

图 1-3-55　矩形阵列

选择对象：（回车）

类型＝矩形　关联＝是

在弹出的"阵列"对话框中设置列间距、行间距等参数后单击"关闭阵列"按钮✔，如图 1-3-56 所示。可双击已经阵列好的图形在弹出的"阵列（矩形）"框中修改相应的参数。

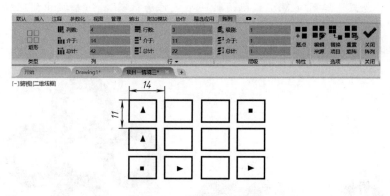

图 1-3-56　"阵列"对话框

也可继续在命令行窗口中进行相关的参数设置。

选择夹点以编辑阵列或［关联（AS）/基点（B）/计数（COU）/间距（S）/列数（COL）/行数（R）/层数（L）/退出（X）］＜退出＞：r（选"行数"方式，回车）

输入行数数或［表达式（E）］＜3＞：3（回车）

指定 行数 之间的距离或［总计（T）/表达式（E）］＜12.375＞：11（回车）

指定 行数 之间的标高增量或［表达式（E）］＜0＞：（回车）

选择夹点以编辑阵列或［关联（AS）/基点（B）/计数（COU）/间距（S）/列数（COL）/行数（R）/层数（L）/退出（X）］＜退出＞：col（选"列数"方式，回车）

输入列数数或［表达式（E）］＜4＞：4（回车）

指定 列数 之间的距离或［总计（T）/表达式（E）］＜16.5＞：14（回车）

选择夹点以编辑阵列或［关联（AS）/基点（B）/计数（COU）/间距（S）/列数（COL）/行数（R）/层数（L）/退出（X）］＜退出＞：（回车）

（2）环形阵列

【例题 6】　由图 1-3-57（a）所示的矩形，按圆心 O 修改为图 1-3-57（b）、图 1-3-57（c）

所示的环形阵列。

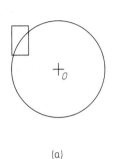
(a)

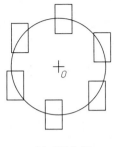
(b) 不旋转对象

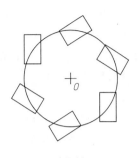
(c) 旋转对象

图 1-3-57　环形阵列

单击功能区"修改"面板上 ⊞ 阵列 ▾ 按钮的下拉箭头，选择"环形阵列"按钮 ⚙
（或菜单"修改→阵列→环形阵列"），命令行出现如下提示。

命令：_ arraypolar

选择对象：（单击选择矩形）找到 1 个

选择对象：（按右键结束选择）

类型＝极轴　关联＝是

指定阵列的中心点或［基点（B）/旋转轴（A）］：（打开对象捕捉，捕捉圆中心点 O，回车）

在弹出的"阵列创建"对话框中设置项目数、填充角度等参数后单击"关闭阵列"按钮
✔，如图 1-3-58 所示。可双击已经阵列好的图形在弹出的"阵列（环形）"框中修改相应的参数。

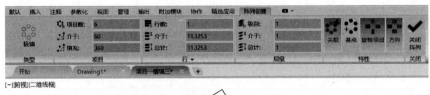

图 1-3-58　"阵列创建"对话框

也可继续在命令行窗口中进行相关的参数设置。

选择夹点以编辑阵列或［关联（AS）/基点（B）/项目（I）/项目间角度（A）/填充角度（F）/行（ROW）/层（L）/旋转项目（ROT）/退出（X）］＜退出＞：i（选择项目，回车）

输入阵列中的项目数或［表达式（E）］＜6＞：6（回车）

选择夹点以编辑阵列或［关联（AS）/基点（B）/项目（I）/项目间角度（A）/填充角度（F）/行（ROW）/层（L）/旋转项目（ROT）/退出（X）］＜退出＞：f（选择填充角度，

回车)

指定填充角度（＋＝逆时针、－＝顺时针）或［表达式（EX）］＜360＞：360（回车）

选择夹点以编辑阵列或［关联（AS）/基点（B）/项目（I）/项目间角度（A）/填充角度（F）/行（ROW）/层（L）/旋转项目（ROT）/退出（X）］＜退出＞：rot（选择旋转项目）

是否旋转阵列项目？［是（Y）/否（N）］＜是＞：n（回车结束，结果如图1-3-57（b）所示）

注：旋转项目（ROT）是指环形阵列时，阵列对象是否要在圆周的不同位置旋转，图1-3-57（b）为不旋转对象的情形，图1-3-57（c）为旋转对象时的情形。

4. 镜像（MIRROR）

镜像命令能将对象按指定的镜像轴线作对称复制，原对象可保留也可删除。

【例题7】 将图1-3-59（a）所示的图形修改为图1-3-59（b）。

单击功能区"修改"面板上"镜像"按钮 △ （或菜单"修改→镜像"），屏幕提示如下：

命令：_mirror

选择对象：指定对角点：（框选需镜像的对象）找到 8 个

选择对象：（回车确定）

指定镜像线的第一点：（捕捉端点 A）

指定镜像线的第二点：（捕捉端点 B）

要删除源对象吗？［是（Y）/否（N）］＜否＞：（不删除时直接回车，删除时输入"Y"后回车），结果如图1-3-59（b）所示。

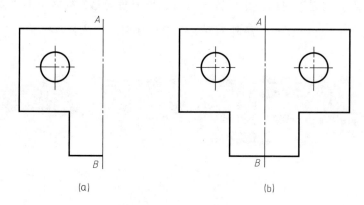

(a)   (b)

图1-3-59 镜像示例

任务指导

1. 绘图步骤

① 绘图设置 设置绘图区域大小、绘图单位、设置图层、线型、颜色。由于该图形尺寸较小，要注意设置较小的线型比例因子（命令 LTS）。

② 在中心线层上绘制定位基准线，注意绘制角度线时使用极轴追踪模式（极轴的增量角20°）会比较方便，如图1-3-60（a）所示。

③ 绘制 $\phi11$、$\phi2.55$、$\phi1$ 的圆，画出 $R0.75$ 的腰形槽，使用偏移命令（偏移距离为0.375）绘制缺口，如图1-3-60（b）所示，修剪后得到如图1-3-60（c）所示的图形。

④ 进行环形阵列后修剪，得到如图 1-3-60（d）所示图形。

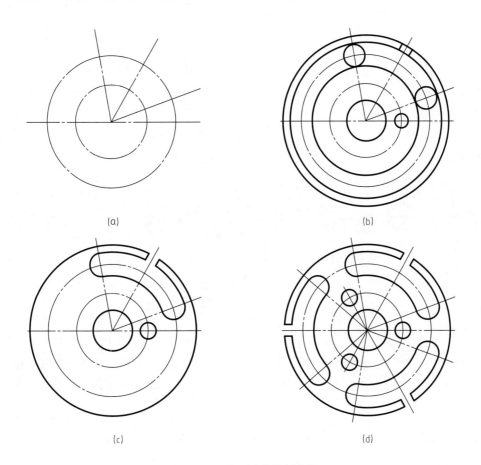

图 1-3-60　平面图形绘制步骤

2. 注意事项

① AutoCAD 的命令行窗口是用户输入命令和显示命令提示信息的区域，对于较复杂的命令，初学者应随时注意相关操作提示，并据此操作。

② 进行环形阵列时，应注意中心点的确定。中心点一般通过拾取点的方法获取。

③ 选择多个对象时，若不能依次选取，应按住 shift 键进行选取，也可通过菜单"工具→选项"，在选择集选项卡中去掉"用 Shift 键添加到选择集"前的"√"。

任务三　用 AutoCAD 绘制复杂平面图形

【学习目标】

通过本任务，让学生进一步掌握并灵活使用 AutoCAD 的常用绘图及编辑命令，能够熟练使用 AutoCAD 绘制较复杂的平面图形。另外还要学会 AutoCAD 的其他一些命令，以方便作图。

工 作 任 务 单

工作任务	绘制复杂平面图形

任务描述	按尺寸要求，绘制如图 1-3-61 所示吊钩的平面图形（不标尺寸）。 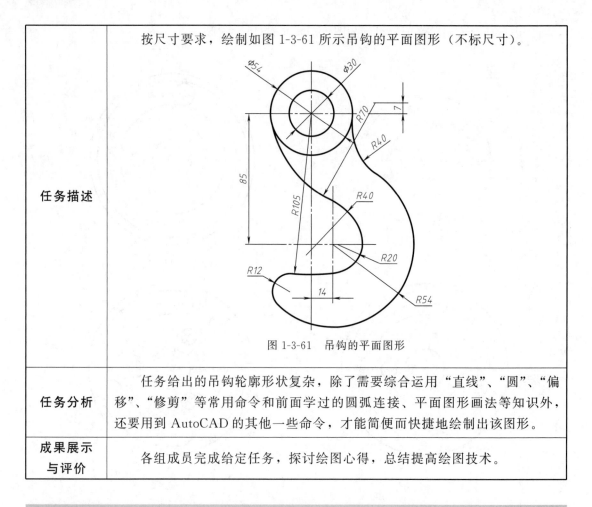 图 1-3-61 吊钩的平面图形
任务分析	任务给出的吊钩轮廓形状复杂，除了需要综合运用"直线"、"圆"、"偏移"、"修剪"等常用命令和前面学过的圆弧连接、平面图形画法等知识外，还要用到 AutoCAD 的其他一些命令，才能简便而快捷地绘制出该图形。
成果展示 与评价	各组成员完成给定任务，探讨绘图心得，总结提高绘图技术。

知识链接

● AutoCAD2020 的其他绘图、编辑命令
● 用 AutoCAD2020 绘制平面图形的方法和步骤

一、AutoCAD2020 的其他绘图、编辑命令

1. 多段线（PLINE）

多段线是由直线段和圆弧相连而成的单一的对象。直线和圆弧可通过在命令行输入"A"或"L"进行切换，其线宽可以改变。

【例题 1】 绘制如图 1-3-62 所示的箭头，已知 AB 长 40，线宽 1；BC 长 20，B 点线宽 5，C 点线宽 0。

图 1-3-62 绘制多段线

单击功能区"绘图"面板上"多段线"按钮 （或菜单"绘图→多段线"），屏幕提示如下：

命令：_pline

指定起点：100，100（用键盘输入 A 点坐标）

当前线宽为 0.0000

指定下一个点或［圆弧（A）/半宽（H）/长度（L）/放弃（U）/宽度（W）］：w（选择线宽）

指定起点宽度 <1.0000>：1（AB 起点线宽为 1）

指定端点宽度 <1.0000>：1（AB 终点线宽为 1）

指定下一个点或［圆弧（A）/半宽（H）/长度（L）/放弃（U）/宽度（W）］：40（绘出 AB，用距离输入，注意光标水平向右拖动）

指定下一点或［圆弧（A）/闭合（C）/半宽（H）/长度（L）/放弃（U）/宽度（W）］：w（选择线宽）

指定起点宽度 <1.0000>：5（BC 起点线宽为 5）

指定端点宽度 <5.0000>：0（BC 终点线宽为 0）

指定下一点或［圆弧（A）/闭合（C）/半宽（H）/长度（L）/放弃（U）/宽度（W）］：20（绘出 BC，用距离输入）

2. 延伸（EXTEND）

延伸命令能延长选定的实体，使其精确地延伸到由其他对象定义的边界。

【例题 2】 将图 1-3-63（a）通过延伸命令编辑成图 1-3-63（b）。

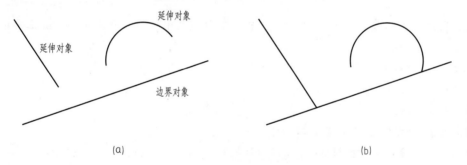

(a)   (b)

图 1-3-63　线段的延伸

操作步骤：

单击功能区"修改"面板上"延伸"按钮 ，（或菜单"修改→延伸"），屏幕提示如下：

命令：_extend

当前设置：投影＝UCS，边＝无

选择边界的边...

选择对象或 <全部选择>： 找到 1 个（选择作为延伸边界的直线）

选择对象：（回车）

选择要延伸的对象，或按住 Shift 键选择要修剪的对象，或

［栏选（F）/窗交（C）/投影（P）/边（E）/放弃（U）］：（选择需要延伸的直线靠近边界的一端）

选择要延伸的对象，或按住 Shift 键选择要修剪的对象，或

［栏选（F）/窗交（C）/投影（P）/边（E）/放弃（U）］：（选择需要延伸的圆弧）

路径不与边界边相交。

选择要延伸的对象，或按住 Shift 键选择要修剪的对象，或

［栏选（F）/窗交（C）/投影（P）/边（E）/放弃（U）］：（回车）

延伸时，记住首先选择延伸边界。

3. 旋转（ROTATE）

旋转命令能将对象绕基点旋转指定的角度。

【例题3】 将如图 1-3-64（a）所示的矩形旋转 30°，结果如图 1-3-64（b）所示。

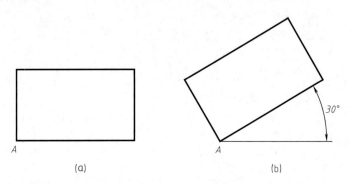

(a)   (b)

图 1-3-64　旋转

单击功能区"修改"面板上"旋转"按钮 ↻（或菜单"修改→旋转"），屏幕提示如下：

命令：＿rotate

UCS 当前的正角方向： ANGDIR＝逆时针 ANGBASE＝0

选择对象：找到 1 个（选择要旋转的矩形）

选择对象：（回车）

指定基点：（指定 A 点作为旋转的中心）

指定旋转角度，或［复制（C）/参照（R）］＜0＞： 30（回车。在此项提示下，若输入"R"，则进入参照旋转选项，跟着按提示进行操作），结果如图 1-3-64（b）所示。

4. 拉长（LENGTHEN）

拉长命令主要用于改变选定直线、圆弧、椭圆弧、非闭合样条曲线与多段线的长度，对闭合的对象无效。

单击功能区"修改"面板上"拉长"按钮 ╱（或选择菜单"修改→拉长"），屏幕提示如下：

命令：＿lengthen

选择要测量的对象或［增量（DE）/百分比（P）/总计（T）/动态（DY）］：

拉长直线时各选项的操作效果如图 1-3-65 所示。

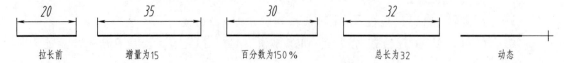

拉长前　　　　　增量为15　　　　　百分数为150%　　　　　总长为32　　　　　动态

图 1-3-65　拉长直线时各选项操作效果图

拉长圆弧时各选项的操作效果如图 1-3-66 所示。

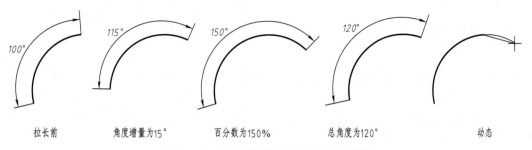

图 1-3-66　拉长圆弧时各选项操作效果图

5. 移动（MOVE）

移动命令主要是在指定方向上按指定位置移动对象。

【**例题 4**】　将如图 1-3-67（a）中的圆移动到直线的中点，如图 1-3-67（b）所示。

单击功能区"修改"面板上"移动"按钮 ✥（或菜单"修改→移动"），命令行提示：

命令：_ move

选择对象：找到 1 个（选择要移动的圆）

选择对象：（回车）

指定基点或 [位移（D）]＜位移＞：（捕捉圆心 O）

指定第二个点或 ＜使用第一个点作为位移＞：（捕捉直线的中点 M），结果如图 1-3-67（b）所示。

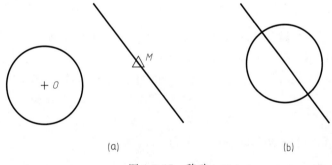

（a）　　　　　　　　　　（b）

图 1-3-67　移动

6. 缩放（SCALE）

缩放命令用来缩放对象的大小。

单击功能区"修改"面板上"缩放"按钮 ▫（或菜单"修改→缩放"），命令行提示：

命令：_ scale

选择对象：（选择缩放的对象）

选择对象：（回车确认）

指定基点：（指定缩放的基点）

指定比例因子或 [复制（C）/参照（R）]：（指定缩放比例）

在不知道具体缩放比例时，可以采用参照方式缩放图形对象。选择要缩放的对象后，指定缩放的基点，然后使用参照方式指定两个点和所需的距离。

7. 打断（BREAK）

打断命令能将对象分解为两部分并删除部分对象。打断对象时，一般在第一个打断点选择对象，并指定第二个打断点。注意打断圆时，系统是按逆时针方向删除圆上第一断点到第二断点之间的部分。

单击功能区"修改"面板上"打断"按钮 ⯑ （或菜单"修改→打断"），命令行提示：

命令：_ break

选择对象：（拾取需打断的对象，同时选中了第一个打断点）

指定第二个打断点 或 ［第一点（F）］：（在此提示下，可直接输入第二个打断点，删除两断点之间的部分对象）

若选 ［第一点（F）］ 项，可另外选择第一个打断点。

图 1-3-68 为打断对象示例。

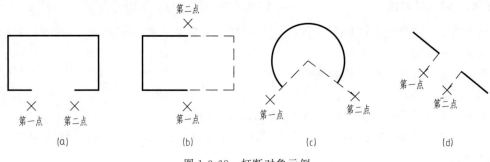

图 1-3-68　打断对象示例

8. 分解（EXPLODE）

分解命令可以把块分解为块之前的状态，以便对块中的图素进行单独编辑。此外该命令还可对矩形、正多边形、多段线及尺寸进行分解。

【例题 5】　用矩形命令任意绘制一矩形，删除上部的水平线，如图 1-3-69 所示。

操作步骤：

① 绘制矩形

用矩形命令任意绘制一矩形，如图 1-3-69 （a） 所示。

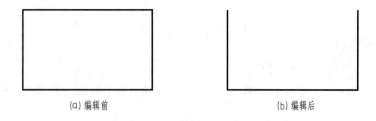

(a) 编辑前　　　　　　　　　　　(b) 编辑后

图 1-3-69　分解矩形后编辑对象

② 分解矩形

此时若选择矩形上方的水平线，会发现选中的是整个矩形，不能对水平线单独进行编辑。因此，必须先将矩形分解。

单击功能区"修改"面板上"分解"按钮 ⬛ （或菜单"修改→分解"），命令行提示：

命令：_ explode

选择对象：找到 1 个（选择矩形）

选择对象：（回车确定，矩形分解后为四段独立的直线）

③ 删除水平线

选择上方的水平线，按键盘上的 Delete 键将其删除，结果如图 1-3-69（b）所示。

二、用 AutoCAD2020 绘制平面图形的方法和步骤

1. 尺寸分析和线段分析

依据尺寸分析，确定线段的类型（已知线段、中间线段、连接线段）及其作图的顺序。

2. 绘图前的准备

① 绘图区域、单位的设置　根据图形的大小，可使用图形界限、单位等命令，选择适当的绘图区域以及绘图辅助工具。

② 图层、线型的设置　练习时，可仅按图中出现的线型设置图层。

③ 绘图辅助功能的设置与使用　熟悉栅格显示、捕捉模式、对象捕捉、极轴追踪、正交模式和对象捕捉追踪的设置与使用方法。对象捕捉设置的自动捕捉点不要太多，以免操作时捕捉到不需要的点。

3. 绘制、编辑图形

① 在中心线层绘制、编辑主要中心线。

② 在细实线层绘制、编辑主要定位基准线。

③ 在粗实线层绘制、编辑轮廓线。

④ 在其他图层绘制、编辑剩余图线。

⑤ 检查、修改。

任务指导

1. 绘图步骤

本任务给出的图形中多数线段的连接是圆弧连接，因此，使用直线和圆命令中的相切、相切、半径选项，再通过修剪命令，即可完成图形的绘制。具体过程如下：

① 分析图形中的尺寸作用及线段性质，决定作图步骤。

② 设置绘图区域大小、绘图单位、设置图层、线型、颜色。

③ 在中心线层上绘制定位基准线，如图 1-3-70（a）所示。

④ 切换到粗实线层，绘制已知线段 $\phi 54$、$\phi 30$、$R105$、$R54$。使用圆命令中的相切、相切、半径选项，画出吊钩 $R12$ 的圆（代替圆弧）和右边 $R40$ 圆（代替圆弧），如图 1-3-70（b）所示。通过修剪命令，得到如图 1-3-70（c）所示的图形。

⑤ 在粗实线层上绘制尺寸为 $R20$ 和 $R70$ 的中间线段

以 $R105$ 圆心为圆心，$R=105-20=85$ 为半径画出一辅助圆（弧），与距离 14 的中心线的交点即为 $R20$ 的圆心，画出 $R20$ 的圆；以 $\phi 54$ 的圆心为圆心，70-27 为半径画圆，与定位尺寸为 7 的直线交于一点，即为 $R70$ 的圆心，使用圆命令画出该圆。如图 1-3-70（d）所示。

⑥ 使用相切、相切、半径选项，完成最后的连接圆弧 $R40$，如图 1-3-70（e）所示。

⑦ 使用修剪命令等对图形进行最后的修改，完成该平面图形如图 1-3-70（f）所示。

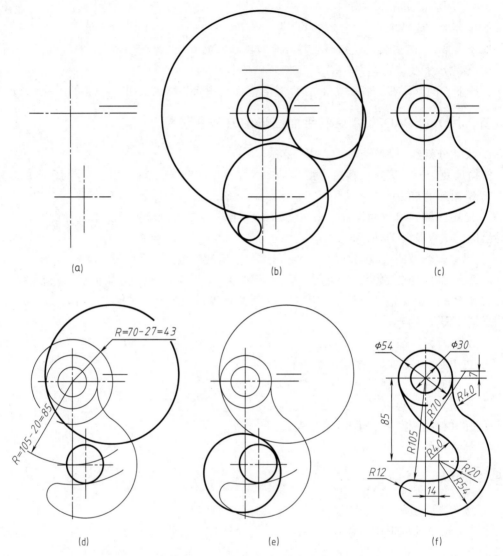

图 1-3-70 平面图形的绘图步骤

2. 注意事项

① 用 AutoCAD 绘制同一平面图形有多种方法，作图时可根据自己的习惯灵活选用。

② 绘制圆弧部分时，可先画圆，在与之相连的其他图线画出后再进行修剪，这样作图较为方便。

③ 作图不便时可多使用辅助线，再利用 AutoCAD 的编辑功能进行修改。

④ 绘制复杂平面图形时，应及时进行修剪、打断、删除等操作，以免图线太多，影响作图。

⑤ 图形绘制完成后，应使图中的中心线（点画线）超出轮廓线 2~5mm，不要画得太长。另外，不要混淆虚线和点画线。

情境四　立体的投影

任务一　画模型的三视图

【学习目标】

① 学习正投影原理，掌握用正投影原理图示空间物体的方法。

② 掌握三视图的投影规律，学会绘制物体三视图的方法和步骤。

③ 能够绘制简单物体的三视图。

<table>
<tr><td colspan="2" align="center">工 作 任 务 单</td></tr>
<tr><td>工作任务</td><td>利用正投影原理和三视图的投影规律，绘制给定模型的三视图</td></tr>
<tr><td rowspan="2">任务描述</td><td>

① 从不同角度观察给定的模型，并把它们摆放在纸上草绘出轮廓，观察哪个角度画出的图形与模型最相像，将其作为最佳观察方向。

② 把上一步观察到的最佳观察方向作为主视方向，徒手画出物体的三视图。

③ 查看俯视图与左视图中不可见的轮廓虚线是否最少，否则选相反方向作为主视方向。想一想为什么要这样做。

④ 用 A3 图纸类似图 1-4-1（b）绘制至少两个给定模型的三视图。 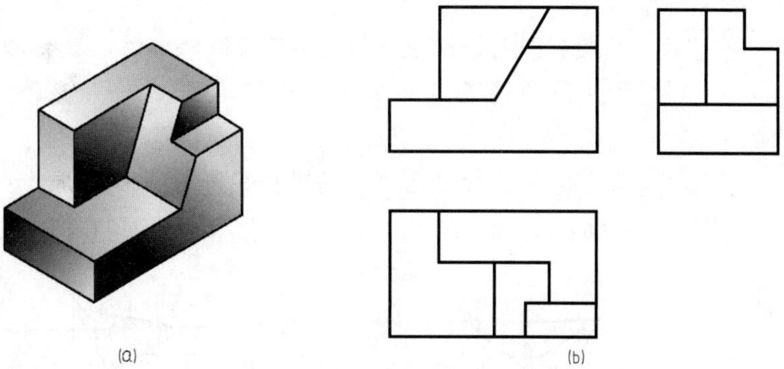

(a)   (b)

图 1-4-1　物体模型与三视图
</td></tr>
<tr><td>任务分析</td><td>

本任务是利用正投影原理，训练如何将空间物体——模型向三个规定的方向投射，得到模型的三视图。利用三视图表达物体的形状结构方便简单，是以后我们进一步表达机械零部件、化工设备和化工工艺等内容的基础。
</td></tr>
<tr><td>成果展示
与评价</td><td>各组成员相互配合讨论，独自完成给定模型的三视图。</td></tr>
</table>

知识链接

● 投影法与正投影
● 三视图的形成及其投影规律
● 三视图的作图方法和步骤

一、投影法与正投影

(一) 投影的概念

当灯光或日光照射物体时，在地面或墙面上会产生物体的影子。人们经科学抽象，便形成了用二维平面图形表达三维空间物体的方法——投影法。

所谓投影法，就是投射线通过物体，向选定的平面投射，并在该平面上得到图形的方法（见图 1-4-2）；按投影法所得到的图形，称为投影；得到投影的面，称为投影面。

(二) 投影法的分类

投影法分为中心投影法和平行投影法两类。

1. 中心投影法

投射线汇交于一点的投影法，称为中心投影法，如图 1-4-2 所示。

中心投影法所得的投影作图复杂，在工程图中较少采用。但立体感强，常用于绘制建筑效果图（透视图）。

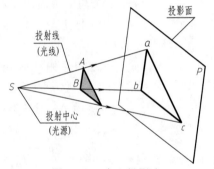

图 1-4-2　中心投影法

2. 平行投影法

投射线相互平行的投影法，称为平行投影法。

在平行投影法中，按投射线是否垂直于投影面，又分为斜投影法和正投影法。

① 斜投影法。指投射线与投影面倾斜的平行投影法。按斜投影法所得到的图形，称为斜投影，见图 1-4-3（a）。

② 正投影法。指投射线与投影面垂直的平行投影法。按正投影法所得到的图形，称为正投影，见图 1-4-3（b）。

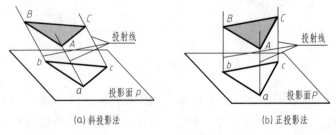

(a) 斜投影法　　　　　　(b) 正投影法

图 1-4-3　平行投影法

正投影法能真实地反映物体的形状和大小，度量性好，作图简便，是绘制工程图样的主要方法。

（三）正投影的基本性质

1. 直线的投影特性

与投影面平行的直线，其投影反映实长。如图1-4-4（a）所示，图中 ab 与 AB 等长。

与投影面垂直的直线，其投影积聚为点。如图1-4-4（b）所示，图中 AB 投影成一点 a（b）。

与投影面倾斜的直线，其投影缩短。如图1-4-4（c）所示，图中 ab 的长比 AB 短。

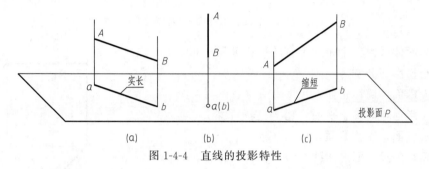

图 1-4-4　直线的投影特性

2. 平面的投影特性

与投影面平行的平面，其投影反映实形，如图1-4-5（a）所示。

与投影面垂直的平面，其投影积聚成直线，如图1-4-5（b）所示。

与投影面倾斜的平面，其投影与实形类似并缩小，如图1-4-5（c）所示。

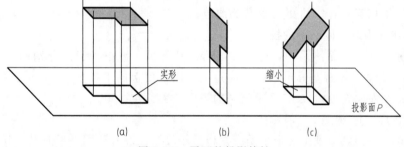

图 1-4-5　平面的投影特性

由直线和平面的投影特性可总结出正投影的特性如下。

① 真实性。当直线或平面平行于投影面时，其投影反映直线段的实长或平面的实形。

② 积聚性。当直线或平面垂直于投影面时，直线段的投影积聚成点，平面的投影积聚成直线。

③ 类似性。当直线或平面倾斜于投影面时，直线段投影变短，平面的投影为小于原形的类似形。

二、三视图的形成及其投影规律

按正投影法绘制出的图形称为视图。通常一个视图不能唯一完整地确定物体的空间形状，如图1-4-6所示，因此在工程图中常采用多面正投影的表达方法。

（一）三视图的形成

1. 三投影面体系的建立

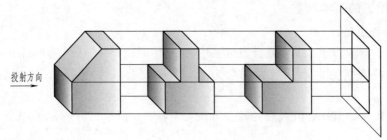

图 1-4-6 一个视图不能确定物体的空间形状

三投影面体系由三个相互垂直的投影面所组成，如图 1-4-7 所示。三个投影面分别为：

正立投影面，简称正面，用 V 表示；

水平投影面，简称水平面，用 H 表示；

侧立投影面，简称侧面，用 W 表示。

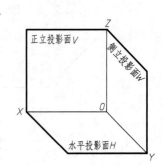

图 1-4-7 三投影面体系

相互垂直的投影面之间的交线，称为投影轴，它们分别是：

OX 轴（简称 X 轴），是 V 面与 H 面的交线，它代表长度方向；

OY 轴（简称 Y 轴），是 H 面与 W 面的交线，它代表宽度方向；

OZ 轴（简称 Z 轴），是 V 面与 W 面的交线，它代表高度方向。

三根坐标轴相互垂直，其交点 O 称为原点。

2. 物体在三投影面体系中的投影

将物体置于三投影面体系中，如图 1-4-8（a）所示，按正投影法分别向三个投影面投射，由前向后投射在 V 面上得到的视图称为主视图；由上向下投射在 H 面上得到的视图，称为俯视图；由左向右投射在 W 面上得到的视图，称为左视图。

3. 三投影面的展开

为了在同一张图纸上画出三个视图，需将三个投影面展开到同一平面上，其展开方法如下：V 面不动，H 面绕 OX 轴向下旋转 $90°$，W 面绕 OZ 轴向右旋转 $90°$，转到与 V 面处于同一平面上，见图 1-4-8（a）、（b）。

由于视图所表达的物体形状与投影面的大小、投影面之间的距离无关，所以工程图样上不画出投影面的边界和投影轴，见图 1-4-8（c）。

（二）三视图的对应关系

① 位置关系。俯视图配置在主视图的正下方，左视图配置在主视图的正右方，如图 1-4-8 所示。

② 尺寸关系。物体有长、宽、高三个方向的尺寸。主视图反映长度和高度，俯视图反映长度和宽度，左视图反映宽度和高度，如图 1-4-8（d）所示。相邻两个视图在同一方向的尺寸应相等，即：

主、俯视图长对正；主、左视图高平齐；俯、左视图宽相等。

三视图之间"长对正、高平齐、宽相等"的"三等"关系，反映了三视图的投影规律。各视图不但整体上要满足这一规律，而且每个视图中的各个部分都必须符合这一投影规律，

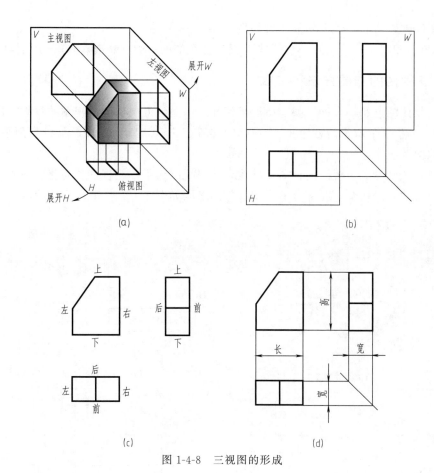

图 1-4-8　三视图的形成

在画图、看图时都要严格遵守，如图 1-4-9 所示。

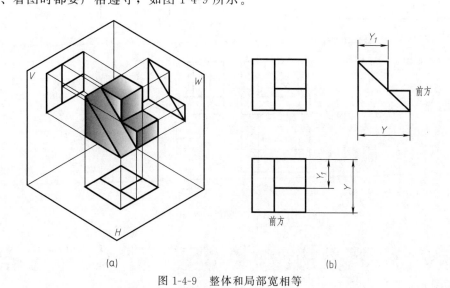

图 1-4-9　整体和局部宽相等

③ 方位关系。物体有上、下、左、右、前、后六种方位，见图 1-4-8（c）所示。

主视图反映物体的上、下和左、右关系；

俯视图反映物体的左、右和前、后关系；

左视图反映物体的上、下和前、后关系。

由图 1-4-8 和图 1-4-9 可知，俯、左视图远离主视图的一侧（外边），均表示物体的前面。

三、三视图的作图方法和步骤

先分析物体的形状，选择反映物体形状特征最明显的方向作为主视图的投射方向［如图 1-4-10（a）中箭头 A 所指的方向］，将物体的位置摆正（使其主要表面与投影面平行），并确定图纸幅面和绘图比例。

作图时，先画出三个视图的作图基准线，从主视图入手，根据"长对正、高平齐、宽相等"的投影规律，依次画出各部分的视图，作图步骤如图 1-4-10（b）～（e）所示。

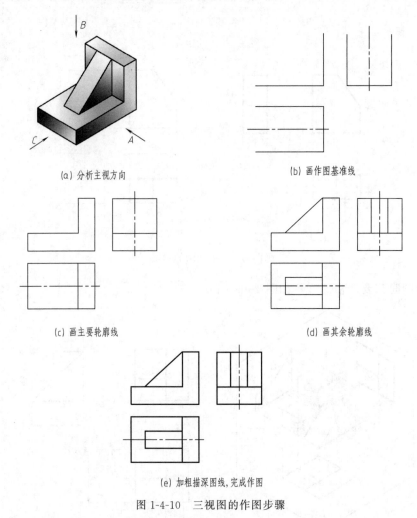

(a) 分析主视方向　　　　　　　　　(b) 画作图基准线

(c) 画主要轮廓线　　　　　　　　　(d) 画其余轮廓线

(e) 加粗描深图线,完成作图

图 1-4-10　三视图的作图步骤

任务指导

1. 作图步骤

① 选择主视图。摆正物体，尽量使多个表面平行或垂直于投影面；选择主视方向，使主视图能反映物体各部分的形状和相对位置。图 1-4-11（a）中，以箭头方向作为主视方向较好。

② 画基准线。定出长、宽、高三个方向的作图基准，在三视图中将它们画出，如图 1-4-11（b）所示。

③ 画底稿。可先画主视图，画图时应先画出垂直于投影面的各面（积聚为线）；其次画出平行于投影面的各面（投影为实形）；最后检查倾斜表面是否画完整（投影具有类似性），如图 1-4-11（c）所示。俯视图和左视图画法与主视图类似，注意各视图间总体和局部尺寸要保持"长对正，高平齐，宽相等"的关系。如图 1-4-11（d）、（e）所示。

④ 检查修改、擦去多余图线，描深图形。描深图形应按国家标准规定的线型进行。注意要画好对称中心线，不得擦去。完成后的三视图如图 1-4-11（f）所示。

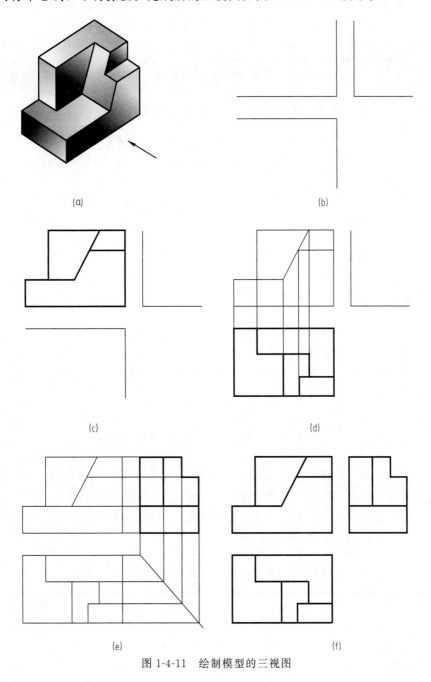

图 1-4-11　绘制模型的三视图

2. 注意事项

① 画图之前应合理布图，不要将图纸四等分，应根据模型各方向的尺寸大小布图。

② 俯视图与左视图间总体和局部都应保持"宽相等"的关系。

③ 尽量学会使用分规保证俯视图与左视图间"宽相等"的关系。

④ 不要急于描深图线，应检查无误后再描图，以免修改影响图面质量。

<div align="center">**任务二　点和直线投影的综合运用**</div>	
【学习目标】 ① 掌握点和直线的投影规律，能熟练绘制点和直线的三面投影。 ② 能运用点和直线的投影规律，判定其空间位置。	
<div align="center">工 作 任 务 单</div>	
工作任务	绘制点和直线的三面投影，依据点和直线的三面投影判定其空间位置。
任务描述	① 根据图 1-4-12（a）所示管路画出三面投影图。 ② 根据图 1-4-12（b）所示管路的三面投影图判定管路各段的空间走向。 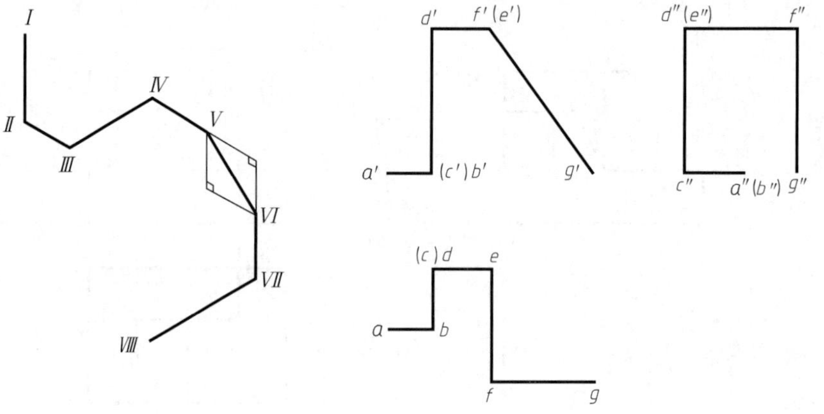 （a）管路模型　　　　　　　　　　　（b）管路的投影 <div align="center">图 1-4-12　管路的模型及投影</div>
任务分析	图 1-4-12 示意的是由点和直线构成的管道的抽象模型，其中图 1-4-12（a）给出的任务是绘制管道的三面投影，图 1-4-12（b）给出的任务是读懂管道的三面投影图。要完成这两个任务，都必须掌握点和直线的投影规律，并能正确判断直线的空间位置。
成果展示 与评价	独立完成给定任务和习题册中的练习。

知识链接

● 点的投影

● 直线的投影

● 平面的投影 *

构成立体的基本几何要素是点、线、面。如图 1-4-13 所示的正三棱锥，由棱面△*SAB*、△*SBC*、△*SCA* 及底面△*ABC* 所围成，各表面交于棱线 *SA*、*SB*…，各棱线交于顶点 *A*、*B*、*C*、*S*。要绘制出三棱锥的三视图，先应画出这些顶点的三面投影，再将各顶点连接成线，得到各表面的三面投影，从而得出三棱锥的三视图。因此，要画出物体的三视图，首先必须掌握点、线、面的投影规律。

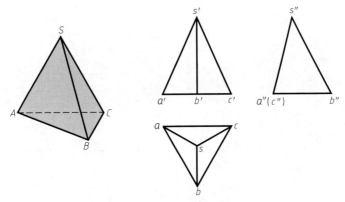

图 1-4-13　物体上点的投影分析

一、点的投影

1. 点的三面投影

如图 1-4-14（a）所示，由点 *S* 分别向三个投影面作垂线，垂足 *s*、*s′*、*s″* 就是点 *S* 的三面投影。将投影面按图 1-4-14（b）所示的箭头方向展开，即得到点 *S* 的三面投影图，如图 1-4-14（c）所示。

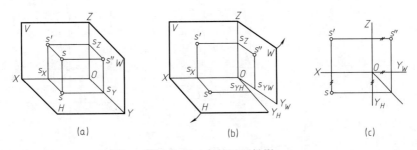

图 1-4-14　点的三面投影

规定空间点用大写字母表示，如 *A*、*B*、*S*…；点在 *H* 面上的投影用相应小写字母表示，如 *a*、*b*、*s*…；点在 *V* 面上的投影表示为 *a′*、*b′*、*s′*…；点在 *W* 面上的投影表示为 *a″*、*b″*、*s″*…。

根据点的三面投影图的形成过程，可得出点的投影规律：

点的正面投影和水平投影的连线垂直于 *OX* 轴，即 $ss′ \perp OX$；

点的正面投影和侧面投影的连线垂直于 *OZ* 轴，即 $s′s″ \perp OZ$；

点的水平投影到 *OX* 轴的距离等于点的侧面投影到 *OZ* 轴的距离，即 $ss_X = s″s_Z$。

点的投影规律仍然反映了三视图"长对正、高平齐、宽相等"的投影规律。

2. 点的投影和直角坐标的关系

将投影轴当作坐标轴，三个投影轴的交点 O 为坐标原点，点的空间位置可用直角坐标来表示。由图 1-4-15 可以看出：

点的 X 坐标 $Oa_X = a'a_Z = aa_Y$，反映空间点到 W 面的距离；

点的 Y 坐标 $Oa_Y = aa_X = a''a_Z$，反映点到 V 面的距离；

点的 Z 坐标 $Oa_Z = a'a_X = a''a_Y$，反映点到 H 面的距离。

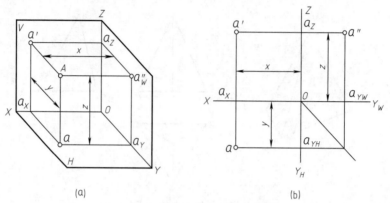

(a)   (b)

图 1-4-15 点的空间位置与直角坐标

点的坐标的书写形式为 A（x，y，z），如 A（10，15，20）。

点的坐标值可以直接从点的三面投影中量得；反之，由所给定点的坐标值，按点的投影规律可画出其三面投影图。

【例题 1】 已知点 A（15，12，20），求 A 点的三面投影图。

作图步骤如图 1-4-16 所示。

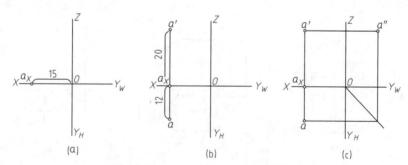

(a)   (b)   (c)

图 1-4-16 已知点的坐标求作投影图

① 画投影轴 OX、OY_H、OY_W、OZ。

② 在 OX 轴上量取 $Oa_x = 15$，如图 1-4-16（a）所示。

③ 过 a_x 作 OX 轴的垂线，并量取 $a'a_x = 20$，$aa_x = 12$，如图 1-4-16（b）所示。

④ 过 a 作 OX 轴的平行线与 $\angle Y_WOY_H$ 的角平分线相交，过交点作 OY_W 轴的垂线，与过 a' 所作的 OZ 轴垂线相交于 a''，如图 1-4-16（c）所示。

【例题 2】 已知点 B 的两面投影 b'、b''，如图 1-4-17（a）所示，求作水平投影。

作图步骤如图 1-4-17（b）、（c）所示。

3. 两点的相对位置

判断空间两点的相对位置，可通过比较两点的坐标值来确定，如图 1-4-18 所示。

X 坐标值反映点的左、右位置，X 坐标大者在左，故 A 点在 B 点的左边；

Y 坐标值反映点的前、后位置，Y 坐标值大者在前，故 A 点在 B 点的后面；

Z 坐标值反映点的上、下位置，Z 坐标值大者在上，故 A 点在 B 点的下方。

在图 1-4-19 所示 E、F 两点的投影中，E 点在 F 点的正前方，e' 和 f' 重合。对 V 面来说，E 可见，F 不可见。在投影图中，对不可见的点的投影，加圆括号表示。如 F 的 V 面投影表示为（f'）。

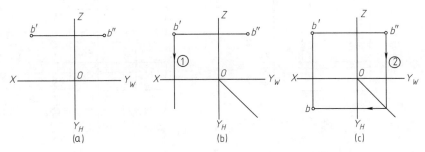

图 1-4-17　由点的两面投影求作第三面投影

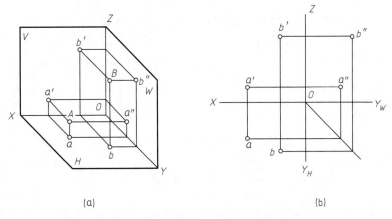

图 1-4-18　两点的相对位置

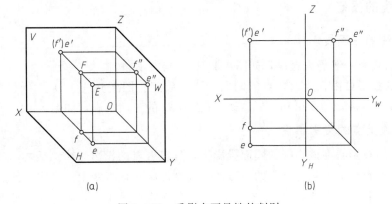

图 1-4-19　重影点可见性的判别

【**例题 3**】 已知空间点 A 的三面投影，B 点在 A 点的右方 7，前方 5，下方 6。求作 B 点的三面投影。

作图步骤如图 1-4-20 所示。

① 在 X 轴上，从 a_X 向右量取 7 得 b_X；在 Y 轴上，从 a_{YH} 向前量取 5 得 b_{YH}；在 Z 轴上，从 a_Z 向下量取 6 得 b_Z。

② 分别过 b_X、b_{YH}、b_Z 作 OX、OY、OZ 轴的垂线，得 b、b'。

③ 根据 b、b'，求得 b''。

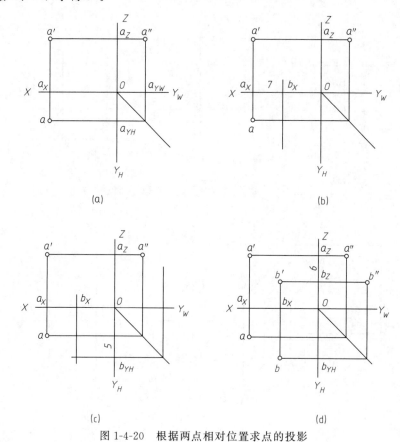

图 1-4-20 根据两点相对位置求点的投影

二、直线的投影

(一) 直线的三面投影

① 直线的投影一般仍为直线，如图 1-4-21 (a) 所示。

② 直线的投影可由直线上两点的同面投影来确定。图 1-4-21 (b) 为线段的两端点 A、B 的三面投影，连接 ab、$a'b'$ 和 $a''b''$，就是直线 AB 的三面投影，如图 1-4-21 (c) 所示。

(二) 直线上点的投影特性

直线上点的投影必在该直线的同面投影上，且符合点的投影规律。反之，若点的各投影均在直线的同面投影上，且符合点的投影规律，则点必在该直线上。直线上的点分割直线之比在其投影中保持不变，如图 1-4-22 所示，点 K 在直线 AB 上，则 $AK:KB=ak:kb=a'k':k'b'=a''k'':k''b''$。

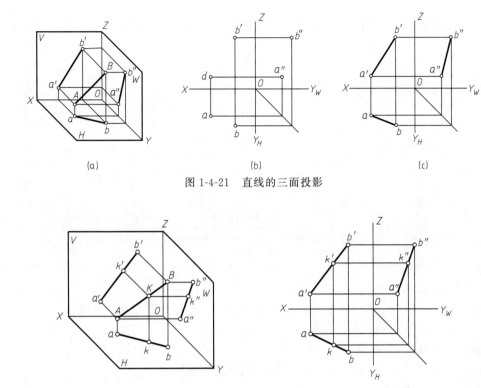

(a) (b) (c)

图 1-4-21 直线的三面投影

(a) (b)

图 1-4-22 属于直线上点的投影

(三) 各种位置直线的投影

直线按空间位置分为三类：投影面平行线、投影面垂直线和一般位置直线。前两种又称为特殊位置直线。

1. 投影面平行线

平行于一个投影面，与另外两个投影面倾斜的直线，称为投影面平行线。

正平线 平行于 V 面并与 H、W 面倾斜的直线；

水平线 平行于 H 面并与 V、W 面倾斜的直线；

侧平线 平行于 W 面并与 H、V 面倾斜的直线。

投影面平行线的投影特性见表 1-4-1。

表 1-4-1 投影面平行线

名称	正平线(//V 面,对 H、W 面倾斜)	水平线(//H 面,对 V、W 面倾斜)	侧平线(//W 面,对 H、V 面倾斜)
轴测图	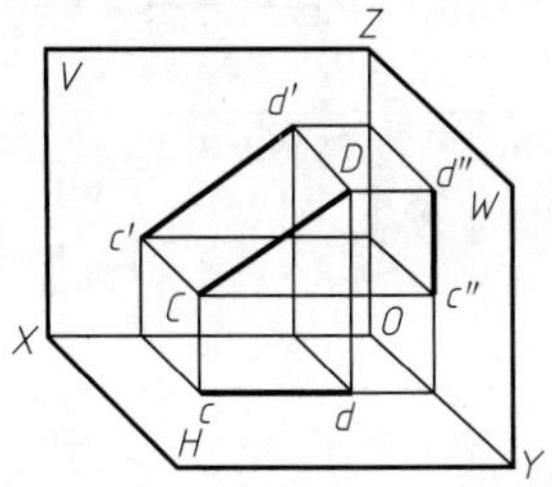	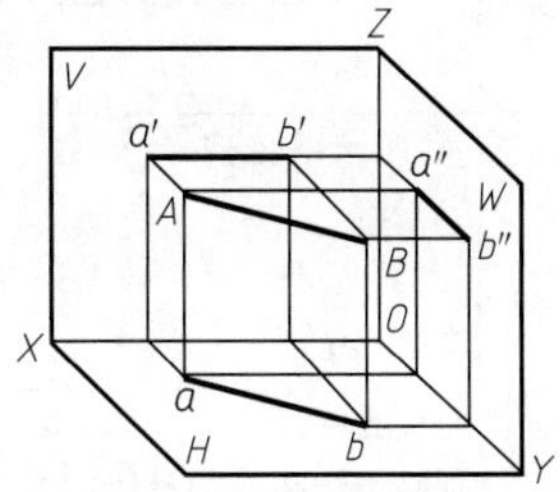	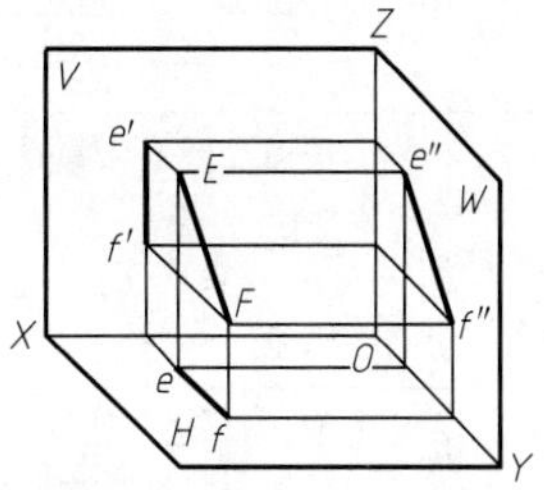

名称	正平线（//V面,对H、W面倾斜）	水平线（//H面,对V、W面倾斜）	侧平线（//W面,对H、V面倾斜）
投影图			
投影特性	①正面投影 $c'd'=CD$ ②水平投影 cd//OX,侧面投影 $c''d''$//OZ,都不反映实长	①水平投影 $ab=AB$ ②正面投影 $a'b'$//OX,侧面投影 $a''b''$//OY_W,都不反映实长	①侧面投影 $e''f''=EF$ ②水平投影 ef//OY_H,正面投影 $e'f'$//OZ,都不反映实长
	小结:①在所平行的投影面上的投影反映实长 ②其他两个投影平行于相应的投影轴,且不反映实长		

2. 投影面垂直线

垂直于一个投影面,与另外两个投影面平行的直线,称为投影面垂直线。

正垂线 垂直于V面并与H、W面平行的直线;

铅垂线 垂直于H面并与V、W面平行的直线;

侧垂线 垂直于W面并与H、V面平行的直线;

投影面垂直线的投影特性见表 1-4-2。

表 1-4-2 投影面垂直线的投影特性

名称	正垂线（⊥V面,//H和W）	铅垂线（⊥H面,//V和W）	侧垂线（⊥W面,//H和V）
轴测图			
投影图			
投影特性	①正面投影 $c'(d')$ 成一点,有积聚性 ②$cd=c''d''=CD$,且 $cd⊥OX$,$c''d''⊥OZ$	①水平投影 $a(b)$ 成一点,有积聚性 ②$a'b'=a''b''=AB$,且 $a'b'⊥OX$,$a''b''⊥OY_W$	①侧面投影 $e''(f'')$ 成一点,有积聚性 ②$ef=e'f'=EF$,且 $ef⊥OY_W$,$e'f'⊥OZ$
	小结:①直线在所垂直的投影面上积聚为一点 ②其他两面投影皆反映实长,且分别垂直于相应的投影轴		

3. 一般位置直线

与三个投影面都倾斜的直线，称为一般位置直线。如图 1-4-22 所示的直线 AB 即为一般位置直线。一般位置直线的投影特性为：

三个投影都倾斜于投影轴，且长度均小于实长。

【例题 4】 分析如图 1-4-23 所示的正三棱锥各棱线与投影面的相对位置。

① 棱线 SB $sb//OY_H$，$s'b'//OZ$，所以 SB 为侧平线，$s''b''$ 反映实长，如图 1-4-23（b）所示。

② 棱线 AC 因侧面投影 $a''(c'')$ 重影，所以 AC 为侧垂线，$a'c'=ac$，并反映实长，如图 1-4-23（c）所示。

③ 棱线 SA 因三个投影 sa、$s'a'$、$s''a''$ 均倾斜于投影轴，所以是一般位置直线，如图 1-4-23（d）所示。

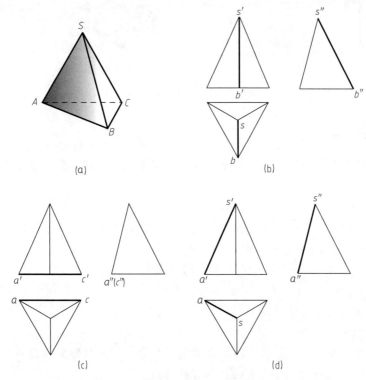

图 1-4-23 分析直线的投影

【例题 5】 分析图 1-4-24 所示各段管道的空间走向。

该图表示的是用水泵将水槽的水打入设备顶部的装置，可将管道分为水泵的进水与出水两部分。

进水部分：管道 AB 的水平投影积聚为一点 $(a)b$，故垂直于水平投影面（铅垂线）。管道 BC 的侧面投影积聚为一点 $b''(c'')$，所以垂直于侧投影面（侧垂线）。同理，可分析出管道 CD 垂直于正投影面。

出水部分：管道 EF 的水平投影积聚为一点 $(e)f$，故垂直于水平投影面（铅垂线）。管道 GH 的正面投影 $g'h'$ 倾斜于投影轴，其他两投影 $gh//OX$，$g''h''//OZ$，故平行于正投影面（正平线）。其余几段读者自行分析。

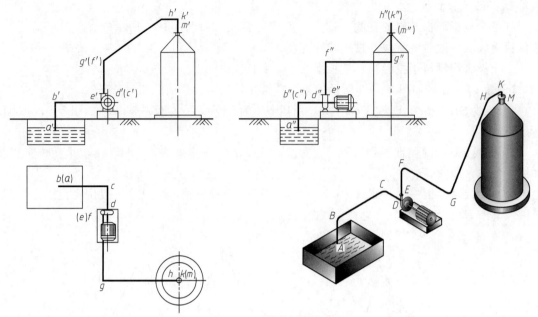

图 1-4-24　管道投影分析

三、平面的投影

平面按空间位置分为三类：投影面平行面、投影面垂直面和一般位置平面。前两种又称为特殊位置平面。

1. 投影面平行面

平行于一个投影面，与另外两个投影面垂直的平面，称为投影面平行面。

正平面：平行于 V 面并与 H、W 面垂直的平面；

水平面：平行于 H 面并与 V、W 面垂直的平面；

侧平面：平行于 W 面并与 H、V 面垂直的平面。

投影面平行面的投影特性见表 1-4-3。

2. 投影面垂直面

垂直于一个投影面，与另外两个投影面倾斜的平面，称为投影面垂直面。

正垂面：垂直于 V 面并与 H、W 面倾斜的平面；

铅垂面：垂直于 H 面并与 V、W 面倾斜的平面；

表 1-4-3　投影面平行面的投影特性

名称	正平面(//V 面)	水平面(//H 面)	侧平面(//W 面)
轴测图			

续表

名称	正平面(//V 面)	水平面(//H 面)	侧平面(//W 面)
投影图	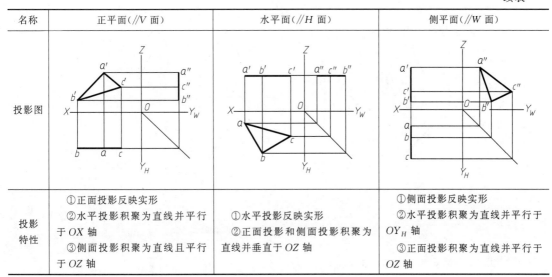		
投影特性	①正面投影反映实形 ②水平投影积聚为直线并平行于 OX 轴 ③侧面投影积聚为直线且平行于 OZ 轴	①水平投影反映实形 ②正面投影和侧面投影积聚为直线并垂直于 OZ 轴	①侧面投影反映实形 ②水平投影积聚为直线并平行于 OY_H 轴 ③正面投影积聚为直线并平行于 OZ 轴

侧垂面：垂直于 W 面并与 H、V 面倾斜的平面。

投影面垂直面的投影特性见表 1-4-4。

表 1-4-4 投影面垂直面的投影特性

名称	正垂面(⊥V 面)	铅垂面(⊥H 面)	侧垂面(⊥W 面)
轴测图			
投影图			
投影特性	①正面投影积聚为直线段 ②水平和侧面投影为类似形	①水平投影积聚为直线段 ②正面和侧面投影为类似形	①侧面投影积聚为直线段 ②水平和正面投影为类似形

3. 一般位置平面

倾斜于三个投影面的平面称为一般位置平面，如图 1-4-25 所示。

由于一般位置平面对三个投影面都倾斜，所以它的三面投影都是缩小了的类似图形。

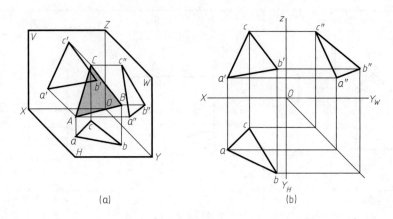

图 1-4-25　一般位置平面的投影

点和直线在平面上的几何条件是：

① 若点在平面内的一条直线上，则该点必在该平面上。

② 若直线通过平面上的两个点，或通过平面上的一个点，且平行于属于该平面的任一直线，则直线在该平面上。

【例题 6】　如图 1-4-26（a）所示，已知△ABC 和点 E 的两面投影，判定 E 点是否在△ABC 上。

分析　若 E 点属于△ABC 平面，过 E 点作一条属于△ABC 平面的直线，则 E 的两个投影必属于相应直线的同面投影。否则，E 点不在△ABC 平面上。

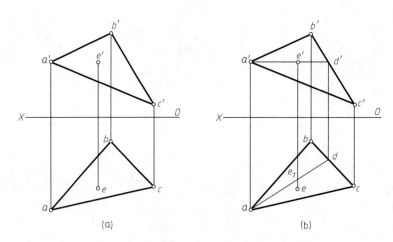

图 1-4-26　判定点是否属于平面

作图　如图 1-4-26（b）所示。

（a）连接 $a'e'$ 并延长，与 $b'c'$ 交于 d'。

（b）过 d' 作 OX 轴的垂线与 bc 相交，其交点即为 D 点的水平投影 d，连接 ad。

（c）过 e' 作 OX 轴的垂线与 ad 相交，其交点 e_1 应为 E 点的水平投影。

（d）由于给出的 E 点的水平投影 e 与上述交点 e_1 不重合，故可判定 E 点不在△ABC 平面上。

任务指导

1. 绘图

① 把管路抽象为直线后，为了不遗漏管道，可用数字或字母标出每一段管道，然后逐段分析它们的空间位置，绘出投影图。

② 画图时要结合直线的投影特点进行，如图 1-4-12（a）中 Ⅴ、Ⅵ 为侧平线，其侧面投影为反映实长的斜线，水平和正面投影平行于投影轴（即方向水平或竖直）。

③ 绘制完成后，应按各管段编号顺序检查是否都投影完整，特别要注意有积聚性的投影。

④ 图 1-4-12（a）所示的管道的三面投影如图 1-4-27 所示。

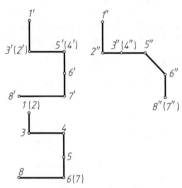

图 1-4-27 管道的三面投影

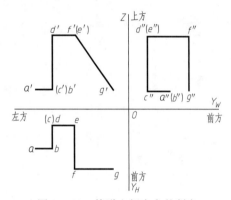

图 1-4-28 管道空间走向的判定

2. 注意事项

① 画完管道的投影图后，可数一下投影上的直线段数量与管路中的是否相同，如果不同，应检查未见的管道段是否积聚成了点。

② 判断管道空间走向时，可先在图中画出投影轴，然后参照投影轴判定管道空间走向。如图 1-4-12（b）所示的管道，参照图 1-4-28 所示的投影轴，可判定管道走向是：从 A 起向右至 B→向后至 C→向上至 D→向右至 E→向前至 F→向右下方至 G。

任务三　认识基本体、制作组合体

【学习目标】

① 认识基本体和组合体，相贯线和截交线，学会形体分析方法。
② 掌握基本体三视图的特点，熟悉组合体的组合形式及表面连接方式。
③ 掌握几种简单常用相贯线和截交线的画法。

工 作 任 务 单	
工作任务	分析简单基本体和复杂组合体的关系，认识相贯线和截交线及其产生的本质。
任务描述	① 用橡皮泥制作图 1-4-29 所示五种简单物体，并类似图 1-4-30 随意拼合几个更复杂的物体

任务描述	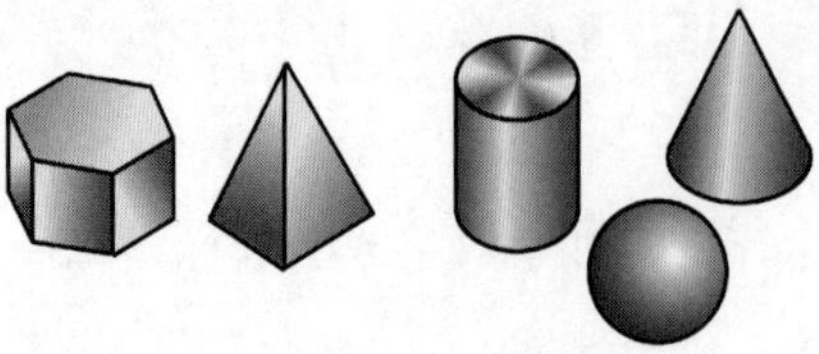 图 1-4-29　五种简单物体 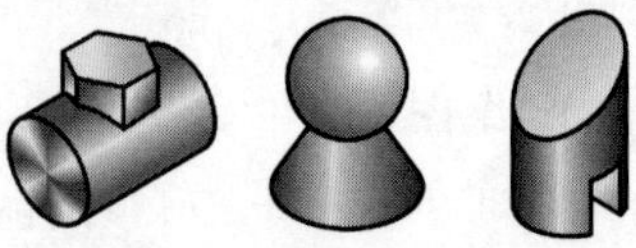　　　　　　图 1-4-30　简单物体的组合 　　② 从三个相互垂直的不同角度观察上述 5 种简单物体的形状，使观察到的形状最简单，画出它们的三视图，并记住三视图的特点。 　　③ 观察拼合物体上两简单物体连接之处的交线情况。 　　④ 用刀片将圆柱、圆锥和球从不同角度切割开，观察表面切得的曲线情况。
任务分析	任何复杂的物体都可以看成是由一些简单的形体构成的。要能快捷地绘制和阅读复杂物体的三视图，必须首先掌握这些简单形体的三视图特点。同时，还应能分析两个简单形体相交后表面的变化情况（相贯线的情况），以及简单形体被切割后切口的变化（截交线的情况）规律。
成果展示 与评价	各组成员相互配合讨论，并用橡皮泥或其他材料制作出给定的几个模型。

知识链接

● 基本概念与分析形体的方法
● 常见基本体的三视图
● 组合体的组合形式及表面连接关系

一、基本概念与分析形体的方法

1. 基本体与组合体

基本体　指棱柱、棱锥、圆柱、圆锥、球和圆环等简单立体，如图 1-4-29 所示。

组合体　由基本体经切割或叠加所组成的复杂物体，如图 1-4-30 所示。

2. 相贯线与截交线

相贯线　指两形体相交后产生的表面交线，如图 1-4-31（a）所示。

截交线　指平面截切形体后所产生的交线，如图 1-4-31（b）所示。

3. 形体分析法

将物体分解成若干个基本形体，并搞清它们之间的相对位置、组合形式以及表面连接关系，这种分析方法称为形体分析法。形体分析法是绘制和识读组合体三视图的主要方法。

如图 1-4-32（a）所示的物体，通过分析可看成是由两个长方体和一个半圆柱叠加后经挖切而成的，如图 1-4-32（b）所示。

二、常见基本体的三视图

基本体分为平面立体和曲面立体。

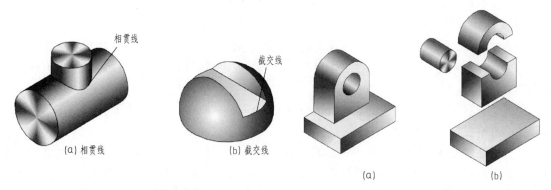

图 1-4-31　相贯线和截交线　　　　　图 1-4-32　形体分析

平面立体　表面全为平面的立体。如棱柱、棱锥等。

曲面立体　主要表面为曲面的立体。当其主要表面为回转面时，又称为回转体，如圆柱、圆锥、圆球等。

1. 平面立体

（1）棱柱

常见的棱柱有三棱柱、四棱柱、五棱柱、六棱柱等。

① 投影分析。

棱柱由相互平行的两个特征面和与特征面垂直的若干侧面围成。如图 1-4-33（a）所示为正六棱柱，水平放置的两个特征面为正六边形，三视图如图 1-4-33（b）所示。俯视图中的正六边形为两个特征面的重合投影，反映实形；六个侧面的投影积聚成直线，与六边形的边重合；六条直立棱线的投影积聚在六边形的顶点上。两个特征面在主视图和左视图中都积聚为水平直线，各侧面投影成矩形，所以主视图和左视图都是矩形（中间的直线为棱线）。

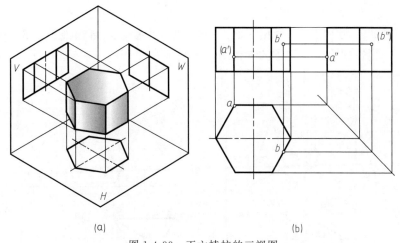

图 1-4-33　正六棱柱的三视图

棱柱的三视图特点：有两个视图为矩形，另一个视图为反映特征面实形的多边形。

② 作图。

画棱柱的三视图时，先画出特征面的投影（反映实形，注意特征面平行于哪个投影面），再根据投影规律作出其余两个投影。如图 1-4-33（b）所示的正六棱柱，特征面平行于 *H*

面，其俯视图反映实形（正六边形），其他的两个视图为矩形。

③ 棱柱体表面上的点。

在立体表面上取点时，必须首先确定该点是在平面立体的哪一个表面上。在求立体表面上点的投影时，应先分析该点所在立体表面的投影特性，然后再根据点的投影规律求出点的投影。

如图 1-4-33 所示，A、B 为正六棱柱表面上的点，若已知它们的正面投影（a'）、b'，求两点的水平投影和侧面投影。

首先应搞清楚两点在六棱柱表面的具体位置。由（a'）可知，A 点位于六棱柱的左后方棱线上，该棱线为铅垂线，可根据点的投影规律，直接在该棱线的相应投影上求得 a 和 a''。b' 可见，故 B 点位于六棱柱右前方侧棱面上，该面为铅垂面。按 $b'b \perp OX$，可先在俯视图中右前方侧棱面的积聚线上求得 B 点的水平投影 b，再由 b'、b 求得（b''）。

（2）棱锥

棱锥由一底面和若干个三角形侧面围成，侧面汇交于一点（称为顶点）。常见的棱锥有三棱锥、四棱锥、五棱锥等。下面以图 1-4-34 所示的正三棱锥为例，分析其投影特性和作图方法。

① 投影分析。

图 1-4-34 所示的三棱锥的底面△ABC 平行于水平投影面，水平投影反映实形。其正面投影和侧面投影分别积聚成一直线。棱面△SAB 为侧垂面，因此侧面投影积聚为直线。棱面 SAC 和△SBC 为一般位置平面，它们的三面投影均为类似形。

棱线 SC 为侧平线，棱线 SA、SB 为一般位置直线，棱线 AB 为侧垂线，棱线 AC、BC 为水平线。

棱锥的三视图特点是：有两个视图为三角形，另一个视图为反映底面实形的多边形，该多边形中有一点，与各角点有直线连接。

② 作图。

画正三棱锥的三视图时，先画出底面△ABC 的各个投影，再画锥顶 S 的各个投影，连接各棱线的同面投影即为正三棱锥的三视图，如图 1-4-34 所示。

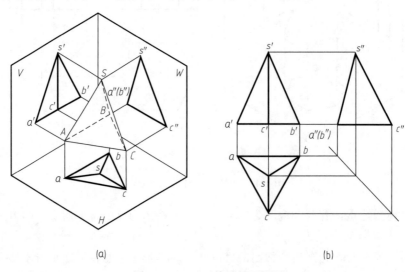

(a)   (b)

图 1-4-34   正三棱锥的三视图

③ 棱锥表面上的点。

组成棱锥体的表面有特殊位置平面，也有一般位置平面。特殊位置平面上点的投影，可利用该平面投影的积聚性直接作图。一般位置平面上点的投影，则通过在平面上作辅助线的方法求得。

如图 1-4-35（a）所示，已知三棱锥表面上点 M 的正面投影 m' 和点 N 的水平投影 n，求点 M、N 的其余投影。

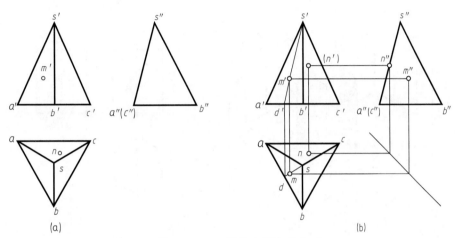

图 1-4-35　三棱锥表面上的点

由于 m' 可见，因此可判定点 M 在棱面△SAB 上，△SAB 是一般位置平面，其投影可通过作辅助线的方法求得：过 m' 作 $s'd'$，求出辅助线的水平投影 sd，然后根据直线上点的投影特性，求出其水平投影 m，再由 m'、m 求出侧面投影 m''，如图 1-4-35（b）所示。

由于 n 可见，因此可判定点 N 在棱面△SAC 上，因棱面△SAC 是侧垂面，它的侧面投影 $s''a''$（c''）积聚为直线，因此 n'' 必在 $s''a''$（c''）上，可直接由 n 作出 n''，再由 n'' 和 n 作出（n'），如图 1-4-35（b）所示。

2. 回转体

由一条母线（直线或曲线）绕一直线（轴线）回转而形成的表面，称为回转面。由回转面或回转面与平面所围成的立体称为回转体。

常见的回转体有圆柱、圆锥、圆球等，下面分别加以介绍。

（1）圆柱

① 圆柱面的形成。

如图 1-4-36 所示，圆柱面是由一条直母线绕与之平行的轴线 OO_1 回转而成的。OO_1 称为轴线，直线 AB 称为母线，母线转至任一位置时称为素线（如 $A'B'$）。

② 投影分析。

如图 1-4-37 所示，当圆柱轴线垂直于水平面时，圆柱上、下端面的

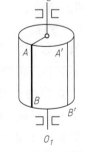

图 1-4-36　圆柱面的形成

水平投影反映实形，正面和侧面投影积聚成直线。圆柱面的水平投影积聚为一圆，与两端面的水平投影重合。在正面投影中，前、后两半圆柱面的投影重合为矩形，矩形的两条竖线是圆柱面前、后分界的转向轮廓线，也是圆柱面最左素线（AA_1）和最右素线（BB_1）的投影。在侧面投影中，左、右两半圆柱面的投影重合为矩

形，矩形的两条竖线为圆柱面左、右分界的转向轮廓线，也是圆柱面最前、最后素线的投影。

圆柱三视图的特点是：有一个视图为圆，其他两个视图为大小相等的矩形。

③ 作图方法。

先画圆柱体各投影的中心线，再画形状为圆的投影，然后根据圆柱体的两圆底间距和投影关系画出形状为矩形的其他两投影，如图 1-4-37 (b) 所示。

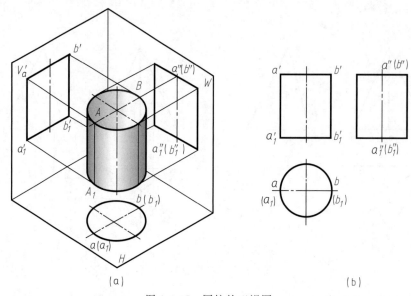

(a)   (b)

图 1-4-37　圆柱的三视图

④ 圆柱表面上点的投影。

如图 1-4-38 所示，已知圆柱面上点 M 的正面投影 m'，点 N 的侧面投影 n''，画出它们的另外两个投影。

因为圆柱面的水平投影积聚为圆，可按投影直接作出 m，由于 m' 可见，则点 M 在前半圆柱面上，故 m 必在水平投影圆的前半圆周上。由 m、m' 可作出 m''，由于点 M 在左半圆柱面上，所以 m'' 可见。

(n'') 不可见，又与轴线的投影重合，故 N 点在圆柱的右素线上，可直接按点的投影规律作出 n' 和 n。

（2）圆锥

① 圆锥面的形成。

如图 1-4-39 所示，圆锥面可看作由一条直母线 SA 围绕着和它相交的轴线回转而成。

② 圆锥的投影分析。

圆锥由圆锥面和圆底面围成，如图 1-4-40 (a) 所示。底面水平放置时，其水平投影为圆（实形），正面和侧面投影积聚成直线。圆锥面的水平投影与底面的水平投影重合，全部可见。正面投影为一等腰三角形，两腰分别是圆锥最左、最右素线的投影，也是圆锥面前、后分界的转向轮廓线。圆锥的侧面投影也是一等腰三角形，两腰分别是圆锥最前、最后素线的投影，也是圆锥面左、右分界的转向轮廓线。

圆锥三视图的特点是：有一个视图为圆，其他两个视图为大小相等的等腰三角形。

③ 作图方法。

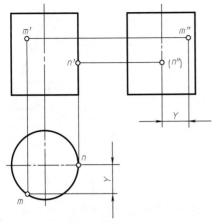

图 1-4-38 圆柱表面上的点

图 1-4-39 圆锥的形成

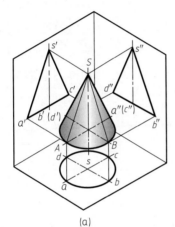

(a)

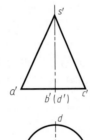

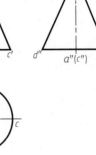

(b)

图 1-4-40 圆锥的三视图

先画出各投影的中心线，再画出形状为圆的投影，按锥顶到底面的距离以及投影关系画出形状为三角形的另外两投影，如图 1-4-40（b）所示。

④ 圆锥表面上点的投影。

如图 1-4-41 所示，已知属于圆锥面的点 M 的正面投影 m'，求 m 和 m''。

根据 M 点的位置和可见性，可判定点 M 在左、前半圆锥面上，因此，M 点的三面投影均为可见。由于圆锥面的投影没有积聚性，因此采用辅助素线或辅助圆的方法作图，如图 1-4-41（a）所示。

辅助素线法：连接 SM 并延长交底圆于 A，先求出直线 SA 的投影，再利用点在直线上的投影特性作图。

如图 1-4-41（b）所示，连接 $s'm'$ 并延长交底圆于 a'，过 a' 作垂线交底圆于 a，求出 sa。根据点属于直线的投影规律及点的投影规律，求出 m 和 m''。

辅助圆法：过点 M 在圆锥面上作垂直于圆锥轴线的水平辅助圆（该圆的正面、侧面投影均积聚为一直线），即过 m' 作水平直线 $a'b'$，$a'b'$ 为一直径等于 $a'b'$ 的水平圆的正面投影，如图 1-4-41（c）所示，其圆心为 s，由 m' 作 OX 轴的垂线，与辅助圆的交点即为 m。再根据 m' 和 m，求出 m''。

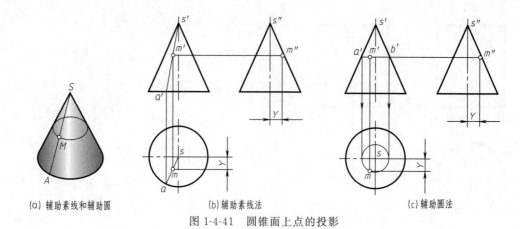

(a) 辅助素线和辅助圆　　　　　　(b) 辅助素线法　　　　　　(c) 辅助圆法

图 1-4-41　圆锥面上点的投影

（3）圆球

① 球面的形成。

球面可看作一半圆（母线）围绕它的直径回转而成。

② 投影分析。

如图 1-4-42（a）所示，圆球的三面投影都是与圆球直径相等的圆，主视图上的圆（A）为前后半球分界圆，俯视图上的圆（C）为上下半球分界圆，左视图上的圆（B）为左右半球分界圆。

③ 作图方法。

先画出各投影的中心线，再画三个直径相等的圆。

④ 球面上点的投影。

求作球面上点的投影只能采用辅助圆法。

如图 1-4-42（b）所示，已知球面上点 M 的正面投影 m'，求作 m、m''。

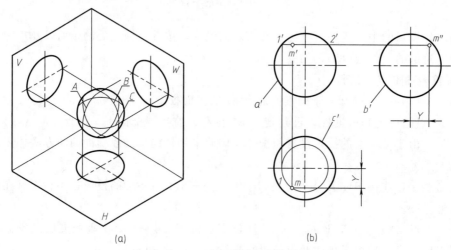

(a)　　　　　　　　　　(b)

图 1-4-42　球和球面上点的投影

过 M 点作平行于水平投影面的圆求解。根据 m' 的位置结合其可见性，可判定点 M 在圆球的左、前、上方。作图步骤是：过 m' 作水平圆的正面投影 $1'2'$，再以 $1'2'$ 为直径作水平圆，则 m 点必在前半圆周上。由 m'、m 可求出 m''（注意投影的可见性）。

若所求点位于 A、B、C 三个半球分界圆上，不必作辅助圆，可直接利用分界圆的投影求出。

3. 基本体的尺寸标注

基本体的尺寸一般可按下列方法标注。

① 平面立体一般标注长、宽、高三个方向的尺寸。

② 正棱柱和正棱锥，除标注高度尺寸外，还应注出其底的外接圆直径，也可根据需要注成其他形式。

③ 圆柱和圆锥（或圆台）应注出底圆直径和高度。

④ 圆柱、圆锥（或圆台）在直径尺寸前加注"ϕ"，圆球在直径前加注"$S\phi$"。

常见基本体尺寸标注示例如图 1-4-43 所示。

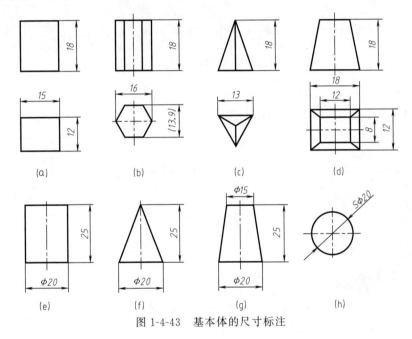

图 1-4-43　基本体的尺寸标注

三、组合体的组合形式及表面连接关系

1. 组合体的组合形式

组合体的组合形式有叠加和切割两种基本形式，常见的是这两种形式的综合，图 1-4-32 所示的物体就属于综合型组合体。

（1）切割型组合体

切割型组合体是在一个或几个基本体上进行平面或曲面挖切而形成的。分析这类组合体，应能正确理解并画出切割后形体表面产生的截交线。

① 平面立体的切割。

【例题 1】　如图 1-4-44（a）所示，三棱锥被正垂面切割，求作三视图。

由图 1-4-44（a）可知，三棱锥被正垂面 P 切割，平面 P 与三条棱线 SA、SB、SC 分别交于 D、E、F 点，截交线构成一个三角形。

如图 1-4-44（b）所示，$\triangle DEF$ 的正面投影积聚为一条直线，可得 d'、e'、f'，利用直线上点的投影特性，可求得 D、E、F 的另外两个投影，顺次连接各点的同面投影，即可求

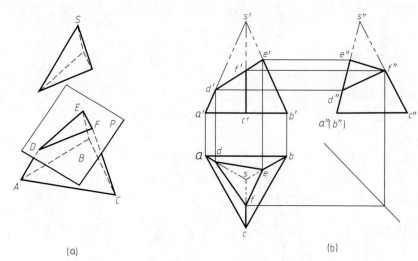

(a)

(b)

图 1-4-44 三棱锥被正垂面切割的三视图作图步骤

得截交线的投影。

【例题 2】 如图 1-4-45 所示，画出开槽四棱柱的三视图。

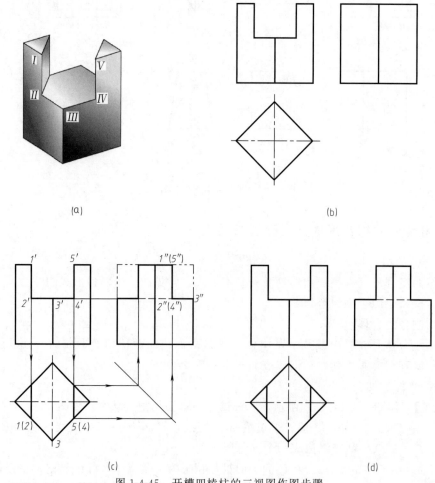

(a)

(b)

(c)

(d)

图 1-4-45 开槽四棱柱的三视图作图步骤

② 回转体的切割。

（ⅰ）切割圆柱。

根据截平面与圆柱轴线相对位置的不同，圆柱的截交线有三种情况，见表 1-4-5。

表 1-4-5　切割圆柱

截平面位置	平行于轴线	垂直于轴线	倾斜于轴线
截交线形状	矩形	圆	椭圆
轴测图			
投影图			

【例题 3】　开槽圆柱如图 1-4-46（a）所示，已知其主视图，完成俯、左视图。

分析　圆柱被两个侧平面和一个水平面切出一直槽，槽的两个侧面为形状相同的矩形，底面由两段圆弧和两条直线围成，两直线为槽底面与侧面的交线（正垂线），如图 1-4-46（b）所示。

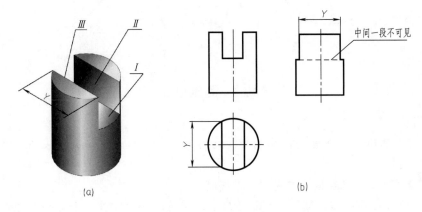

图 1-4-46　开槽圆柱

（ⅱ）切割圆锥。

切割圆锥有五种情况，见表 1-4-6。

表 1-4-6　切割圆锥

截平面位置	垂直于轴线	平行于轴线	倾斜于轴线	倾斜于轴线且平行于轮廓素线	过锥顶
截交线形状	圆	双曲线	椭圆	抛物线	三角形
轴测图					
投影图					

【例题 4】　如图 1-4-47（a）所示，圆锥被两个平面截切，画出其三视图。

分析　圆锥被水平面 I 和正垂面 II 截切，I 截切后截面形状为圆，II 自圆锥顶点截切，其截面形状为三角形，两截面相交得直线 AB，如图 1-4-47（b）所示。

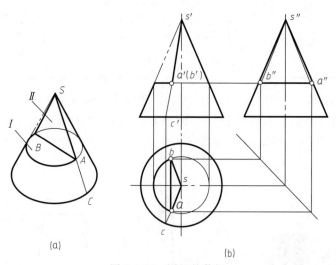

(a)　　　　　　(b)

图 1-4-47　圆锥的截切

③ 切割球。

球被任意位置的截平面截切，其截交线均为圆，直径的大小取决于截平面距球心的距离，如图 1-4-48 所示。

【例题 5】　已知开槽半球的主视图，求作俯、左视图。

这是一个球的多面切割问题。如图 1-4-49（a）所示，半球被三个截平面截切，左右对称的两个侧平面切球面各得一段圆弧，水平面切球面得两段圆弧，三个截断面产生了两条交线，均为正垂线，作图如图 1-4-49（b）所示。

（2）叠加型组合体

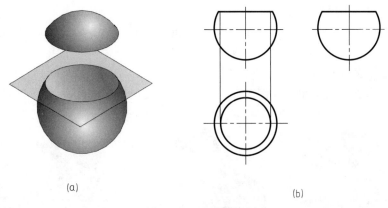

图 1-4-48 切割球

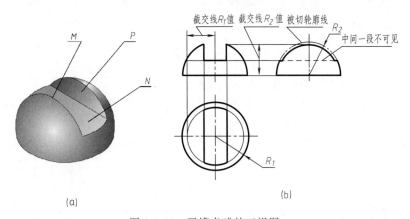

图 1-4-49 开槽半球的三视图

叠加型组合体由几个形体叠加而成,如图 1-4-50 所示。几个形体叠加后,属于不同形体的两个表面往往相交,这时习惯上称为相贯,产生的交线称为相贯线,如图 1-4-50 (a)所示。

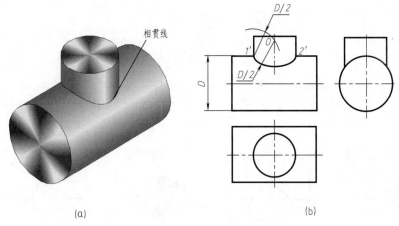

图 1-4-50 两圆柱正交的相贯线近似画法

两圆柱正交时相贯线的投影接近圆弧,这种相贯情况在零件上经常出现,为了简化作图，可用圆弧来代替相贯线的投影。

作图方法如图 1-4-50（b）所示：用大圆柱的半径过 1′、2′两交点画弧（圆弧向大圆柱轴线方向弯曲），即得相贯线的近似投影。

图 1-4-51 是两圆柱面正交时相贯的几种常见情况。图 1-4-51（a）为外表面相交；图 1-4-51（b）为内、外表面相交；图 1-4-51（c）为内表面相交。

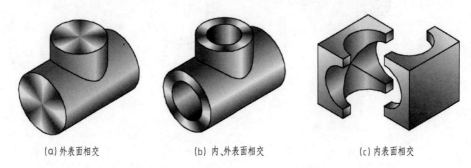

（a）外表面相交　　　　　　　　（b）内、外表面相交　　　　　　　　（c）内表面相交

图 1-4-51　两圆柱面正交的三种情况

相贯线有下面几种常见的特殊情况。

① 相贯线为圆。同轴的两个回转体相交，相贯线为圆。相贯线在与公共轴线平行的投影面上的投影为直线，如图 1-4-52 所示。

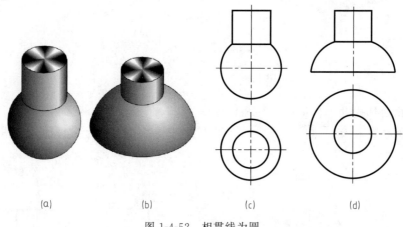

（a）　　　　　　　（b）　　　　　　　（c）　　　　　　　（d）

图 1-4-52　相贯线为圆

② 相贯线为椭圆。轴线相交的两个等径圆柱相贯，其相贯线为椭圆。在与两轴线平行的投影面内，相贯线积聚为直线，如图 1-4-53 所示。

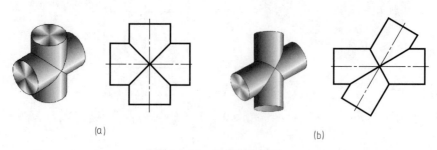

（a）　　　　　　　　　　　　　　　　　（b）

图 1-4-53　相贯线为椭圆

2. 组合体中表面的连接关系

组合体中两形体表面的连接关系有以下几种：

（1）平齐或不平齐

两基本形体的表面平齐时，两形体间不应该画线。当两基本形体的表面不平齐时，两形体间应有线隔开，如图 1-4-54 所示。

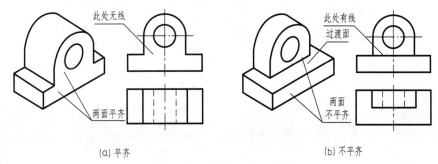

（a）平齐   （b）不平齐

图 1-4-54　两面平齐和不平齐

（2）相切

当两形体的表面相切时，在相切处两面光滑过渡，不存在分界轮廓线，如图 1-4-55 所示。

（3）相交

当两形体的表面相交时，在相交处必产生交线，此交线必须画出，如图 1-4-56 所示。

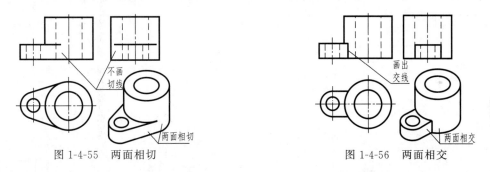

图 1-4-55　两面相切   图 1-4-56　两面相交

任务指导

① 准备足够的橡皮泥或其他易切割的材料，一把小刀。

② 制作模型时应先易后难，先作基本体，后作组合体。

③ 应从三视图角度观察基本体不同方向的形状，理解各基本体三视图的特点。特别要试着改变柱或锥的底面方向，观察它们的三视图在改变前后有何异同。

④ 用刀片切割圆柱时，应着重观察刀片平行和垂直于轴线切割的两种情况，理解截交线的求解方法。

⑤ 用刀片切割圆锥和球时，仅观察和记住刀片从不同角度切割后截断面及截交线的形状。

⑥ 仔细研究两正交圆柱在直径相同和不同情况下相贯线的形状变化，以及相贯线在哪个视图中需要画出，在哪些视图中为积聚投影，不需另外作图。

⑦ 正确理解组合体中两形体表面的连接关系，区分连接处有无交线的各种情形。

⑧ 除制作如图 1-4-29 所示的五个基本体外，请认真制作图 1-4-57 所示的物体，仔细观察截交线和相贯线，并与我们所学过的截交线和相贯线知识相比较。

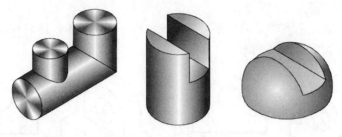

图 1-4-57　物体表面的交线

任务四　模型测绘，画组合体三视图

【学习目标】
① 掌握组合体三视图的绘图方法和步骤。
② 学会标注组合体的尺寸。

工 作 任 务 单	
工作任务	绘制给定组合体模型的三视图，并标注尺寸。
任务描述	① 绘制 1~2 个模型的三视图 [本任务以图 1-4-58（a）所示物体为例讲解，其三视图如图 1-4-58（b）所示]。 ② 按组合体尺寸标注的要求，在三视图上正确地注出模型的尺寸。 ③ 使用 A3 图纸，比例 2∶1。 （a） （b） 图 1-4-58　组合体三视图的画法与标注

任务分析	本任务是能过图物对照的形式绘制模型的三视图，模型的有关尺寸要经过测量获得。因此，要完成本项任务，需要用到前面学过的量具使用方法及测量的基本知识，同时要通过图物对照进一步理解三视图之间的对应关系，以便在绘图和看图过程中熟练运用三视图规律，养成良好的作图习惯。
成果展示与评价	各组成员完成任务后相互讨论检查，总结绘图要点，作业上交。

知识链接

● 组合体三视图的画法
● 组合体的尺寸标注

一、组合体三视图的画法

1. 形体分析

如图 1-4-59 所示的轴承座，是由圆筒、底板、肋板和支撑板四部分叠加而成，每一部分又是由基本体挖切而成的。肋板、底板与支撑板相互叠加，肋板、支撑板与圆筒相贯，支撑板与圆筒有表面相切。

2. 确定主视方向

主视图是三视图中最重要的一个视图，应选取最能反映形体特征的视图作为主视图，可按下列原则选择：

① 主视图应最能反映组合体的形状和位置特征。

② 形体应放正，尽量使多数表面垂直或平行于投影面。

③ 尽量使得其他两个视图的轮廓线可见，避免出现过多的虚线。

图 1-4-59　主视方向的选择

如图 1-4-59 所示的轴承座中，选取 A 方向作为主视图的投射方向最佳，因为组成该支架的各基本体及它们间的相对位置在 A 方向表达最为清晰。

3. 确定比例、选定图幅

根据组合体的大小和复杂程度，按标准规定选择适当的比例和图幅。比例优先选用 1∶1。图幅要考虑视图所占的空间并留足标注尺寸和画标题栏的位置。

4. 绘制底稿

布图、画基准线，按三视图的投影规律，逐个画出各部分的三视图，如图 1-4-60 （a）～（e）所示。

画底稿时，应注意以下几点：

① 应按"三等"的原则，在形体分析的基础上逐个画出每一部分的三个视图。

② 画图时应先定位，再定形；先画大的、主要的部分，后画小的、次要的部分。

③ 特别注意相邻形体间的连接之处（可能出现相贯线）以及切口处（截交线）的画法，做到不漏画和多画。

5.检查描深

完成底稿后应仔细检查，修改错误，擦去多余的图线，再按规定的线型描深，如图 1-4-60（f）所示。

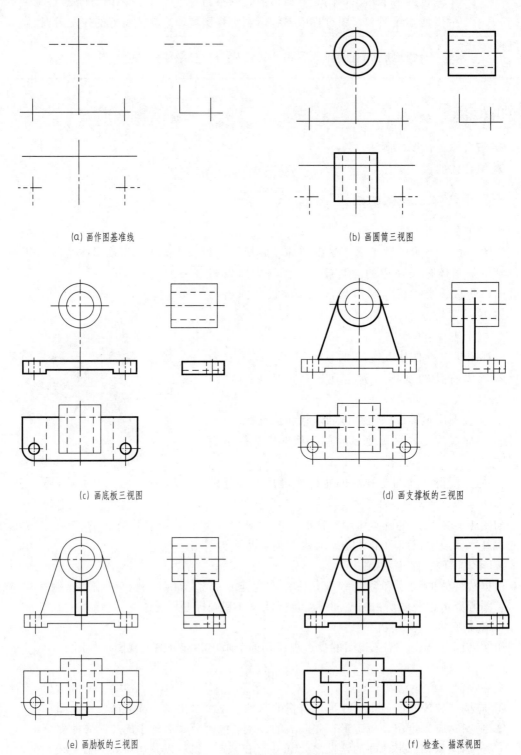

(a) 画作图基准线

(b) 画圆筒三视图

(c) 画底板三视图

(d) 画支撑板的三视图

(e) 画肋板的三视图

(f) 检查、描深视图

图 1-4-60　组合体三视图的作图步骤

二、组合体的尺寸标注

1. 组合体尺寸标注的基本要求

正确：应按技术制图国家标准的规定标注尺寸。

完整：注全各形体的大小及相对位置尺寸，不遗漏、不重复标注。

清晰：尺寸布置整齐清晰，便于读图。

2. 尺寸基准

标注尺寸的起点称为尺寸基准。组合体在长、宽、高三个方向都应有相应的尺寸基准。

如图 1-4-61 所示的支架，长度方向尺寸基准是底板右端面，宽度方向的尺寸基准是前后对称面，高度方向的尺寸基准是底板的底面。

3. 组合体的尺寸种类

定形尺寸：用来确定组合体中各个部分的形状和大小的尺寸。如轴承座中圆筒的尺寸 $\phi22$、$\phi14$ 和 24，见表 1-4-7。

定位尺寸：用来确定组合体中各个部分的相对位置的尺寸。如轴承座中圆筒的中心高 32，见表 1-4-7。

总体尺寸：用来确定组合体的总长、总宽和总高的尺寸。如轴承座的总长 60，见表 1-4-7。

4. 标注组合体尺寸的方法和步骤

先选择尺寸基准，然后用形体分析法逐个标注每一形体的定形、定位尺寸及必要的总体尺寸，最后进行检查、补漏、改错及调整。

轴承座的尺寸标注方法和步骤见表 1-4-7。

图 1-4-61　支架的基准

表 1-4-7　组合体的尺寸标注

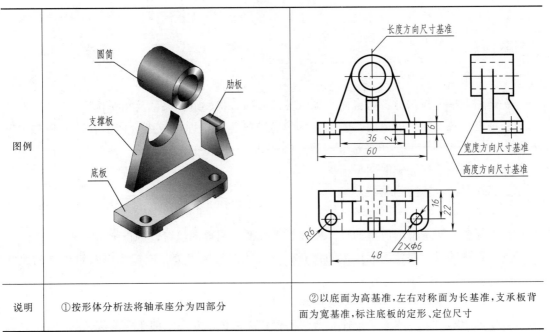

图例	① 按形体分析法将轴承座分为四部分	② 以底面为高基准，左右对称面为长基准，支承板背面为宽基准，标注底板的定形、定位尺寸

续表

图例	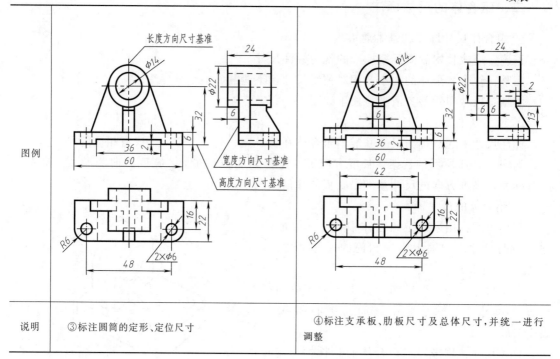	
说明	③标注圆筒的定形、定位尺寸	④标注支承板、肋板尺寸及总体尺寸,并统一进行调整

标注组合体的尺寸时应注意：

① 各形体的定形尺寸和定位尺寸，应尽量集中标注在该形体特征最明显的视图上。

在表 1-4-7 中，底板的多数尺寸集中标注在俯视图上，圆筒的尺寸多数标注在左视图上。

② 回转体的尺寸，一般应注在非圆视图上，半径尺寸必须标注在投影为圆弧的视图上，但应尽量避免标注在虚线上。

③ 尺寸应尽量标注在视图之外，个别较小的尺寸可注在视图内部。

任务指导

1. 作图步骤

① 运用形体分析法分析组合体，弄清各部分的形状、组合关系及相对位置。

② 确定主视图的投射方向，考虑显示位置特征为主（即组成组合体的各部分相对位置显示明显），同时尽量显示出各部分的形状特征。

③ 画三视图，应先画底图后描深。

④ 标注尺寸，填写标题栏。

2. 注意事项

① 本任务中测量模型所得的尺寸精度要求较低，测得的值可以进行圆整。

② 布置视图时，要留出标尺寸的位置，不要将图纸四等分，应按比例及组合体的尺寸大小留出画视图的空间。

③ 标注尺寸应做到正确、完整、清晰。

④ 保证图纸质量，线型、字体、箭头要符合国家标准，多余的图线要擦去。

任务五　看组合体三视图

【学习目标】
掌握组合体三视图的读图方法和步骤，训练学生的空间想象能力。

<table>
<tr><td colspan="2" align="center">工　作　任　务　单</td></tr>
<tr>
<td>工作任务</td>
<td>用两种方法读懂组合体三视图。</td>
</tr>
<tr>
<td>任务描述</td>
<td>
①　用形体分析法分析图 1-4-62（a）所示三视图，想象所表达的物体的空间形状。
②　用线面分析法分析图 1-4-62（b）所示三视图，想象所表达的物体的空间形状。
③　比较线面分析法和形体分析法，弄清它们的适用场合。
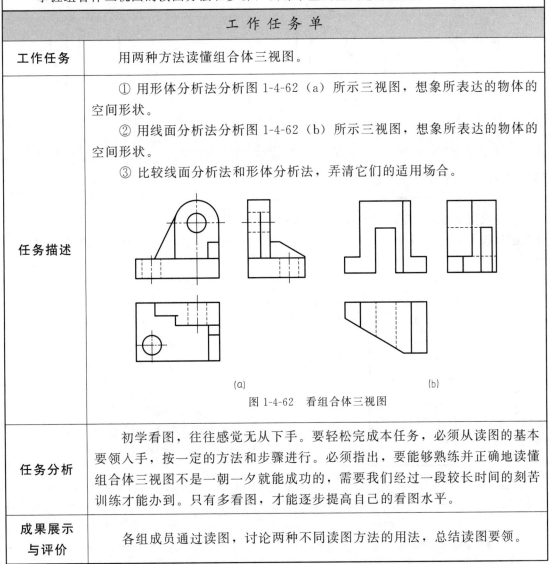
图 1-4-62　看组合体三视图
</td>
</tr>
<tr>
<td>任务分析</td>
<td>
初学看图，往往感觉无从下手。要轻松完成本任务，必须从读图的基本要领入手，按一定的方法和步骤进行。必须指出，要能够熟练并正确地读懂组合体三视图不是一朝一夕就能成功的，需要我们经过一段较长时间的刻苦训练才能办到。只有多看图，才能逐步提高自己的看图水平。
</td>
</tr>
<tr>
<td>成果展示
与评价</td>
<td>
各组成员通过读图，讨论两种不同读图方法的用法，总结读图要领。
</td>
</tr>
</table>

知识链接

● 读组合体三视图的基本要领
● 组合体的读图方法

一、读组合体三视图的基本要领

1. 要把几个视图联系起来分析

如图 1-4-63 所示的两组合体，其主、左视图完全相同，但却是不同物体的投影，必须

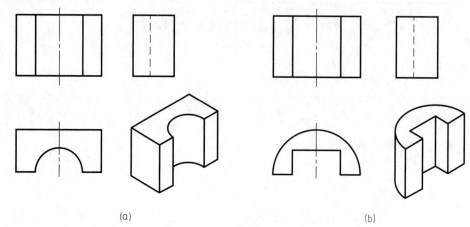

图 1-4-63　几个视图联系起来看

联系俯视图才能看懂立体形状。

2. 要善于找出特征视图

特征视图是最能反应物体形状特征的视图，读图时应从其入手。如图 1-4-64 所示物体，俯视图反映了 I 的形体特征；主视图反映了 II、III 的形体特征；左视图反映了 IV 的形体特征。

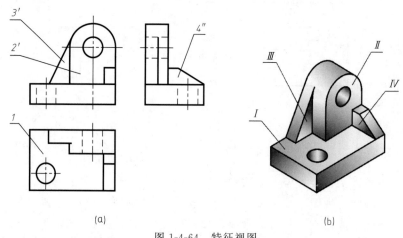

图 1-4-64　特征视图

3. 了解线框和图线的含义

（1）视图上每一个封闭线框，一般表示物体上一个面的投影，可以有以下几种情况：

① 平面的投影 [如图 1-4-65 （b）中 1′]；②曲面的投影 [如图 1-4-65 （b）中 2″]；③平面与曲面的共同投影 [如图 1-4-65 （b）中 3′]；④孔洞的投影 [如图 1-4-65 （b）中 4]。

看图时要判断某一个线框属于上述哪种情况，必须找到该线框在各个视图中的相应投影，然后将几个投影联系起来进行分析。

（2）视图上每一条图线可以表示下列各种情况：

① 具有积聚性表面的投影 [如图 1-4-65 （b）中 $a'b'$]；②表面与表面交线的投影，如棱线、截交线、相贯线等 [如图 1-4-65 （b）中 $c'd'$]；③曲面转向轮廓线的投影 [如图 1-4-65 （b）中 $a'e'$]。

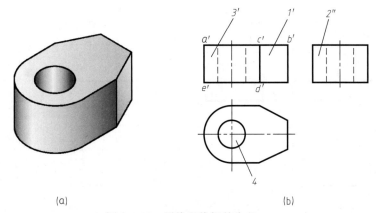

(a)   (b)

图 1-4-65　图线和线框的含义

看图时，要判断视图中某一图线属于上述哪一种情况，需先找到该图线在其他视图中相对应的投影，再将几个投影联系起来分析，才能得到正确的判断。

（3）相邻两个线框一般代表两个面。一个线框代表一个面，那么相邻的两个线框（或线框里面套线框），则一般代表两个表面。两个不同表面有上下、左右、前后和斜交之分，如图 1-4-66 所示。

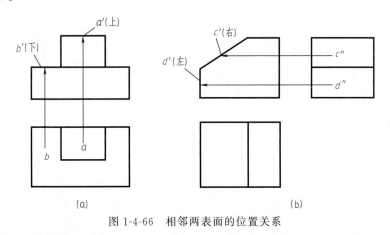

(a)   (b)

图 1-4-66　相邻两表面的位置关系

二、组合体的读图方法

1. 形体分析法

运用形体分析法读图，就是将组合体分解为几个部分，分析每一部分的形状，再根据它们的相对位置和组合关系加以综合，最终想象出组合体的整体形状。以图 1-4-67 举例加以说明。

① 粗看视图，分离形体。

从主视图入手，将组合体分成 I、II、III、IV 四部分，如图 1-4-67（a）所示。

② 对投影，想形状。

对分解的每一部分，逐一根据"三等"关系，分别找出它们在各个视图上的投影，并想象出形状，如图 1-4-67（b）～（e）所示。

③ 根据三视图分析各部分的相对位置和组合形式，综合想象整体形状，如图 1-4-67（f）

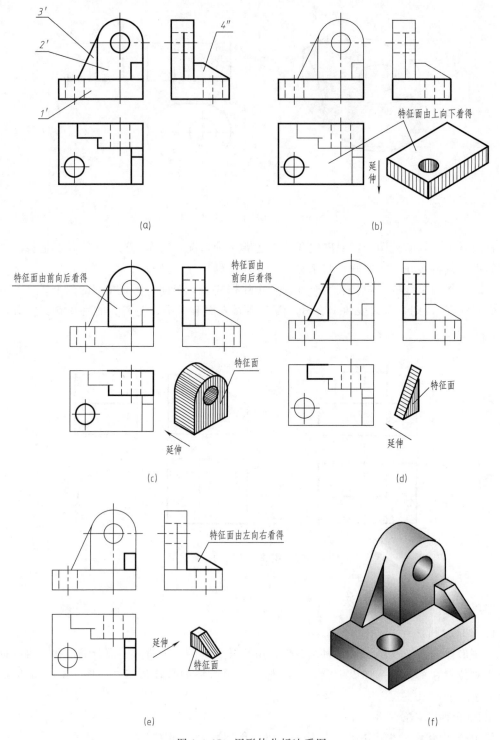

图 1-4-67　用形体分析法看图

所示。

2. 线面分析法

运用线面分析法读图，就是运用投影规律，通过分析形体上的线、面等几何要素的形状和空间位置，最终想象出形体的形状。对于挖切为主的组合体，常用这种方法读图。以图 1-4-68 为例加以说明。

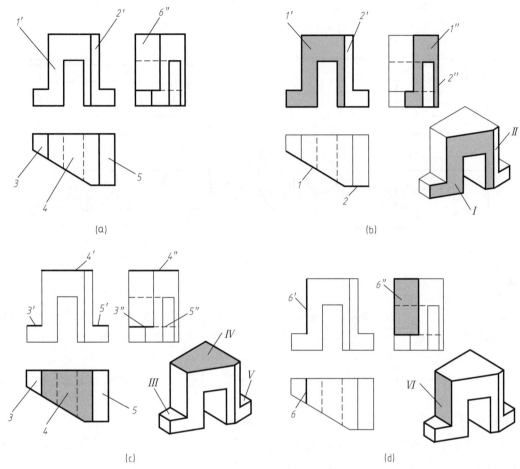

图 1-4-68   用线面分析法看图

① 粗看视图，分析基本形体。

通过粗看视图，可以认为它是在长方体的基础上经多个面切割而成的。

② 分析各表面及交线的空间位置。

先分析可见面。该例应从实线线框最少的主视图入手，图中只有两个实线线框 1′、2′，故朝向前方的平面最多有两个。按"三等"关系找出它们对应的另外两个投影，从而分析出表面 Ⅰ、Ⅱ 的形状和空间位置，如图 1-4-68（b）所示。同理可分析出 Ⅲ、Ⅳ、Ⅴ、Ⅵ 的形状和空间位置，如图 1-4-68（c）~（d）所示。

不可见的面从主视图看在前后通槽位置，应为相互垂直的三个面，其中水平的一个形状可从俯视图看出，左右竖立的两个平面的形状可从左视图看出，请读者自行分析。

③ 综合想象形体形状。

将第二步分析的结果综合，按一定顺序将各面组合，从而可得出组合体的总体形状。

3. 补漏线、补第三视图

补漏线和补第三视图，是将读图与绘图结合起来的一种综合问题，一般可分为两步进行：

① 根据已知视图运用形体分析法或线面分析法大致分析出物体的形状。

② 根据想象的形状并依据"三等"关系进行作图，同时进一步完善物体形状的想象。

下面通过举例来进行学习。

【例题 1】 读以下三视图［图 1-4-69（a）］，补画视图中所缺的图线。

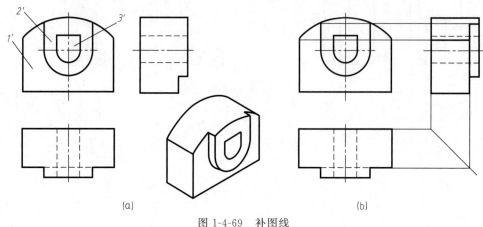

图 1-4-69   补图线

（1）由给定视图想立体形状

主视图上的三个线框分别表示两个实体和一个孔的形状（特征形状），由此可想出该物体的立体形状，如图 1-4-69（a）所示。

（2）补图线

重点在两实体、两孔或实体与孔相连接之处补线，或形体被切割后的切口部位补线，如图 1-4-69（b）所示。

【例题 2】 已知组合体的主视图和俯视图，补画左视图［图 1-4-70（a）］。

① 由形体分析可知，该组合体大致由底板和两块立板叠加而成，底板和两立板又各有挖切，如图 1-4-70（a）所示。

② 逐一补画各部分的左视图，如图 1-4-70（b）~（e）所示。

③ 注意视图中两形体连接之处是否有线分割。

任务指导

1. 看图步骤

用形体分析法看图的步骤如下。

（1）看视图，分部分

先应在位置特征明显的视图上划分组合体的各部分，划分时应参看其他视图，以排除可能的孔洞结构。例如图 1-4-67（a）中，主视图上的小圆，参看俯视图或左视图（虚线）可知该封闭线框为孔，不应作为组合体的一个部分。因此，图 1-4-67（a）表示的物体只分为四部分。

（2）对投影，想形状

将各部分的投影对照出来后，应抓住其特征形状，一般将其按看图方向延伸后，就可想象出该部分的立体形状，参见图 1-4-67（b）~（e）。

（3）综合起来想形体

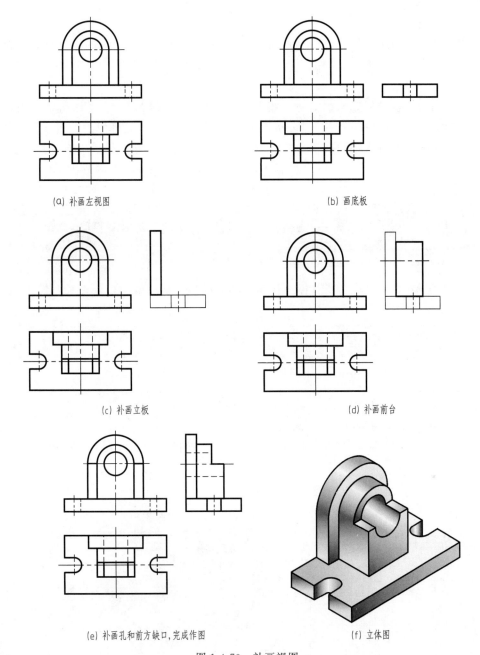

(a) 补画左视图

(b) 画底板

(c) 补画立板

(d) 补画前台

(e) 补画孔和前方缺口, 完成作图

(f) 立体图

图 1-4-70　补画视图

在想象出各部分的基础上, 再按它们各自的相互位置（前后、左右和上下位置）组合起来, 综合想象出组合体的立体形状。

用线面分析法看图的步骤如下:

① 按三个视图的粗略轮廓想象出基本形体。

② 从实线线框最少的视图开始, 逐一分析各表面的形状和空间位置（包括可见面和不可见面）, 见图 1-4-68（b）～（d）。

③ 在分析出各表面的形状和空间位置后, 将它们按顺序连接起来, 综合想象出组合体的立体形状。

2. 注意事项

① 读组合体三视图应以形体分析法为主。若视图中（一般在主视图中）具有多个位置特征明显的线框，表明该组合体由多个基本体组成，分析三视图时应使用形体分析法，参看图 1-4-62（a）。

② 若三视图中视图粗略轮廓简单，线框间没有明显位置特征，表明该组合体由单一基本体经切割而来，见图 1-4-62（b）。分析这类三视图，应使用线面分析法。

③ 组合体的各部分大都类似于直柱体，每一部分有两个相互平行的平面，其形状多变。这些平面反映了该部分的形状，称为特征形状。要想象出该部分的立体形状，只要将特征形状沿看图方向延伸即可。

任务六　用 AutoCAD 绘制组合体三视图

【学习目标】

学会使用 AutoCAD 绘制组合体三视图和标注尺寸，掌握绘图过程中经常使用的一些技巧。

工 作 任 务 单

工作任务	使用 AutoCAD 绘制组合体三视图。
任务描述	① 用 AutoCAD 绘制如图 1-4-71 所示组合体的三视图。 ② 用 AutoCAD 标注尺寸。 ③ 用 A4 图纸打印出三视图，要求布图均匀，线型粗细合理、美观。 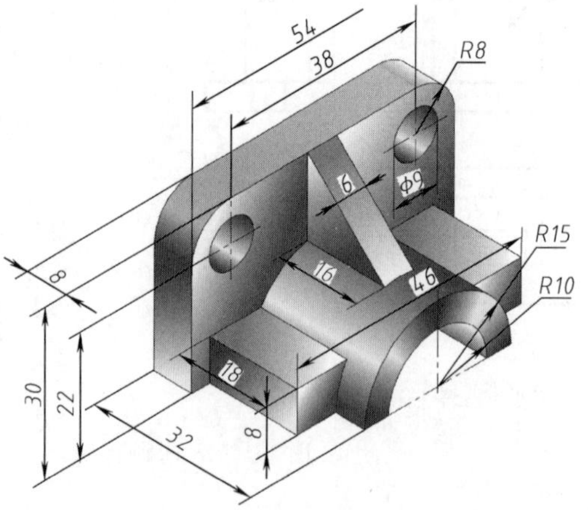 图 1-4-71　组合体三视图
任务分析	本任务是对手工绘图技能的延伸，它是通过使用 AutoCAD 来提高作图效率。要完成该任务，必须掌握在 AutoCAD 中三视图间的对齐方法，学会用 AutoCAD 标注尺寸，同时通过绘制三视图，进一步熟悉 AutoCAD 的常用命令及其操作方法。
成果展示 与评价	各组成员独立完成绘图，相互讨论并作出评价。有条件的学生应打印出图形，分析存在的问题，总结解决办法。

知识链接

● 三视图间的对齐方法
● 用 AutoCAD 标注尺寸
● 用 AutoCAD 绘制组合体三视图

一、三视图间的对齐方法

在绘图前，一般先单击状态栏中的 ⟨按钮⟩、⟨按钮⟩、⟨按钮⟩ 三个按钮，确定打开了"极轴追踪"、"二维对象捕捉"和"对象捕捉追踪"三个工具。在 ⟨按钮⟩ 按钮上按右键，出现如图 1-4-72（a）所示的快捷菜单，可以直接勾选要自动捕捉的点类型。也可以单击"对象捕捉设置"，设置对象捕捉模式如图 1-4-72（b），注意选中"延长线"复选框，作图较方便。

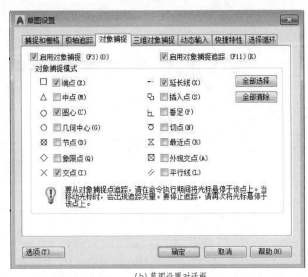

(a) 右键快捷菜单   (b) 草图设置对话框

图 1-4-72　自动捕捉模式设置

在图 1-4-73 中，若要绘制左视图，必须保证左视图与主视图"高平齐"，其操作方法是：打开状态栏中的"极轴追踪"、"二维对象捕捉"和"对象捕捉追踪"按钮，单击 ⟨按钮⟩ 命令，提示输入点时，将光标移到"1"点碰一下，再次移动鼠标，只要光标处于与"1"点对齐的位置，光标处便总会出现一根绿色虚线。把光标移到合适位置后（如"2"点）按下鼠标左键即可开始画左视图。

若不知物体的宽度尺寸，俯视图与左视图"宽相等"可通过绘制 45°辅助线的方法对齐，如图 1-4-74 所示。画 45°辅助线时，打开辅助工具栏中的"极轴追踪"，并设置增量角为"45"。

二、标注尺寸

1. 尺寸标注样式

在用 AutoCAD 对图样进行尺寸标注之前，需要定义合适的尺寸样式，以保证标注出的尺寸符合我国机械制图及技术制图标准。如同文本标注一样，所有尺寸标注都是使用当前尺寸样式创建的，未指定标注样式时，AutoCAD 采用系统提供的缺省样式（ISO-25）。

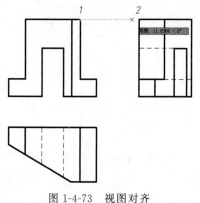

图 1-4-73　视图对齐

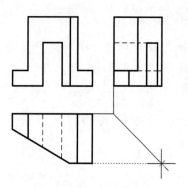

图 1-4-74　绘制左视图

单击"注释"面板标题旁的倒三角形，选择标注样式图标 （或选择菜单"格式→标注样式"）启动该命令，弹出"标注样式管理器"对话框，如图 1-4-75 所示。单击"新建"按钮，弹出"创建新标注样式"对话框，如图 1-4-76 所示。

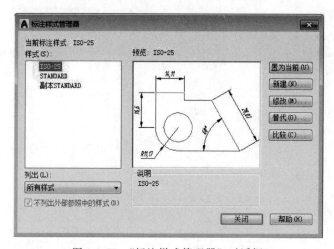

图 1-4-75　"标注样式管理器"对话框

图 1-4-76　"创建新标注样式"对话框

单击"创建新标注样式"对话框中的"继续"按钮，打开"新建标注样式"对话框，如图 1-4-77 所示。利用该对话框，用户可以对新建的标注样式进行具体的设置。

要对已有的标注样式进行修改，可单击"标注样式管理器"中的"修改"按钮，弹出"修改标注样式"对话框，该对话框的内容与"新建标注样式"对话框（见图 1-4-77）完全相同。

2. 尺寸标注

以下介绍几种常用的标注。

（1）线性标注（图 1-4-78）

线性标注用来标注图形在水平、垂直方向或指定方向上的尺寸。

单击工具面板图标 （或选择菜单"标注→线性"），启动该命令后，屏幕提示：

图 1-4-77 "新建标注样式"对话框

指定第一个尺寸界线原点或〈选择对象〉：[捕捉点 1，如图 1-4-78 (a) 所示]

指定第二条尺寸界线原点：[捕捉点 2，如图 1-4-78 (b) 所示]

指定尺寸线位置或 [多行文字 (M)/文字(T)/角度(A)/水平(H)/垂直(V)/旋转(R)]：[移动鼠标到合适位置后单击确定，完成标注，如图 1-4-78 (c) 所示]

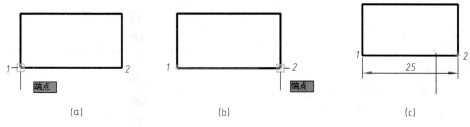

(a)　　　　　　　　　　　(b)　　　　　　　　　　　(c)

图 1-4-78 线性标注

方括号中的选项"文字 (T)"，用于在未确定尺寸位置之前改变标注文字的内容。

(2) 半径标注

单击工具面板图标 （或选择菜单"标注→半径"），执行该命令后，屏幕提示：

选择圆弧或圆：(选择要标注半径的圆弧或圆)

指定尺寸线位置或 [多行文字 (M)/文字(T)/角度(A)]：(在该提示下，用户用鼠标确定尺寸线的位置，AutoCAD 则根据实际测量值，标注出圆弧或圆的半径)

(3) 直径标注

单击工具面板图标 （或选择菜单"标注→直径"），执行该命令后，屏幕提示：

选择圆弧或圆：(选择要标注直径的圆或圆弧)

指定尺寸线位置或 [多行文字 (M)/文字(T)/角度(A)]：[在该提示下，用户确定尺寸线的位置，AutoCAD 则根据实际测量值，标注出圆或圆弧的直径。用户也可以通过"多行文字 (M)"、"文字 (T)"以及"角度 (A)"选项来确定尺寸文字和文字的旋转角度。用

"文字（T）"选项修改直径值时，数字前应加直径符号，在 AutoCAD 中用"％％c"代替"ϕ"，如"$\phi100$"应输入成"％％c100"的形式］

（4）角度标注（图 1-4-79）

单击工具面板图标△（或选择菜单"标注→角度"），启动该命令后，屏幕提示：

选择圆弧、圆、直线或〈指定顶点〉：（用鼠标单击选定直线 1）

选择第二条直线：（用鼠标单击选定直线 2）

指定标注弧线位置或［多行文本（M）/文字（T）/角度（A）/象限点（Q）］：（移动鼠标到合适位置后单击左键确定尺寸线的位置，完成标注）

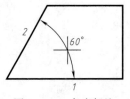

图 1-4-79　角度标注

图 1-4-80　多重引线

（5）多重引线（图 1-4-80）

多重引线可以用来标注一些注释和说明等。

单击工具面板图标（或选择菜单"标注→多重引线"），启动命令后，屏幕提示：

命令：_mleader

指定引线箭头的位置或［引线基线优先（L）/内容优先（C）/选项（O）]〈引线基线优先〉：（单击输入 1 点）

指定引线基线的位置：（单击输入 2 点）

这时弹出文字格式对话框（与多行文字的相同），输入文字后按确定完成多重引线的标注，如图 1-4-80 所示。

若选"内容优先"选项，则是先输入多行文字，后画引线。

（6）标注形位公差（几何公差）

在 AutoCAD 中，形位公差（几何公差）是通过特征控制框架来显示的，公差特征控制框架的内容如图 1-4-81 所示。

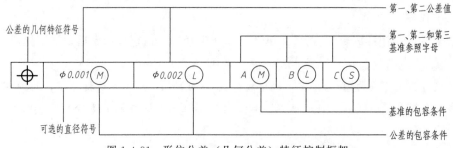

图 1-4-81　形位公差（几何公差）特征控制框架

选择菜单"标注→公差"，启动该命令后，弹出"形位公差"对话框。利用该对话框，可以设置公差值、符号及基准等参数，如图 1-4-82 所示。

形位公差（几何公差）可与多重引线结合起来标注。多重引线的水平基准线太短时，可先将其分解后拉长，公差框的基点用对象捕捉方法定位到引线的端点，如图 1-4-83 所示。

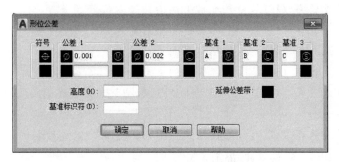

图 1-4-82 "形位公差"对话框

三、绘制组合体三视图

【例题】 绘制如图 1-4-84 所示的三视图。

1. 设置绘图区域大小、单位、设置图层、线型、颜色等

① 创建新图形，用 limits 命令设置图形界限为 100，100，使用缩放命令（ZOOM）中的全部缩放，将绘图区域在屏幕上满屏显示出来。

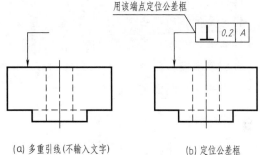

(a) 多重引线(不输入文字)　　(b) 定位公差框

图 1-4-83 与引线结合标注形位公差（几何公差）

② 按需要，该图可只设置虚线层、粗实线层和细实线层。如果要标注尺寸，还可设置尺寸标注层。

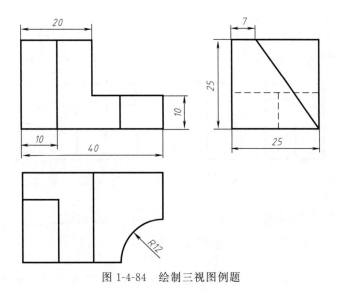

图 1-4-84 绘制三视图例题

2. 绘制视图

切换到粗实线层，利用直线命令和输入长度的方法画出主视图的外形轮廓线。

单击直线命令 ，AutoCAD 提示：

_line 指定第一点：（从主视图左下角点起，用鼠标单击任定一点）

指定下一点［或放弃（U）］：（鼠标水平向右后输入直线的长度 40，回车）

指定下一点［或放弃（U）］：（鼠标竖直向上后输入 10，回车）

指定下一点［或放弃（U）］：（鼠标水平向左后输入 20，回车）

指定下一点［或放弃（U）］：（鼠标竖直向上后输入 15，回车）

指定下一点［或放弃（U）］：（用鼠标使用对象捕捉追踪对齐左下角的第一点后单击画出长度为 20 的水平线）

指定下一点［或放弃（U）］：（直接捕捉左下角第一点，完成后如图 1-4-85a 所示）。

单击偏移命令 ▤ ，AutoCAD 提示：

指定偏移距离或［通过（T）/删除（E）/图层（L）］〈通过〉：（10，回车）

选择要偏移的对象或［退出（E）/放弃（U）]〈退出〉：（拾取左边长度为 25 的竖线）

指定要偏移的那一侧上的点，或［退出（E）/多个（M）/放弃（U）/]：（用鼠标在竖线右侧任意位置单击一点，完成偏移）

再次单击偏移命令 ▤ ，用同样的方法偏移右侧长度为 10 的竖线，偏移距离为 12。

完成的主视图如图 1-4-85（b）所示。

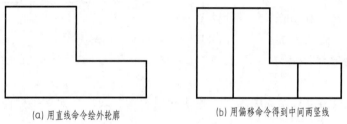

(a) 用直线命令绘外轮廓　　　　　　(b) 用偏移命令得到中间两竖线

图 1-4-85　画主视图

使用对象捕捉追踪模式对齐视图，同样使用直线命令和偏移命令画俯视图和左视图。俯视图中圆弧可先用圆代替，如图 1-4-86（a）所示，修剪后的俯视图如图 1-4-86（b）所示。

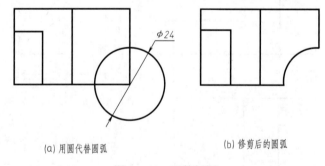

(a) 用圆代替圆弧　　　　　　　　(b) 修剪后的圆弧

图 1-4-86　画俯视图

如图 1-4-87 所示，在画左视图时，可以 B 点为圆心，7 为半径画辅助圆来确定 A 点，也可直接以相对距离法定 A 点。完成后的三视图如图 1-4-88 所示。

任务指导

1. 用 AutoCAD 绘制组合体三视图的步骤

① 绘图设置　设置绘图区域大小、绘图单位、设置图层、线型、颜色。

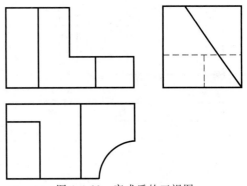

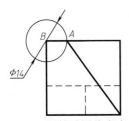

图 1-4-87　用辅助圆找定点 A   图 1-4-88　完成后的三视图

② 对给定的组合体进行形体分析，并确定主视方向。

③ 按 1∶1 的比例绘制物体的三视图。作图过程中的绘图命令与编辑命令可以灵活使用。

④ 检查、修改三视图。

⑤ 标注组合体的尺寸。

按上述步骤，用 AutoCAD 绘制如图 1-4-71 所示组合体三视图的步骤如下。

（1）设置绘图区域的大小、单位、设置图层、线型、颜色等

① 创建新图形，用 limits 命令设置图形界限为 210，148，使用缩放命令中的全部缩放将图形界限区域全屏显示。

② 设置粗实线层、中心线层、虚线层及尺寸标注层。

（2）绘制带孔立板

① 绘图。先在中心线层上画对称线、中心线。

切换到粗实线层，激活矩形命令后，在"指定第一角点或［倒角（C）/标高（E）/圆角（F）/厚度（T）/宽度（W）］"的提示下，在屏幕的适当位置任意单击，出现"指定另一个角点"的提示，输入：@54，30，即可画出主视图中的矩形。俯视图与左视图用同样的方法绘制，角点相对坐标分别输入@54，8 和@8，30。画图时注意打开对象捕捉追踪模式，保证主、俯视图和主、左视图之间的位置关系。

画两个 $\phi 9$ 的圆，同时画出圆角 R8（画成圆）；切换至虚线层，画俯视图、左视图中的虚线。

② 编辑修改。使用修剪命令修剪圆角处后，得到如图 1-4-89（a）所示的图形。

（3）绘制半圆筒

如图 1-4-89（b）所示，使用圆弧、圆、直线、矩形等命令，画出主视图中的半圆筒和俯、左视图中的矩形，画出图中的虚线。使用修剪（TRIM）命令进行编辑修改图形。

（4）绘制肋板

如图 1-4-89（c）所示，使用偏移、修剪命令画出图中线段。由于肋板与圆筒相交，在俯视图中出现了一段曲线，如图 1-4-89（d）所示。

（5）绘制半圆筒两边的侧板

如图 1-4-89（e）所示，使用偏移命令先画出主视图中的图线；使用对象捕捉追踪对齐主视图相应的点后移动光标，在俯视图中与图线相交处会产生交点符号，用这种方法可找到

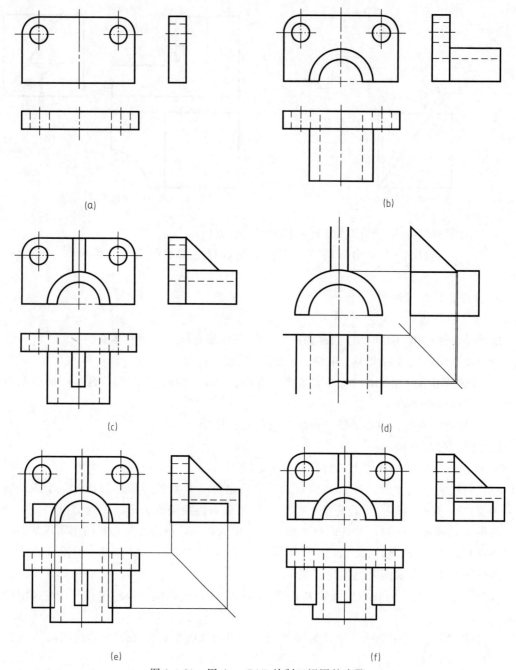

(a)　　　　　　　　　　　　(b)

(c)　　　　　　　　　　　　(d)

(e)　　　　　　　　　　　　(f)

图 1-4-89　用 AutoCAD 绘制三视图的步骤

在俯视图中画垂直线的起点。光标向垂直方向移动，直接输入侧板的宽度尺寸；再使用对象追踪模式，确定侧板水平线另一端点。

（6）检查、修改，完成组合体的三视图

如图 1-4-89（f）所示。

（7）标注组合体的尺寸（略）

2. 注意事项

① 画图过程尽量模拟手工画图，确定一点的位置一般不使用坐标输入法，多用辅助线

作图或相对距离输入法。

② 绘图步骤并不是唯一的，可依据个人的喜好选择，但应以快捷为原则。

③ 为了提高作图速度，作图过程中应根据图形的实际情况尽量使用镜像、阵列、复制、偏移等命令。

④ 为了使字体接近国家标准（机械制图及技术制图标准），数字字体可选择"isocp. shx"；汉字字体同样采用"isocp. shx"，并勾选"使用大字体"复选框，大字体选用"gbcbig. shx"。数字字体和汉字字体宽度比例均为 0.707。

⑤ 使用喷墨打印机打印图纸时，粗实线的线宽建议设置为 0.35～0.40，其他细线（细实线、细点画线、虚线等）线宽设置为 0.13～0.15。

情境五　齿轮油泵零件轴测图绘制

任务　绘制齿轮油泵零件的轴测图

【学习目标】

学习轴侧投影的原理及方法，学会绘制简单形体的正等轴测图和斜二轴测图。

工 作 任 务 单

工作任务	绘制齿轮油泵中零件的轴测图
任务描述	① 根据图 1-5-1（a）所示填料的三视图，画出其正等轴测图和斜二轴测图。 ② 用草图绘制如图 1-5-1（b）所示泵盖简化后的斜二轴测图。 ③ 比较两种轴测图中物体朝前的平面有何特点。 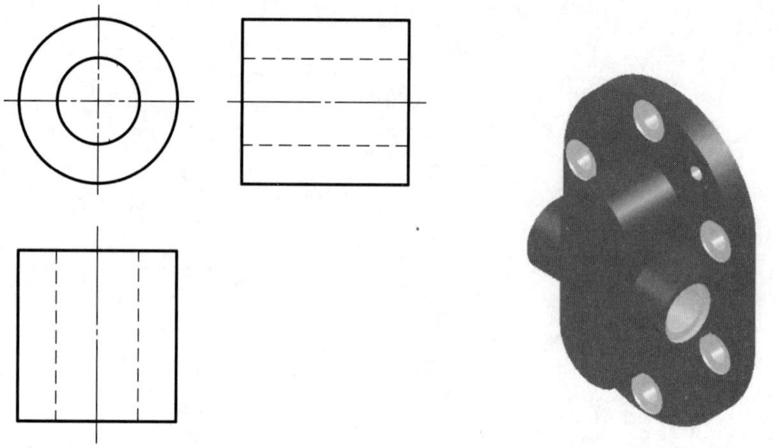 (a)　　　　　　　　　　　　　　　　(b) 图 1-5-1　绘制轴测图
任务分析	本任务要完成的是绘制物体的两种常用立体图—正等轴测图和斜二轴测图。要完成该任务，先应该了解什么是正等轴测图和斜二轴测图，它们是如何得到的，这两种轴测图是依据什么来绘图的。进一步还要搞清它们在绘图时的相同点和不同点，以及它们的使用方法。
成果展示 与评价	各组成员相互配合讨论作图方法，独立完成任务后上交作业。

知识链接

● 轴测投影的基本知识
● 正等测图
● 斜二测图简介

一、轴测投影的基本知识

正投影图能完整、真实地表达物体的形状和尺寸大小，在工程上得到广泛应用，但这种图样缺乏立体感。因此，在机械图样中，常用富有立体感的轴测图作为辅助图样。

1. 基本概念

（1）轴测图的形成

用平行投影法将物体连同其参考直角坐标系，沿不平行于任一坐标面的方向投射，在单一投影面上所得到的图形，称为轴测投影图（简称轴测图），如图 1-5-2 所示。其中投影面 P 称为轴测投影面。

由图 1-5-2 可知，轴测图能同时反映物体长、宽、高三个方向的形状，所以具有较强的立体感，但度量性差，作图复杂，在工程上只作为辅助图样。

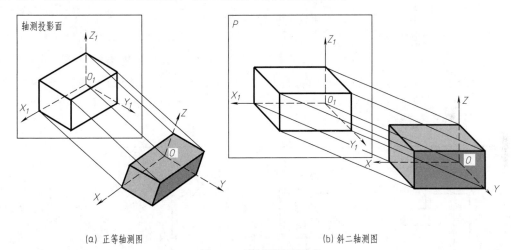

(a) 正等轴测图　　　　　　　　　　(b) 斜二轴测图

图 1-5-2　轴测图的形成

（2）术语

① 轴测轴　直角坐标轴 OX、OY、OZ 在轴测投影面上的投影 O_1X_1、O_1Y_1、O_1Z_1 称为轴测轴。

② 轴间角　轴测投影中，任意两根直角坐标轴在轴测投影面上的投影之间的夹角称为轴间角。

③ 轴向伸缩系数　直角坐标轴上单位长度的轴测投影与相应直角坐标轴上单位长度的比值，称为轴向伸缩系数。OX、OY、OZ 轴上的轴向伸缩系数分别用 p_1、q_1、r_1 表示，即：

OX 的轴向伸缩系数　　$p_1 = \dfrac{O_1X_1}{OX}$

OY 的轴向伸缩系数 $\quad q_1 = \dfrac{O_1Y_1}{OY}$

OZ 的轴向伸缩系数 $\quad r_1 = \dfrac{O_1Z_1}{OZ}$

为便于作图，一般采用简化后的轴向伸缩系数，简化后的轴向伸缩系数分别用 p、q、r 表示。

（3）轴测图的种类

轴测图分为正轴测图和斜轴测图两类。

用正投影法得到的轴测投影称为正轴测图。

用斜投影的方法得到的轴测投影称为斜轴测图。

工程上常用的有正等轴测图（简称正等测）和斜二轴测图（简称斜二测）。

2. 轴测投影的基本性质

① 平行性　物体上相互平行的线段，其轴测投影亦相互平行。

② 等比性　物体上与坐标轴平行的线段，其轴测投影与相应的轴测轴平行，且轴测投影的长度等于原长乘以该轴的轴向伸缩系数。

二、正等测图

1. 正等测图的形成及其轴间角和轴向伸缩系数

（1）正等测图的形成

在图 1-5-3（a）中，当四棱柱的正面平行于投影面 P 时，其投影为一矩形，无立体感。如果先将四棱柱连同其参考坐标系旋转成图 1-5-3（b）、（c）中的情形，这时，四棱柱的三根坐标轴与轴测投影面 P 都倾斜成相同的角度，然后向轴测投影面 P 进行投射，即得到四棱柱的正等测图，如图 1-5-3（d）所示。

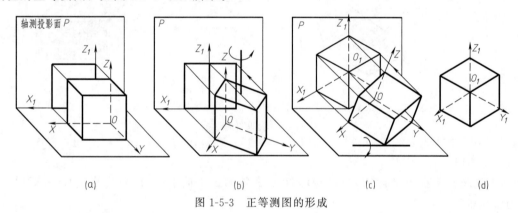

图 1-5-3　正等测图的形成

（2）轴间角和轴向伸缩系数

正等测图的三个轴间角均为 120°。一般使 O_1Z_1 轴处于铅垂位置，O_1X_1，O_1Y_1 分别与水平线成 30°角（O_1、X_1、Y_1、Z_1 可简写成 O、X、Y、Z），如图 1-5-4 所示。

正等测图的三个轴向伸缩系数均为 0.82（即 $p_1 = q_1 = r_1 = 0.82$）。绘图时，为使作图方便，常将轴向伸缩系数简化为 1，即 $p = q = r = 1$，如图 1-5-4（b）所示。画轴测图时，凡与坐标轴平行的线段，作图时可按原长量取，这样绘出的轴测图，比实物放大了 1.22 倍（$\approx 1/0.82$），见图 1-5-5 所示。

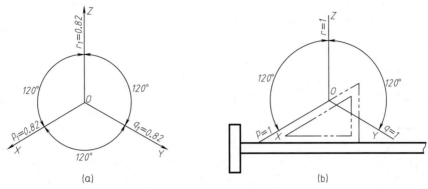

图 1-5-4　正等测轴间角和轴向伸缩系数及轴测轴画法

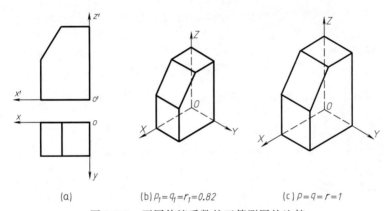

图 1-5-5　不同伸缩系数的正等测图的比较

2. 坐标轴的设置

画轴测图时，先要根据物体的特点，选定合适的坐标轴。坐标轴可以设置在物体之外，但一般常设置在物体本身某一特征位置线上，如主要棱线、对称中心线、轴线等。总之，坐标轴应选择在物体上最有利于画图的位置，如图 1-5-6 所示。

3. 平面立体正等测图的画法

（1）坐标法

根据物体的特点，选定合适的坐标轴，然后根据立体表面各顶点的坐标，分别画出它们的轴测投影，并顺次连接各顶点的轴测投影，从而完成作图。坐标法是画平面立体轴测图最基本的方法。

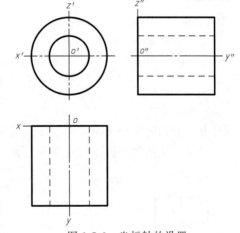

图 1-5-6　坐标轴的设置

【例题 1】　已知六棱柱的两视图，用坐标法画六棱柱的正等测图。

解：选定六棱柱顶面外接圆的圆心为坐标原点，建立如图 1-5-7（a）中所示的坐标轴。具体作图步骤见图 1-5-7（b）～（d）。

（2）切割法

许多形体可看作是在长方体的基础上挖切而成的。画这些形体的轴测图时，可先根据物体的总长、总宽、总高作出辅助长方体的正等测图，然后根据实际形体进行轴测挖切，从而完成物体的正等测图。

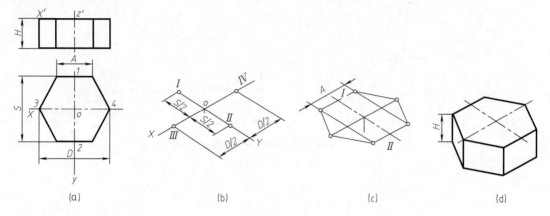

图 1-5-7　六棱柱正等测图的画法

【例题 2】　用切割法画带燕尾槽立方块的正等测图［图 1-5-8（a）］。

解：具体作图步骤见图 1-5-8（b）～（d）。

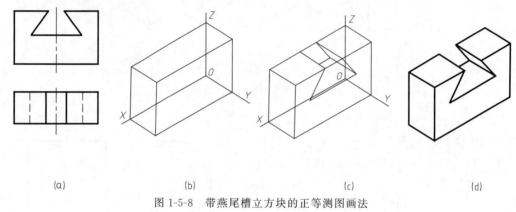

图 1-5-8　带燕尾槽立方块的正等测图画法

（3）叠加法

对由几个几何体叠加而成的形体，可先作出主体部分的轴测图，再按其相对位置逐个画出其他部分，从而完成整体的轴测图，如图 1-5-9 所示。

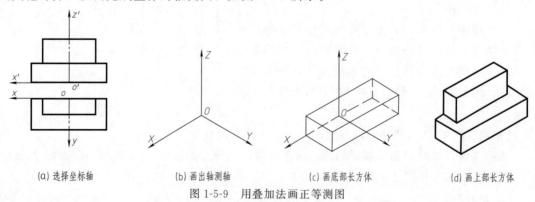

(a) 选择坐标轴　　(b) 画出轴测轴　　(c) 画底部长方体　　(d) 画上部长方体

图 1-5-9　用叠加法画正等测图

4. 回转体正等测图的画法

（1）圆的正等测图画法

假设在正方体的三个面上各有一个直径为 d 的内切圆，如图 1-5-10（a）所示，那么这三个面的轴测投影将是三个相同的菱形，而三个面上内切圆的正等测图则为内切于菱形的形状相同的椭圆，如图 1-5-10（b）所示。这些椭圆具有以下特点：

椭圆长轴的方向是菱形的长对角线的方向，即椭圆的长轴与菱形的长对角线重合。椭圆短轴的方向垂直于长轴，是菱形短对角线的方向，即椭圆的短轴与菱形的短对角线重合。

通过分析，还可以看出，椭圆的长短轴与轴测轴有关，即：

当圆所在平面平行于 XOY 面时，其轴测投影——椭圆的长轴垂直于 O_1Z_1 轴，即成水平位置，短轴平行于 O_1Z_1 轴。

当圆所在平面平行于 XOZ 面时，其轴测投影——椭圆的长轴垂直于 O_1Y_1 轴，即向右方倾斜，并与水平线成 60°角，短轴平行于 O_1Y_1 轴。

当圆所在平面平行于 YOZ 轴时，其轴测投影——椭圆的长轴垂直于 O_1X_1 轴，即向左方倾斜，并与水平线成 60°角，短轴平行于 O_1X_1 轴。

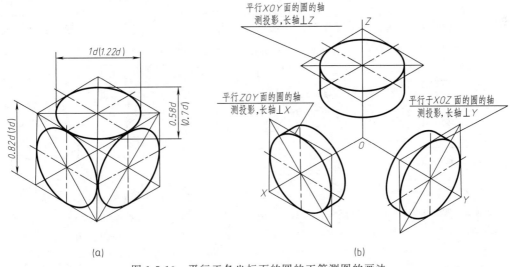

图 1-5-10　平行于各坐标面的圆的正等测图的画法

（2）椭圆的近似画法

平行于坐标平面的圆的正等测图都是椭圆，通常采用近似画法，方法是用四段圆弧光滑地连接起来，代替椭圆曲线，其作图步骤见图 1-5-11。

（3）画圆柱的正等测图［图 1-5-12（a）］

具体作图步骤见图 1-5-12（b）～（d）。

另外两种不同位置圆柱的正等测图如图 1-5-13 所示。

（4）圆角的正等测图

长方形平板常有由四分之一圆柱面形成的圆角，如图 1-5-14（a）所示。画圆角的正等测图的步骤见图 1-5-14（b）、（c）。

三、斜二测图简介

1. 轴间角和轴向伸缩系数

斜二测图的轴向伸缩系数取 $p = r = 1$，$q = 0.5$，轴间角为：$\angle XOZ = 90°$，$\angle XOY = \angle YOZ = 135°$，如图 1-5-15 所示。

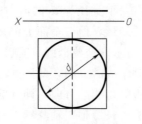

(a) 水平圆的两个视图

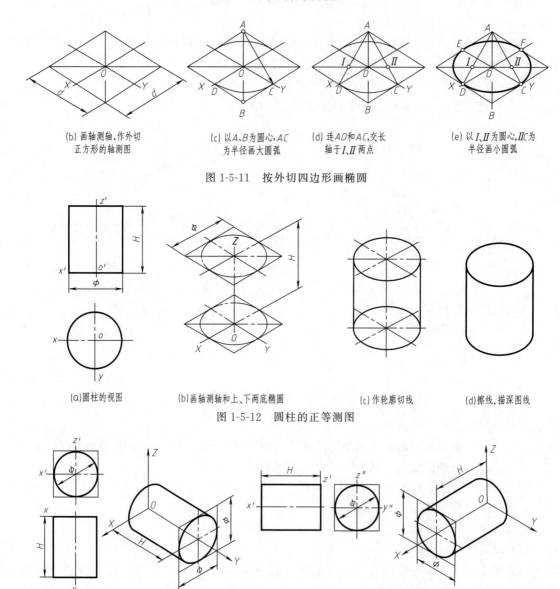

(b) 画轴测轴,作外切   (c) 以A、B为圆心,AC   (d) 连AD和AC,交长   (e) 以I、II为圆心,IIC为
    正方形的轴测图   为半径画大圆弧   轴于I、II两点   半径画小圆弧

图 1-5-11   按外切四边形画椭圆

(a)圆柱的视图   (b)画轴测轴和上、下两底椭圆   (c) 作轮廓切线   (d)擦线,描深图线

图 1-5-12   圆柱的正等测图

(a)底圆前后放置   (b)底圆左右放置

图 1-5-13   不同位置圆柱的正等测图

图 1-5-14　圆角正等测画法

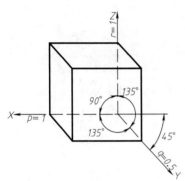

图 1-5-15　斜二测图的轴间角

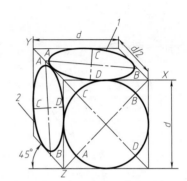

图 1-5-16　三坐标面上圆的斜二测图

2. 斜二测图画法

(1) 圆的斜二测图

平行于坐标面的圆的斜二测图，如图 1-5-16 所示。凡是与正面平行的圆的轴测投影反映实形，仍然是圆，与侧面和水平面平行的圆，其轴测投影为椭圆。当物体的三个或两个坐标面上有圆时，应尽量不选用斜二测图，而当物体只有一个坐标面上有圆时，则采用斜二测图，作图较为方便。

(2) 立体的斜二测图

凡平行于 XOZ 坐标面的图形，在斜二测投影中均反映实形，通常选择立体的特征面平行于该坐标面，可使轴测图简便易画，如图 1-5-17 所示。

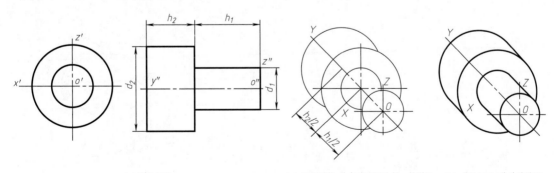

(a)选坐标轴　　　(b)画轴测轴,作各端面圆的斜二轴测图　　(c)作公切线,修改并描深

图 1-5-17　斜二轴测图的画法

任务指导

1. 绘图步骤

无论画正等测还是斜二测，都可按下面的步骤进行。

① 设置坐标轴。为了在作图时确定轮廓线的绘制方向，需要在视图中定出坐标轴（即定出空间坐标）作为参照。本任务中绘制填料轴测图坐标的设置可参看图 1-5-6。

② 画轴测轴。根据要画的轴测图类型，画出相应的轴测轴。

③ 逐一画出物体的各部分。有多个基本体构建的组合体，应先绘制物体上的一部分，然后在绘制出的这部分基础上逐一完成其他部分的绘图，注意两部分的相对位置关系。

④ 检查，擦去多余的线，描深图线。本任务完成后如图 1-5-18 所示。

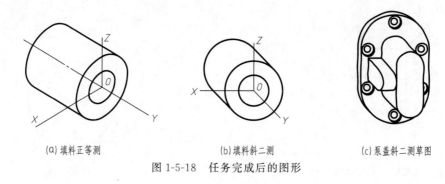

(a) 填料正等测 (b) 填料斜二测 (c) 泵盖斜二测草图

图 1-5-18　任务完成后的图形

2. 注意事项

① 初学绘制轴测图时，一定要设置好坐标，以便作图绘制直线时作为方向参照。

② 作图时只能直接画出平行于空间坐标轴的线段。画倾斜于空间坐标轴的线段时，应定出两个端点后再连线完成。

③ 绘制斜二轴测图时，OY 方向的线段长度只画实际长度的一半。

④ 绘制物体的轴测图时，一般选用正等轴测图（立体感强），当物体某一方向的形状较复杂时，则选用斜二轴测图较方便。

情境六　齿轮油泵中的零件表达方法

机件的结构形状多种多样，有的仅用三视图不能表达清楚，还需采用其他的表达方法，有的则不用三个视图就能表达清楚。为此，国家标准规定了视图、剖视图、断面图以及其他各种表达方法，作图时应根据机件的不同结构特点，选择适当的表达方法，完整、清晰、简便地表达机件的内外形状。

任务一　机件外部形状的表达

【学习目标】

通过本任务的学习，应掌握六个基本视图的名称、配置位置和"三等关系"；掌握向视图、局部视图和斜视图的画法及标注方法；能针对不同结构特点的零件选择适当的表达方法表达其外部形状。

工　作　任　务　单	
工作任务	选用适当的视图正确表达零件的外形
任务描述	① 分析压紧杆的形状结构，如图 1-6-1 所示。 ② 选择适当的表达方法，将压紧杆的外形表达清楚。 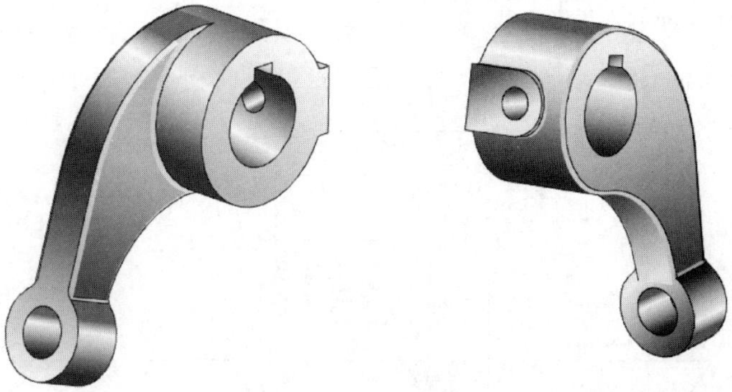 图 1-6-1　压紧杆的立体图
任务分析	压紧杆外形较复杂且有倾斜结构，用前面所学的三视图知识不能将它表达清楚。要完成此任务，需针对压紧杆的形体特点，运用基本视图、局部视图和斜视图等表达方法，才能表达清楚其外部形状。
成果展示 与评价	各组成员相互讨论，总结各种视图的使用方法。

知识链接

● 基本视图
● 向视图
● 局部视图
● 斜视图

视图是按正投影法画出的图形，主要用来表达零件的可见外形，必要时，也可用虚线表达不可见的其他轮廓。视图包括基本视图、向视图、局部视图和斜视图。

一、基本视图

如图 1-6-2 所示，在物体的前、后、上、下和左、右六个方向分别建立投影面，称为基本投影面。物体向六个基本投影面分别投射，得到的视图叫基本视图。基本视图的名称和投射方向规定如下：

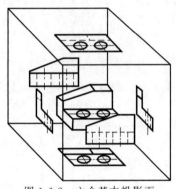

图 1-6-2　六个基本投影面

主视图——从前向后投射得到的视图。
俯视图——从上向下投射得到的视图。
左视图——从左向右投射得到的视图。
右视图——从右向左投射得到的视图。
仰视图——从下向上投射得到的视图。
后视图——从后向前投射得到的视图。

基本投影面的展开方法如图 1-6-3 所示，六个基本视图展开后的配置如图 1-6-4 所示。各视图位置按图 1-6-4 配置时，一律不作标注。

各基本视图之间，仍保持"长对正，高平齐，宽相等"的关系。投射方向相反的两个视图对称，但可见性有所改

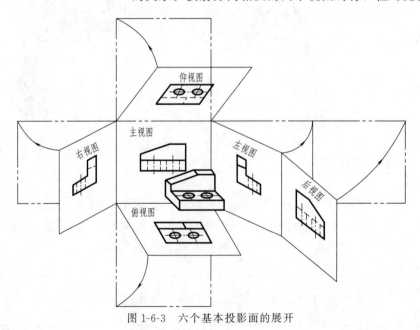

图 1-6-3　六个基本投影面的展开

变。如图 1-6-4 所示，若把左视图水平翻转 180°，并将机件左面的轮廓线（在左视图中是实线）改成虚线，就变成了右视图。

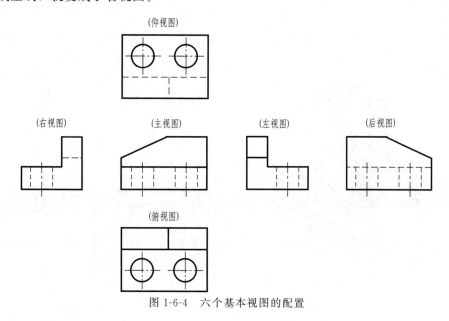

图 1-6-4　六个基本视图的配置

二、向视图

向视图是可以自由配置的视图，如图 1-6-5 中的视图 D、E、F。

在向视图上方的大写拉丁字母是视图名称，在相应视图附近的箭头表示投射方向，并标注有与向视图名称相同的字母。

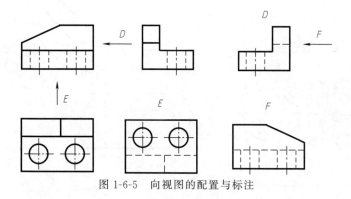

图 1-6-5　向视图的配置与标注

三、局部视图

将机件的某一部分向基本投影面投射所得到的视图称为局部视图。

局部视图的断裂边界应以波浪线（或双折线）表示，当局部视图所表示的结构完整且外形轮廓封闭时，波浪线可省略。

局部视图的标注与向视图类似，当局部视图按基本视图的配置形式配置，中间又没有其他图形隔开时，可省略标注。

如图 1-6-6 所示，当画出机件的主、俯视图后，圆筒上左侧凸台和右侧 U 形槽的形状还未表达出来，若为此再画出左视图和右视图，则大部分表达内容是重复的，因此，可只将凸台及U形槽的局部结构分别向基本投影面投射，即画出两个局部视图。

局部视图 *A* 表达右侧U形槽形状，波浪线用来断开零件上的其他部分。另一个局部视图表达腰圆凸台形状，按投影关系配置没有标注。由于该局部视图图形封闭，不画波浪线。

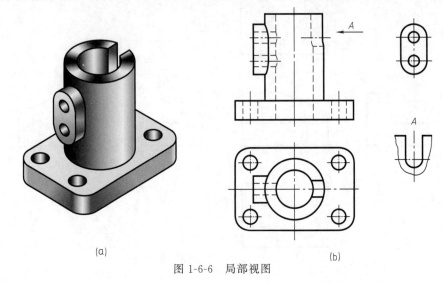

图 1-6-6　局部视图

四、斜视图

机件向不平行于基本投影面的平面投射所得到的视图称为斜视图，如图 1-6-7 中的"*A*"。

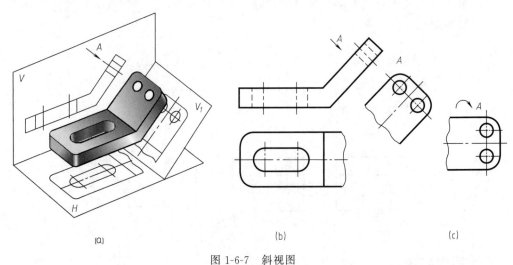

图 1-6-7　斜视图

斜视图的标注与向视图类似，尽量按投影关系配置。经旋转摆正的斜视图，视图名称加注旋转符号"∩"，字母注写在靠近箭头的一侧。

任务指导

1. 作图步骤

（1）分析压紧杆的结构，选择表达方法

如图 1-6-8（a）所示，如用三视图表达，由于压紧杆左端耳板是倾斜结构，其俯视图和左视图都不反映实形，画图比较困难，且表达不清楚。为了表示倾斜结构，可按如图 1-6-8（b）所示的方法，在平行于耳板的正垂面上作出耳板的斜视图以反映其实形。因为斜视图只表达倾斜结构的局部形状，所以画出耳板实形后用波浪线断开，其余部分的轮廓线不必画出。

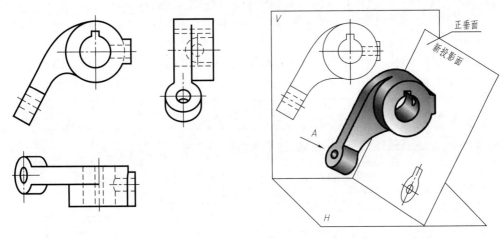

（a）三视图　　　　　　　　　　（b）倾斜结构斜视图的形成

图 1-6-8　压紧杆的三视图及斜视图的形成

（2）确定表达方案

图 1-6-9（a）所示为压紧杆的一种表达方案，采用一个基本视图（主视图）、B 向局部视图（代替俯视图）、A 向斜视图和 C 向局部视图。

为了使图面布局更加紧凑，又便于画图，可将 C 向局部视图画在主视图的右边，将 A 向斜视图的轴线画成水平位置，加注旋转符号，如图 1-6-9（b）所示。

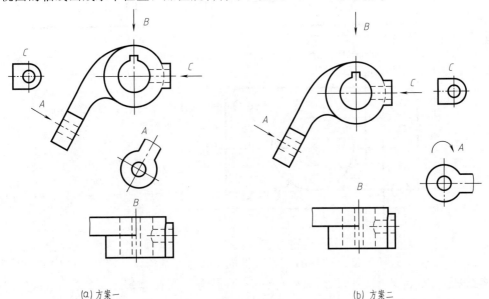

（a）方案一　　　　　　　　　　（b）方案二

图 1-6-9　压紧杆的两种表达方案

2. 注意事项

① 三视图是表达机件形状的基本方法，而不是唯一方法。有时由于机件形状复杂，需

增加视图数量；有时为了画图和看图方便，需采用各种辅助视图。机件的表达方案有很多种，应尽可能采用最简单的视图将机件完整、清晰地表达出来。

② 画图时应注意向视图、局部视图和斜视图的配置及标注。

任务二　机件内部形状的表达

【学习目标】

通过本任务的学习，让学生理解各种剖视图和各种剖切方法的概念及特点；掌握各种剖视画法、适用场合及标注方法；能针对不同零件的内部结构特点选择适当的剖视进行表达。

工 作 任 务 单

工作任务	用适当的剖视正确表达零件的内部结构
任务描述	① 根据给定的视图，分析机件的内外结构形状，如图 1-6-10 所示。 ② 选择适当的表达方法，将机件的内外形状表达清楚。 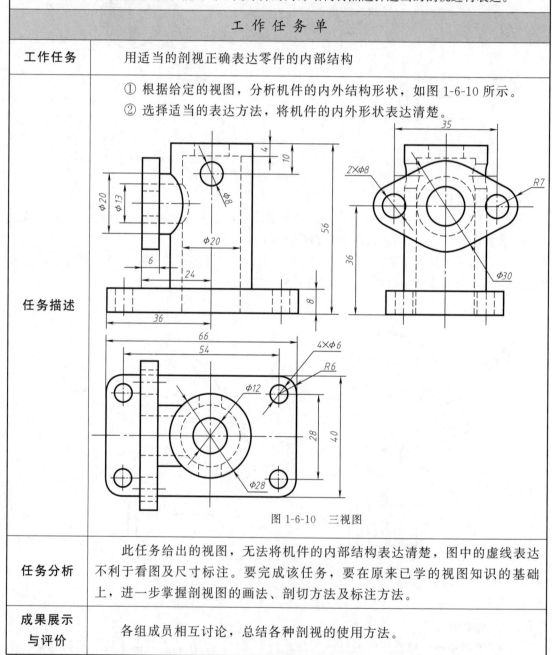 图 1-6-10　三视图
任务分析	此任务给出的视图，无法将机件的内部结构表达清楚，图中的虚线表达不利于看图及尺寸标注。要完成该任务，要在原来已学的视图知识的基础上，进一步掌握剖视图的画法、剖切方法及标注方法。
成果展示 与评价	各组成员相互讨论，总结各种剖视的使用方法。

● 剖视图的基本知识
● 剖视图的种类与投影分析
● 剖切面的数量和剖切方法
● 剖视图的识读

在视图中，机件的内部结构是用虚线表示的。当内部结构较复杂时，视图中会出现很多虚线，给画图和看图带来困难，如图 1-6-11 所示。为使零件内部结构表达清晰，国家标准规定可用剖视进行表达。

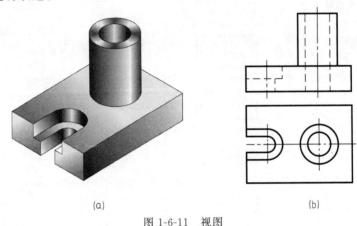

(a)   (b)

图 1-6-11　视图

一、剖视图的基本知识

1. 剖视图的形成

如图 1-6-12 所示，用假想的剖切面 P 剖开机件，移去位于观察者和剖切面之间的前半部分，把剩下的后半部分向投影面 V 投射，得到的图形称为剖视图，简称剖视。

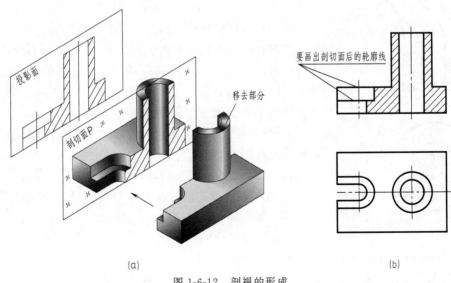

(a)   (b)

图 1-6-12　剖视的形成

与图 1-6-11 中的视图相比，主视图画成剖视图后，机件前半部分的外形被剖去，而原来不可见的孔、槽变得可见了。由于零件前半部分的外形简单，只要结合俯视图，便能将机件的内外结构完整、清晰地表达出来。

2. 剖面符号

为了在剖视图中分辨出机件内部的实心部分与空心部分，剖切面剖到的实心处（剖面区域）应画出剖面符号，而孔等空心处不画。剖面符号的样式与机件的材料有关，见表 1-6-1。

表 1-6-1   常见材料的剖面符号

材料名称	剖面符号	材料名称	剖面符号
金属材料 （已有规定剖面符号者除外）		线圈绕组元件	
非金属材料 （已有规定剖面符号者除外）		转子、变压器等的叠钢片	
型砂、粉末冶金、 陶瓷、硬质合金等		玻璃及其他透明材料	
胶合板（不分层数）		格网（筛网、过滤网等）	
木材　纵剖面		液体	
木材　横剖面			

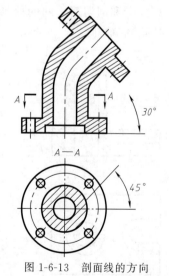

图 1-6-13   剖面线的方向

金属材料的剖面符号和不指明材料的通用剖面符号，是一组与水平成 45°角、间隔均匀、互相平行的细实线，称为剖面线。剖面线左、右倾斜均可，见图 1-6-12。在同一张图样上，相同机件的剖面线方向和间隔都应相同。

当机件的主要轮廓与水平方向成 45°角时，剖面线的倾斜角度应改为 30°或者 60°，而倾斜方向与间隔仍保持不变，如图 1-6-13 所示。

3. 画剖视图要注意的问题

① 剖视是假想的，因此，机件的一个视图画成剖视后不影响其他视图。如图 1-6-13 中，主视图取剖视后，前半部分被剖去，但在俯视图中，仍画出前半部分。

② 要明晰机件被剖部位的实心部分和空心部分，剖面符号只画在实心部分，见图 1-6-12 和图 1-6-13 所示。但在剖切肋板、轮辐等结构时，若剖切面平行于肋板特征面或轮辐长度方向，肋板和轮辐不画剖面线，而用粗实线将它们与相邻部分隔开，如图 1-6-14 所示。

③ 剖视图（包括视图）中的不可见轮廓，若已在其他视图中表示清楚，图中的虚线应

省略不画。如果使用少量虚线可减少视图数量，也可画出必要的虚线，如图 1-6-15 所示。

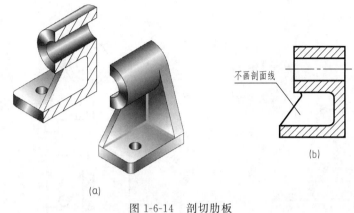

图 1-6-14　剖切肋板

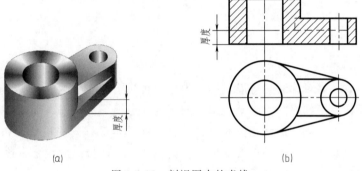

图 1-6-15　剖视图中的虚线

4. 剖视图的标注

剖视图上方的"×—×"（×为大写拉丁字母）字样为剖视图的名称，标有与剖视图名称相同字母的粗短线（称剖切符号）处表示剖切位置，箭头表示投射方向，见图 1-6-13 所示。

下列情况，剖视图的标注可以简化或省略。

① 当剖视图按投影关系配置，中间没有其他图形隔开时，可省略箭头。

② 如符合上述条件，且剖切平面与机件的对称平面重合的全剖视与半剖视，以及剖切位置明显的局部剖视，则可以不标注，参见图 1-6-15。

二、剖视图的种类与投影分析

按剖切面剖切机件的多少，剖视图分为全剖视图、半剖视图和局部剖视图三种。

1. 全剖视图

用剖切面将机件完全剖开后画出的剖视图，称为全剖视图。在全剖视图中，零件朝向观察者的外形轮廓被剖去，剖视图中不再画出，所以全剖视图用于外形简单，或外形不必表达的机件。

如图 1-6-16 所示的机件，内部结构需要表达。因面外形简单，故左视图画成全剖视，它由单一剖切面经机件左右对称面剖切，国家标准规定省略标注。在俯视图中，由于上部圆筒已在主视图和左视图中表达清楚，所以也画成全剖视图"$A—A$"。

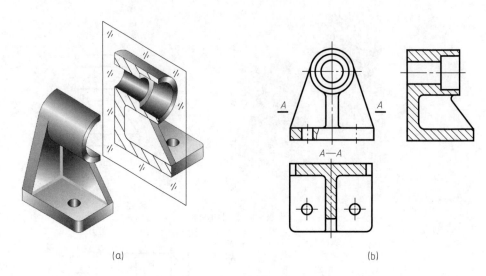

图 1-6-16　全剖视图

2. 半剖视图

当机件对称或基本对称时，可以对称面为界，将视图的一半画成剖视图；另一半画成视图，得到的图形称为半剖视图。半剖视图中的剖视图与视图仍以细点画线为界。

半剖视图适应于内、外形状均需表达并对称（或基本对称）的机件。如图 1-6-17 所示，在主视图中，机件前面的凸台外形要保留，在俯视图中，顶板的形状要表达，两个视图都对称，又都要表达内部的孔，故画成半剖视图。

看半剖视图时，要利用对称关系，根据剖视的一半想象出机件的内部结构，根据视图的一半想象出外形。

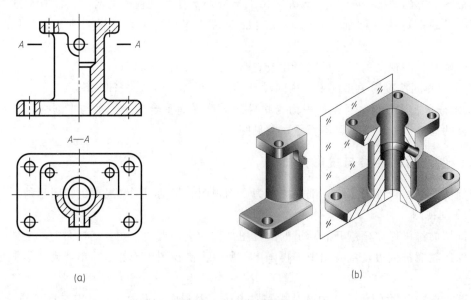

图 1-6-17　半剖视图

3. 局部剖视图

用剖切面局部地剖开机件所画出的剖视图，称为局部剖视图。局部剖视图中用波浪线分开剖视图与视图两个部分。看图时，根据剖视部分想象出机件的内部结构，根据视图部分想象出机件的外形。

局部剖视不受机件是否对称的限制，剖切位置与剖切范围较灵活，一般用于下列情况。

① 不对称机件的内外形状均需表达，如图 1-6-18 所示。

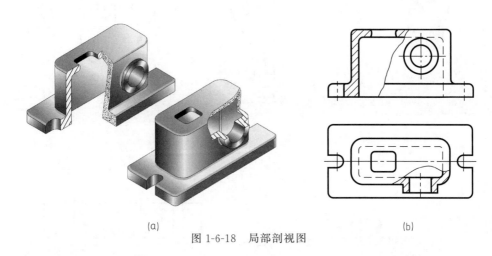

(a)　　　　　　　　　　　　　(b)

图 1-6-18　局部剖视图

② 机件的局部有较小的孔、槽等结构，不宜用全剖视图时，改用局部剖视图表达，见图 1-6-17 所示主视图中顶板和底板上的小孔。

三、剖切面的数量和剖切方法

每个剖视图应尽量多地表达出机件的内部结构。为此，可使用一定数量的剖切面，按下述几种方法剖开机件。

1. 用单一剖切面剖开机件

这是最常用的一种剖切方法。剖切平面可与基本投影面平行（如前述示例），也可不平行于任何基本投影面。用不平行于任何基本投影面的平面剖开机件的剖切方法，称为斜剖。

如图 1-6-19 所示，剖视图"$B—B$"就是按斜剖画出的。斜剖所画的剖视图一般按投影关系配置，也可按需要将图形旋转摆正放置，但标注时应加旋转符号"$\curvearrowleft$"。

2. 用几个平行的剖切面剖开机件

对内部结构较多，轴线又不位于同一平面的机件，可用几个平行的剖切面剖开机件，这种剖切方法称为阶梯剖。

如图 1-6-20 所示，剖视图"$A—A$"就是用三个相互平行的剖切面作阶梯剖画出来的。

3. 两个相交的剖切面

对整体或局部有回转轴线的机件，可用相交的剖切面剖开机件，把剖到的有关结构旋转到与基本投影面平行的位置后再投射，即"先剖，后转，再投射"，这种剖切方法称为旋转剖。如图 1-6-21 所示，剖视图"$A—A$"采用的就是旋转剖。

四、剖视图的识读

识读剖视图，最终目的是要读懂机件的内外结构，下面通过两个示例，来学习如何分析

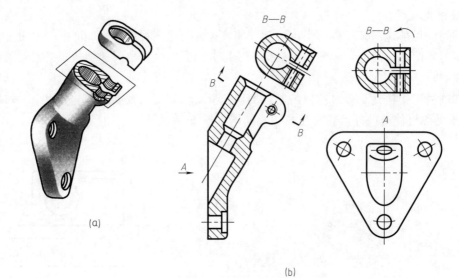

图 1-6-19　斜剖

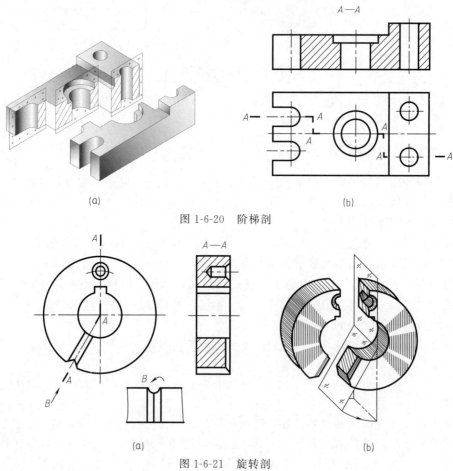

图 1-6-20　阶梯剖

图 1-6-21　旋转剖

和识读剖视图。

　　【例题 1】　分析如图 1-6-22 所示视图，想象机件的形状。

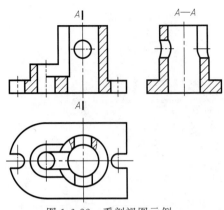

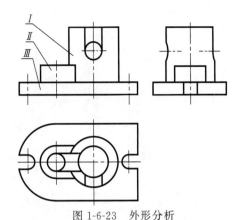

图 1-6-22　看剖视图示例一　　　　　　　　　图 1-6-23　外形分析

1. 分析视图表达特点

图中采用三个视图：主视图用全剖视，剖切面过前后对称面，前半部分被剖去，不作标注；$A—A$ 也是全剖视，剖切面过圆柱轴线，左边被剖去；俯视图中有一处局部剖视，剖切面水平通过圆筒后部的小孔轴线。

2. 想外形

根据给定视图，想象剖去部分的外形轮廓，用形体分析法分析零件的外部空间形状。改画后的视图如图 1-6-23 所示，零件分三部分：I 为圆柱，II 和 III 可用各自的特征面（在俯视图上）沿竖直方向（垂直特征面）延伸得到立体形状，如图 1-6-24 所示。机件的整体外形如图 1-6-25 所示。

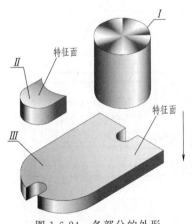

图 1-6-24　各部分的外形　　　　　　　　　图 1-6-25　整体外形

3. 分析内部形状

根据剖视部分，分析机件内部结构被完全剖开后的轮廓，想象出内部结构，如图 1-6-26 (a) 所示。由主视图结合俯视图可知，I 中间有一上下贯通的竖直孔，后有一贯通的小孔。从剖视图 $A—A$ 看，I 前面有一处空结构，与后面小孔相贯线比较，可看出这一结构是下部为半圆形的槽。I 左部有一槽，连至 II 的小孔上，槽宽与孔径相同。II 上的小孔上下贯通。

4. 综合起来想形状

通过上面的分析，可总结归纳出零件的形状，如图 1-6-26 (b) 所示。

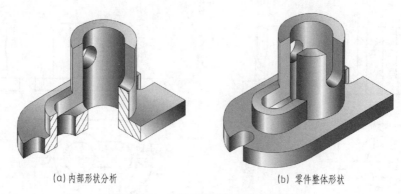

(a) 内部形状分析　　　　　　　　(b) 零件整体形状

图 1-6-26　分析内部结构和整体形状

【例题 2】　根据图 1-6-27 给出的视图，分析机件的形状。

1. 分析视图表达特点

图中采用五个视图：$B—B$ 为全剖视，采用旋转剖，剖切面可从俯视图中的剖切符号看出。俯视图为局部剖视，没有标注。$C—C$ 为全剖视，剖切面过顶板圆筒和后壁圆筒的轴线。向视图 D 由下向上看所得，表达机件下部形状。此外还有一局部剖视 $A—A$，表达底板上的小孔。

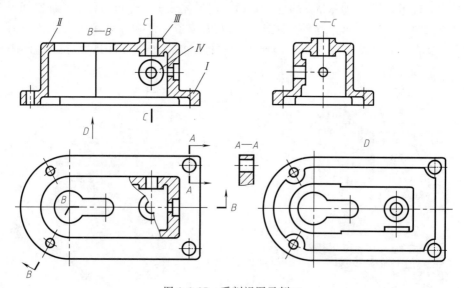

图 1-6-27　看剖视图示例二

2. 外形分析

改画外形视图如图 1-6-28 所示，零件分四部分：I 和 II 可用俯视图中的特征面，沿竖直方向延伸想象出形状。III 为圆柱，另外在 II 后部还有一圆柱 IV（结合仰视图 D 可看出，图中未画出），立体图如图 1-6-29 所示。

3. 内形分析

由 $B—B$ 和俯视图看出，II 的顶部有一圆形和长圆形的组合孔，结合向视图 D 可以看出，下部有一左圆右方的空腔，右部略有收窄，空腔往下，至底板 I 再接一较宽的空腔，形状也为左圆右方。顶板 II 和后壁上的圆柱 III、IV 都有一孔，右壁上有一柱形沉孔。另外

底板 I 上还有四个孔，右面两孔用 $A—A$ 和俯视图表达，如图 1-6-30 所示。

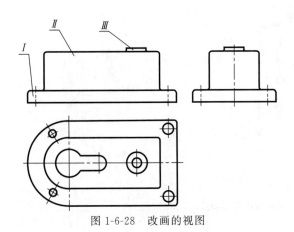

图 1-6-28　改画的视图

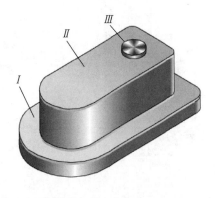

图 1-6-29　零件外形

4. 综合起来想形状

根据上面的分析，综合想象出零件的形状，如图 1-6-31 所示。

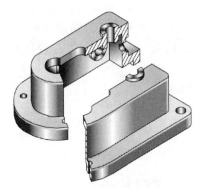

图 1-6-30　零件内形分析

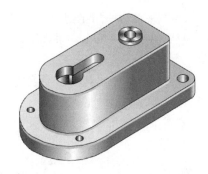

图 1-6-31　零件的整体形状

任务指导

1. 基本步骤

（1）分析机件的内外结构形状

如图 1-6-32 所示，由给定的视图可知，该机件由以下四个部分组成：

① 长方体底板，长 66mm，宽 40mm，高 8mm；底板四周倒圆角，圆角半径为 $R6$；另有 4 个 $\phi6$ 的圆柱孔，其长、宽方向的定位尺寸分别是 54 和 28。

② 底板上方有一个直径为 $\phi28$ 的垂直圆筒，其中分别有 $\phi12$ 和 $\phi20$ 的阶梯圆柱通孔，圆筒上还有一个直径为 $\phi8$ 圆柱孔前后贯通。

③ 机件的左侧有一 $\phi20$ 的水平圆筒（内孔为 $\phi13$）与垂直圆筒相交。

④ 水平圆筒左端有一腰形板，其前后各有 1 个 $\phi8$ 的圆柱孔，腰形板中间有一 $\phi13$ 的圆柱孔与垂直圆筒内孔相通。

（2）选择表达方法

① 主视图采用全剖的表达：用两个互相平行的剖切平面剖切，将底板上的 $\phi6$ 孔、垂直

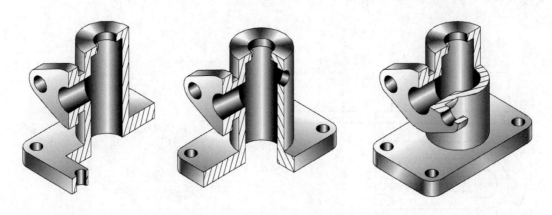

图 1-6-32　机件的内外形状

圆筒上 $\phi12$ 和 $\phi20$ 的阶梯通孔、腰形板和水平圆筒上 $\phi13$ 孔的内部结构表达清楚。其剖切位置在俯视图上标注，在主视图上方注出剖视图的名称"$A—A$"。

　　② 俯视图采用半剖视表达：将腰形板上 $\phi8$、$\phi13$、$\phi20$ 孔的内部结构表达清楚，同时保留 $\phi12$ 孔的形状。

　　③ 左视图也采用半剖表达：以对称中心线为界，前面部分画剖视图，后面部分画视图，将垂直圆筒中 $\phi12$ 和 $\phi20$ 的阶梯孔、$\phi8$ 前后通孔内形表达清楚，同时保留腰形板的外部形状。

　　在半剖视图中，凡是已经表达清楚的内部结构虚线可省略。

　　（3）画出相应的剖视图

　　如图 1-6-33 所示。

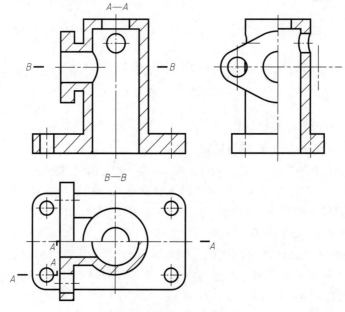

图 1-6-33　机件的表达方法

2. 注意事项

① 注意剖切位置的选择，力求让剖切平面通过较多的内部结构。

② 剖切方法的选择，力求用最少、最简单的图形将机件完整、正确、清晰地表达出来。

③ 半剖视图的分界线用细点画线，在半剖视图中，凡是已经表达清楚的内部结构虚线省略。

④ 剖面线应是与机件的主要轮廓或剖面区域的对称线成45°角、间隔均匀、互相平行的一组细实线，同一机件在不同视图中剖面线应一致。

任务三　机件断面形状、其他表达方法

【学习目标】

通过本任务的学习，应了解断面图的概念、种类及应用，掌握断面图的画法及标注方法；能根据机件的特点选作断面图；掌握局部放大图的画法及标注；掌握机件常用的简化画法。

工 作 任 务 单	
工作任务	零件断面、局部及简化画法的综合练习
任务描述	① 根据图 1-6-34 给定的轴，分析其形状结构。 ② 选择适当的表达方法，将给定轴的结构形状表达清楚。 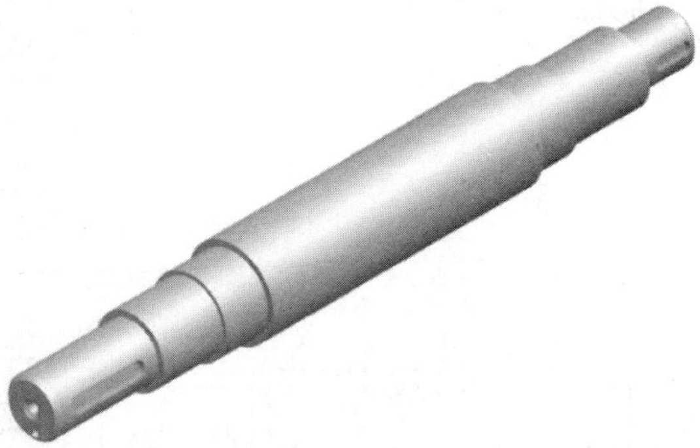 图 1-6-34　轴
任务分析	此轴的基本结构为阶梯圆柱，其上有键槽、退刀槽、中心孔等结构。用前面所学的视图、剖视图知识无法将轴的内外结构形状简洁地表达清楚，为此需掌握断面图、局部放大图的画法、标注以及常用的简化画法。
成果展示 与评价	各组成员相互讨论，总结使用方法。

知识链接

● 机件断面形状的表达——断面图

● 机件局部结构的表达——局部放大图
● 常用简化画法

一、机件断面形状的表达——断面图

1. 断面图的概念

用剖切面将机件的某处切断，仅画出断面的形状，得到的图形称为断面图。

断面图相对于剖视图更为简洁，如图 1-6-35 所示。

2. 断面图的种类

断面图分为移出断面图和重合断面图两种。

（1）移出断面图

画在视图轮廓之外的断面图称为移出断面图，画图时应注意以下几点。

① 移出断面图的轮廓线用粗实线绘制，并尽量配置在剖切面的延长线上。断面图配置在其他位置时，要用大写拉丁字母标注，如图 1-6-36 中的 "A—A"、"B—B"。

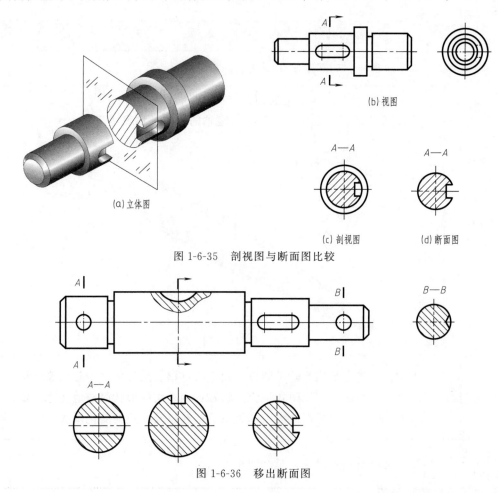

图 1-6-35　剖视图与断面图比较

图 1-6-36　移出断面图

② 当剖切面通过由回转面形成的孔、凹坑等结构的轴线时，这些结构按剖视画出，如图 1-6-37 所示。

③ 当剖切面通过非圆孔，导致出现完全分离的两个断面时，这些结构应按剖视图绘制，

如图 1-6-38 所示。

④ 若移出断面图由两个或多个相交的剖切平面剖切所得到，中间应断开，如图 1-6-39 所示。

⑤ 当断面图形对称时，可画在视图的中断处，如图 1-6-40 所示。

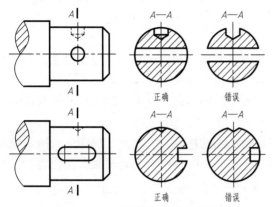

图 1-6-37 按剖视绘制的断面图

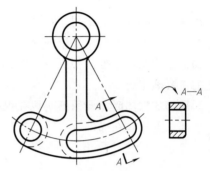

图 1-6-38 非圆孔造成分离时的断面图

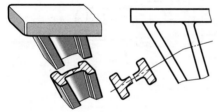

图 1-6-39 相交两剖切面所得的断面图

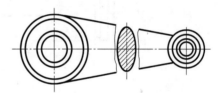

图 1-6-40 画在视图中断处的断面图

移出断面图用于断面形状复杂的机件。

（2）重合断面图

画在视图轮廓线内的断面图称为重合断面图。为了不影响视图的清晰，重合断面图的轮廓线用细实线绘制，并要求断面形状简单，如图 1-6-41 所示。

画重合断面图应注意，当视图的粗实线与断面图的细实线重合时，应按粗实线画出，如图 1-6-42 所示角钢的重合断面图。

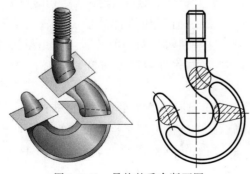

图 1-6-41 吊钩的重合断面图

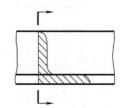

图 1-6-42 角钢的重合断面图

3. 断面图的标注

① 移出断面一般用剖切符号表示剖切位置，用箭头表示投射方向，并注上大写拉丁字母，在断面图的上方用相同的字母注出名称"×—×"。

② 配置在剖切符号延长线上的移出断面，可省略字母；重合断面剖切位置明确，不标字母；对称的移出断面（以剖切符号延长线方向为对称线方向），可省略箭头，见图 1-6-36。

二、机件局部结构的表达——局部放大图

机件上有些细小的结构，在视图中可能表达不够清楚，同时又不便于标注尺寸。对这部分结构，可用大于原图所采用的比例绘出，画得的图形称为局部放大图。

局部放大图可根据需要画成视图、剖视图、断面图的形式。所采用的比例，是根据结构表达的需要确定的。

画局部放大图时，要用细实线在视图上圈出被放大的部位，并尽量将局部放大图配置在被放大部位附近，在局部放大图上方标出使用的比例。当图样中有几处被放大部位时，应按图 1-6-43 所示的方法标出。

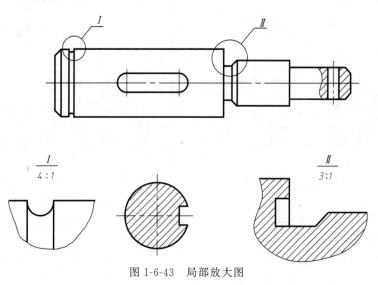

图 1-6-43　局部放大图

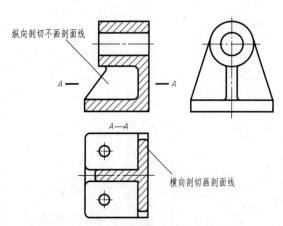

图 1-6-44　纵向与横向剖切肋板的画法

三、常用简化画法

（1）机件上的肋、轮辐等结构的画法。

① 纵向剖切机件的肋、轮辐、薄壁时，这些结构不画剖面符号，并用粗实线将它们与邻接部分分开，如图 1-6-44 所示。

② 当回转类零件上均匀分布的肋、轮辐、孔等结构不处于剖切面上时，可将这些结构旋转到剖切面上画出，如图 1-6-45 所示。

（2）相同结构要素的简化画法。

① 机件上相同的结构（如齿、槽等）按一定规律分布时，只需画出几个完整的结构，其余用细实线连接，但要在图上注明该结构的总数，如图 1-6-46 所示。

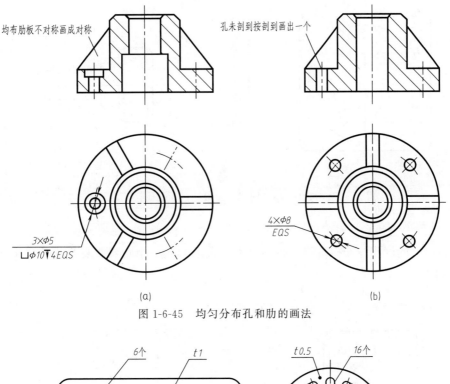

图 1-6-45　均匀分布孔和肋的画法

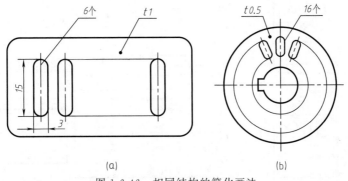

图 1-6-46　相同结构的简化画法

② 直径相同并按规律分布的孔（圆孔、螺孔、沉孔等），可画出一个或几个，其余用点画线画出中心位置，注明孔的总数，如图 1-6-47 所示。

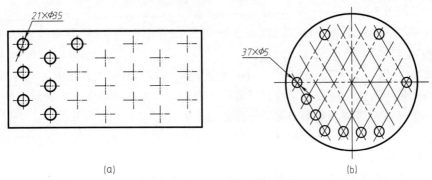

图 1-6-47　相同要素的简化画法

③ 网状物、编织物或机件上的滚花部分，可在轮廓线附近用细实线示意画出，如图 1-6-48 所示。

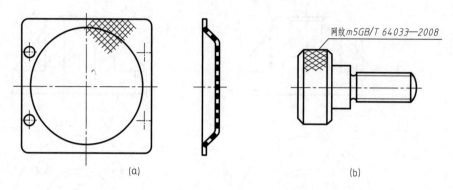

图 1-6-48　网状物及滚花的示意画法

（3）机件上交线和投影的简化画法。

① 图形中的过渡线、相贯线，在不致引起误解时，可用圆弧或直线代替非圆曲线，如图 1-6-49 所示。

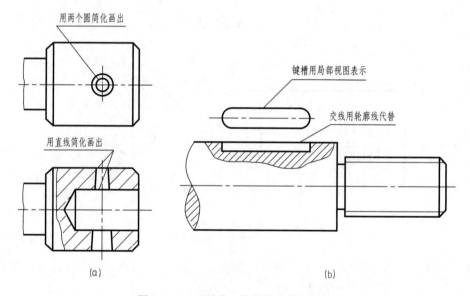

图 1-6-49　过渡线、相贯线的简化画法

② 倾斜角度小于或等于 30° 的斜面上的圆或圆弧，其投影可用圆或圆弧代替，如图 1-6-50 所示。

③ 型材（角钢、工字钢、槽钢）中小斜度的结构可按小端画出，如图 1-6-51 所示。

（4）当图形中不能充分表示平面时，可用平面符号（相交的细实线）表示。如其他视图已经把这个平面表示清楚，则平面符号允许省略不画，如图 1-6-52 所示。

（5）较长的机件（轴、杆、型材等）沿长度方向的形状一致或按一定规律变化时，可断开绘制，如图 1-6-53 所示。

（6）对称机件的视图可只画一半或四分之一，在对称线的两端应画出两条与其垂直的平行细实线，如图 1-6-54 所示。

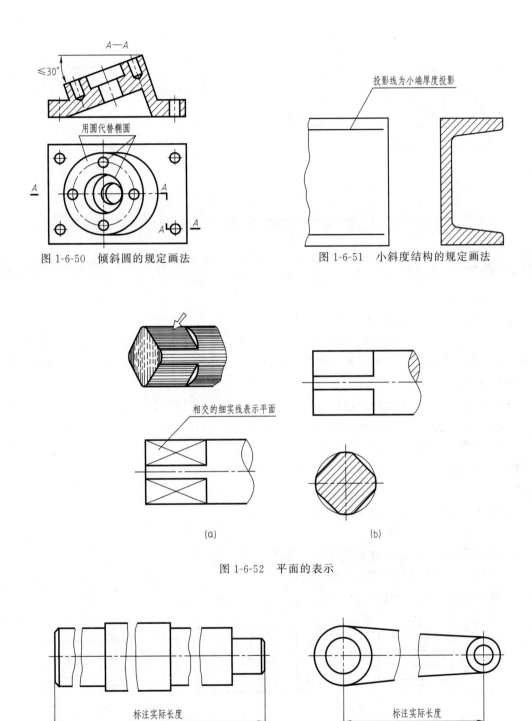

图 1-6-50 倾斜圆的规定画法

图 1-6-51 小斜度结构的规定画法

图 1-6-52 平面的表示

图 1-6-53 断开的规定画法

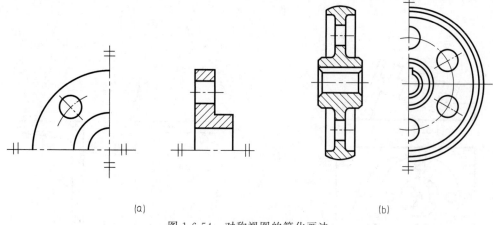

图 1-6-54   对称视图的简化画法

任务指导

1. 基本步骤

① 分析轴的结构，选择表达方法。

由图 1-6-34 可知，该轴的主体由七段圆柱组成；左段前部有一键槽，左端下部有一 ϕ3H7 的小孔；右段前、后部各有一键槽；轴的左、右端分别有一中心孔；另有倒角、倒圆、退刀槽等结构。

要将该轴的结构表达清楚，可选择一个主视图、两个断面图和两个局部放大图 I、II 表达。轴线水平放置，主视图表达了轴的主体结构，因该轴中间段沿长度方向的形状一致且较长，故采用断开后缩短绘制；左、右段的键槽形状可从主视图上看出，键槽深度则由两个断面图表达；轴的左端下部的小孔由局部放大图 I 表达；退刀槽的结构由局部放大图 II 表达。

② 确定表达方案，画出轴的相应视图，如图 1-6-55 所示。

2. 注意事项

① 理解断面图的概念，注意断面图与剖视图的区别。

② 注意断面图、局部放大图的画法及标注。

③ 根据机件结构灵活选用简化画法。

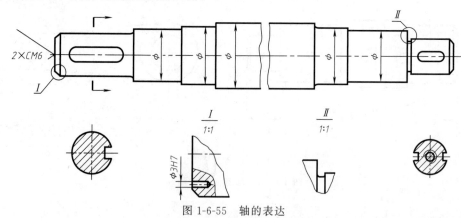

图 1-6-55   轴的表达

任务四　表达方法的综合运用

【学习目标】

通过本任务的学习，应该掌握视图、剖视图、断面图等各类表达方法的作图及标注方法；能对较复杂的机件进行形体分析，能选择适当的表达方法表达清楚机件的结构，并在原来所学知识的基础上进一步提高绘图技能。

工 作 任 务 单

工作任务	综合表达零件训练
任务描述	① 根据图 1-6-56 给定的支架模型，分析其形状结构。 ② 选择适当的表达方法，将支架的内外结构表达清楚。 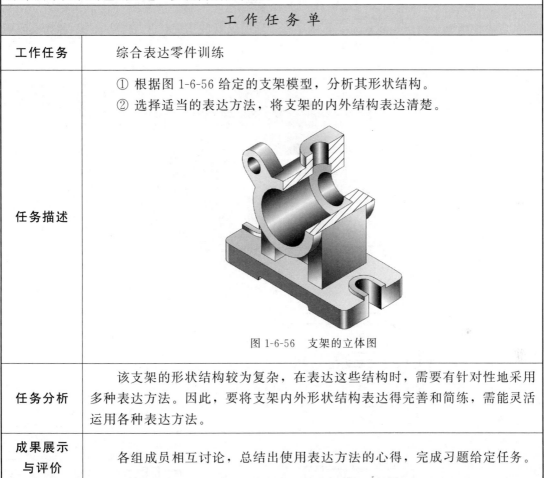 图 1-6-56　支架的立体图
任务分析	该支架的形状结构较为复杂，在表达这些结构时，需要有针对性地采用多种表达方法。因此，要将支架内外形状结构表达得完善和简练，需能灵活运用各种表达方法。
成果展示 与评价	各组成员相互讨论，总结出使用表达方法的心得，完成习题给定任务。

知识链接

● 表达方案综合分析

在选择表达方法时，应以表达清楚机件上的所有结构为目的，并力求表达得简练。在表达一个结构时，一般必须把该结构的形状画出，然后视情况加画另一个视图，就可表达清楚该结构。如图 1-6-56 中的底板及其两端的槽，其形状只能从俯视图上看出，故这两个结构必须画出俯视图，再加上另外一个视图才能表达清楚。

现以图 1-6-57 所示的箱体为例分析如何选择表达方法。

1. 形体分析

该箱体主要由底板 A 及壳体 B 两部分组成。底板形状一端为半圆形，另一端为带圆角的方形。底板边缘有四个圆孔，其中右边的两圆孔孔径较大。

壳体 B 壁厚不匀，半圆形部分的壁比方形一端的壁薄。在壳体上共有四处不同结构的孔。F 为上、下两端有凸台的圆孔，C 为柱形沉孔，H 为内侧有凸台的圆孔，E 为圆孔和长圆孔的组合孔，如图 1-6-57 所示。

该箱体内外形状都比较复杂，因此需要选择能清晰反映箱体内外形状的表示方法。

2. 选择主视图

为了清晰表达箱体的内部结构形状，主视图采用 $A—A$ 全剖视图（两个相交的剖切平面）。它不但清晰地表示出底板及壳体的壁厚，同时又反映出壳体上 G、F、E 各孔及底板 C 孔的断面形状，如图 1-6-58 所示。

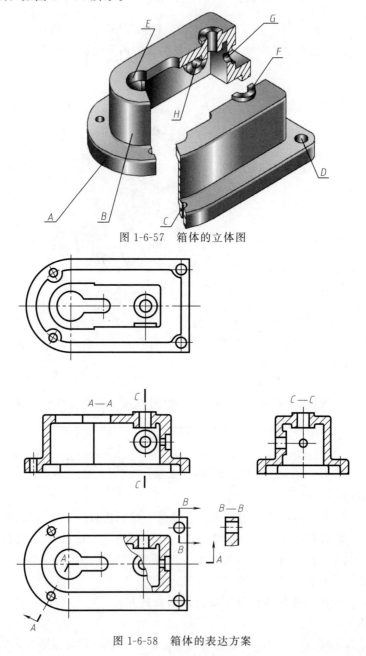

图 1-6-57　箱体的立体图

图 1-6-58　箱体的表达方案

3. 确定其他视图

选择俯视图用来表达底板和壳体的外观轮廓特征（形状）。同时采用局部剖反映出 H 、G 孔在壳体上所处的位置和壳体壁厚变化情况。

选择 $C—C$ 全剖的左视图，来表达底板和壳体的前后壁厚和铸造圆角等内外形状。选择仰视图用来表达底板周边带凸缘平面的形状及壳体内腔形状。

采用 $B—B$ 局部剖用来表达 D 孔的断面形状，如图 1-6-58 所示。

任务指导

1. 基本步骤

（1）形体分析

如图 1-6-59（a）所示，支架主要由底板、圆筒和工字形板三个主要部分组成。同时在圆筒上有一个凸台和斜交耳板。

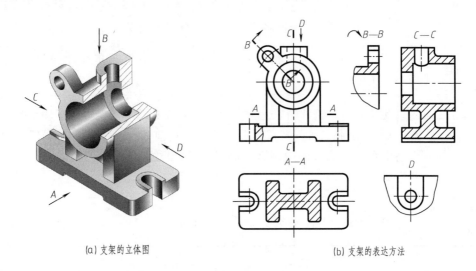

(a) 支架的立体图　　　　　　　　　　　　(b) 支架的表达方法

图 1-6-59　支架的表达方案分析

（2）选择主视图

主视图应能明显地反映出机件的内外主要形状特征，并兼顾其他视图的清晰性。

图 1-6-59（a）中，从 A 、C 两个投射方向观察都能反映支架结构特征，但考虑其他视图的表示，选择 A 投射方向为好。

（3）确定其他视图

当主视图选定后，一般先考虑俯、左视图的选择。俯视图采用 $A—A$ 剖视图，可清晰地表达出工字形板的断面形状和底板形状。

左视图取 $C—C$ 剖视，用来表达圆筒与凸台孔内形，同时也表达了凸台、圆筒、工字形板以及底板之间的连接关系和相互位置关系。

最后采用 D 向局部视图和 $B—B$ 斜方向局部剖视图，可以清楚地表达凸台的外形、斜交耳板的厚度和小圆孔的内形。

通过以上表达方法的选择，便能把支架的结构形状表达得完整、清晰，如图 1-6-59（b）所示。

2. 注意事项

① 在选择表达方案时，有时由于机件形状复杂，需增加视图数量；有时为了画图和看图方便，需采用各种辅助视图。机件的表达方案有很多种，应尽可能采用最简单的视图将机件完整、清晰地表达出来。

② 画图时应注意向视图、局部视图和斜视图的配置及标注。

任务五　用 AutoCAD 绘制零件的视图

【学习目标】

通过本任务，让学生掌握用 AutoCAD 绘制各类视图、剖视图等图样的方法，进一步熟悉并灵活使用 AutoCAD 常用命令的操作。

工 作 任 务 单

工作任务	使用 AutoCAD 绘制各类视图、剖视图等图样。
任务描述	将图 1-6-33 所示的机件用 AutoCAD 画出，并标注尺寸（尺寸见图 1-6-10）。
任务分析	此任务给定机件的表达方案在情境六任务二中已经进行了详细分析，用 AutoCAD 绘制三视图及尺寸标注等知识在前面也已介绍。在本任务中，我们还要掌握用 AutoCAD 绘制剖面线、波浪线、倒角、圆角的方法，才能顺利完成该任务。
成果展示与评价	绘制零件视图，并完成习题给定任务。

知识链接

- ● 图案填充
- ● 样条曲线
- ● 圆角和倒角

一、图案填充

在 AutoCAD 中，图案填充的应用非常广泛，例如在工程图中，图案填充用于表达剖切区域，不同的零件或材料，其图案也不同。

单击绘图工具面板图标■（或选择菜单"绘图→图案填充"），打开"图案填充创建"面板，如图 1-6-60 所示。

图 1-6-60　"图案填充创建"面板

1. "图案"栏

通过右侧滚动条选择需要的图案,如图 1-6-61 所示。

2. "特性"栏

"特性"栏用于设置填充方式、颜色、透明度、图案旋转角度和比例大小。从"特性"栏"实体"一栏右侧下拉列表中可以选择填充方式,参见图 1-6-60。

图 1-6-61　图案栏

如图 1-6-62,选择填充方式为"渐变色"。在 AutoCAD2020 中使用"渐变色"填充方式,可以用两种颜色形成的渐变色来填充图形,填充效果如图 1-6-63 所示。

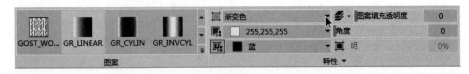

图 1-6-62　填充方式为"渐变色"的面板

图 1-6-63　使用"渐变色"的填充效果

3. 其它参数的设置

在"图案填充创建"面板的"边界"和"选项"栏中,使用"拾取点"、"选择对象"、"继承特性"等选项,可以选择填充区域以及进行其他的相关参数的设置。

① "拾取点"按钮:单击可以以拾取点的形式来指定填充区域的边界,这种方式指定的填充区域必须是封闭的,如图 1-6-64(a)所示。

② "选择对象"按钮:单击该按钮切换到绘图窗口,可以通过选择对象的方式来定义填充区域的边界,如图 1-6-64(b)所示。

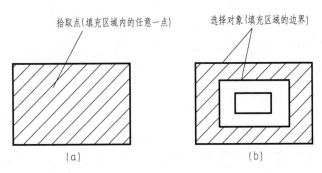

图 1-6-64　用"拾取点"和"选择对象"找出的填充区域

③ "继承特性"按钮:从已有的图案填充对象设置将要填充的图案填充方式。

二、样条曲线（SPLINE）

样条曲线是由一组点定义的光滑曲线。在 AutoCAD 中，使用样条曲线一般用于创建形状不规则的曲线，例如机械图中的波浪线等，如图 1-6-65 所示。

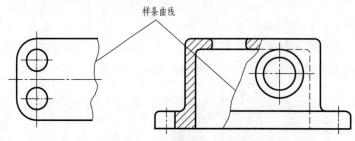

图 1-6-65　样条曲线的应用

单击绘图面板中的图标 ∿（或选择菜单"绘图→样条曲线→控制点"），启动样条曲线命令后，出现如下提示：

命令：_ SPLINE

当前设置：方式=控制点　阶数=3

指定第一个点或 [方式（M）/阶数（D）/对象（O）]：_ M

输入样条曲线创建方式 [拟合（F）/控制点（CV）] <控制点>：_ CV

当前设置：方式=控制点　阶数=3

指定第一个点或 [方式（M）/阶数（D）/对象（O）]：

输入下一个点：

输入下一个点或 [放弃（U）]：

输入下一个点或 [闭合（C）/放弃（U）]：（单击鼠标指定一点）

输入下一个点或 [闭合（C）/放弃（U）]：（单击鼠标指定一点）

输入下一个点或 [闭合（C）/放弃（U）]：（单击鼠标指定一点）

……

输入下一个点或 [闭合（C）/放弃（U）]：回车结束

三、圆角和倒角

1. 圆角（FILLET）

圆角是按照指定的半径创建一条圆弧段，光滑地连接两个对象。

【例题 1】 将图 1-6-66（a）修改为图 1-6-66（b）所示的图形。

单击修改工具面板图标 ⌐（或选择菜单"修改→圆角"），启动圆角命令后，将出现如下提示：

命令：_ fillet

当前设置：模式 = 修剪，半径 = 0.0000

选择第一个对象或 [放弃（U）/多段线（P）/半径（R）/修剪（T）/多个（M）]：r（修改半径）

指定圆角半径 <0.0000>：5（指定新的半径值）

选择第一个对象或 [放弃（U）/多段线（P）/半径（R）/修剪（T）/多个（M）]：（单击

选取第一个对象）

选择第二个对象，或按住 Shift 键选择要应用角点的对象或 ［半径 （R）］：（单击选取第二个对象，完成修改）

各选项说明如下：

① 多段线 （P）：在多段线每个顶点处建立圆角。

② 半径 （R）：指定圆角半径。

③ 修剪 （T）：控制系统是否修剪选定的边到圆角弧的端点。系统默认设置为修剪选定的边到圆角弧的端点。图 1-6-66 （c） 为不修剪时的效果。

④ 多个 （M）：当有多处需要圆角时，选择该选项。

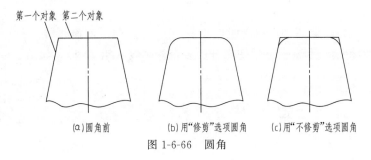

(a)圆角前　　　　　　(b)用"修剪"选项圆角　　　　(c)用"不修剪"选项圆角

图 1-6-66　圆角

2. 倒角 （CHAMFER）

倒角是连接两个非平行的对象，通过延伸或修剪使之相交或用斜线连接。

【例题 2】　将图 1-6-67 （a） 修改为图 1-6-67 （b） 所示的图形。

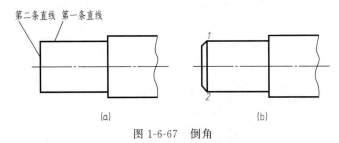

(a)　　　　　　　　　　　　(b)

图 1-6-67　倒角

单击修改工具面板图标 ![] （或选择菜单 "修改→倒角"），启动倒角命令后，将出现如下提示：

_ chamfer

（"修剪" 模式） 当前倒角距离 1 ＝ 0.0000，距离 2 ＝ 0.0000

选择第一条直线或 ［放弃 （U）/多段线 （P）/距离 （D）/角度 （A）/修剪 （T）/方式 （E）/多个 （M）］：　d （修改倒角距离）

指定第一个倒角距离 ＜0.0000＞：2 （回车）

指定第二个倒角距离 ＜2.0000＞：（回车）

选择第一条直线或 ［放弃 （U）/多段线 （P）/距离 （D）/角度 （A）/修剪 （T）/方式 （E）/多个 （M）］：（单击选取第一条要倒角的直线）

选择第二条直线，或按住 Shift 键选择要应用角点的直线或 ［距离 （D）/角度 （A）/方法 （M）］：（单击选取第二条要倒角的直线）

用同样的方法完成另一个倒角。

选项说明如下：

① 距离（D）：设置倒角至选定边端点的距离。

② 角度（A）：通过第一条线的倒角距离和第二条线的角度设置倒角距离。

③ 修剪（T）：控制系统是否将选定边修剪到倒角线端点，系统默认设置为将选定边修剪至倒角线端点。

④ 多个（M）：当有多处需要倒角时，选择该选项。

用直线命令连接 1、2 两点后，完成的图形如图 1-6-67（b）所示。

任务指导

1. 绘图步骤

① 用 AutoCAD 绘制三视图（参见图 1-6-10），并新建一剖面线层。

② 用修剪、删除命令删去被剖切部分的多余轮廓线（粗实线），如图 1-6-68 所示。

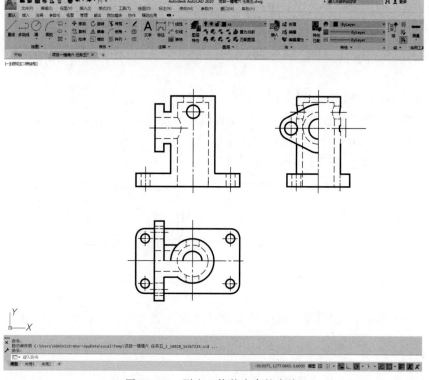

图 1-6-68　删去、修剪多余轮廓线

③ 利用图层操作，选中虚线后切换到粗实线层，将剖出部分的虚线改为粗实线，同时删除不必要的虚线，如图 1-6-69 所示。

④ 用图案填充命令绘制剖面线，画剖切符号并标注，如图 1-6-70 所示。

⑤ 标注尺寸（略）。

2. 注意事项

① 填充区域应该封闭，否则会出现错误警告，无法填充。

② 在进行圆角操作时，我们经常把半径设置为 0，用这种方法能让两直线相交，可以取得修剪或延伸命令所能实现的效果。

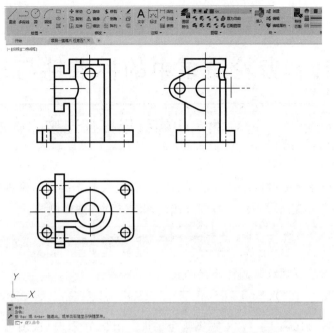

图 1-6-69 改虚线为粗实线、删去多余虚线

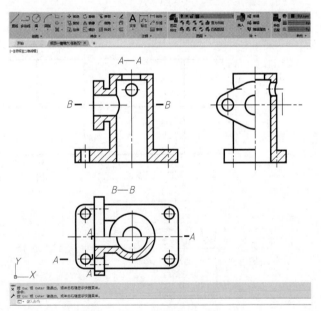

图 1-6-70 绘制剖面线、标注

情境七 齿轮油泵中的标准件与常用件

任务一 齿轮油泵中螺纹连接件连接的画法

【学习目标】

通过本任务，了解螺纹的形成、加工方法、种类及基本要素；掌握螺纹的规定画法、标注方法；掌握查阅螺纹紧固件参数的方法及螺纹紧固件连接画法。

<table>
<tr><td colspan="2" align="center">工 作 任 务 单</td></tr>
<tr><td>**工作任务**</td><td>绘制螺纹紧固件连接图</td></tr>
<tr><td>**任务描述**</td><td>① 按比例画法，选择合适的螺栓、螺母、垫圈连接如图 1-7-1 所示的两零件（比例 1∶1，主视图画全剖视，俯、左视图画视图）。
② 参照标准件的标记示例写出选定的螺栓、螺母、垫圈的标记。 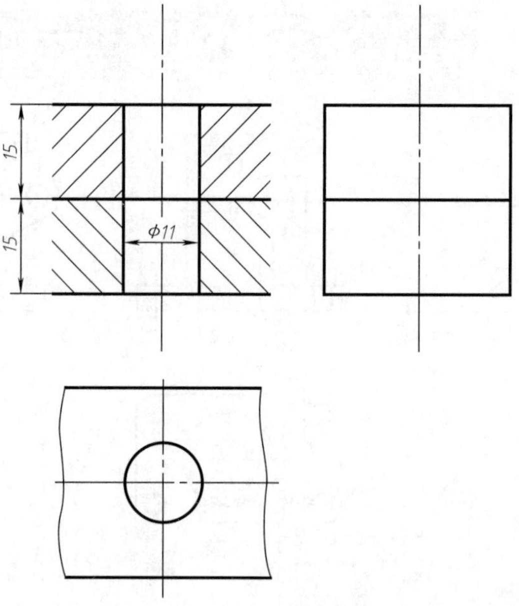

 图 1-7-1 完成的螺栓连接图 </td></tr>
<tr><td>**任务分析**</td><td>螺栓、螺母、垫圈属于标准件，其形状和结构都已标准化，国家标准规定了相应的画法。要完成此任务，需掌握螺纹、螺纹紧固件、螺纹紧固件连接的规定画法及查阅螺纹紧固件参数的方法。</td></tr>
<tr><td>**成果展示
与评价**</td><td>各组成员相互配合讨论作图方法，独立完成任务后上交作业。</td></tr>
</table>

知识链接

- 螺纹
- 螺纹紧固件
- 螺纹紧固件连接

在机械设备中广泛使用的螺栓、螺母、螺钉、垫圈、键、销、滚动轴承等，其结构和尺寸都已标准化，这样的零、部件称为标准件；而齿轮、弹簧等部分结构和尺寸标准化的零件称为常用件。本单元主要介绍标准件和常用件的规定画法、标记和标注。

一、螺纹

1. 螺纹的形成

螺纹是在圆柱或圆锥面上，沿着螺旋线形成的具有特定断面形状（如三角形、梯形、锯齿形等）的连续凸起和沟槽。加工在圆柱或圆锥外表面上的螺纹称为外螺纹；加工在圆柱孔或圆锥孔上的螺纹称为内螺纹。

常见的螺纹加工方法有车床车削（图 1-7-2）和丝锥攻丝（图 1-7-3）两种。

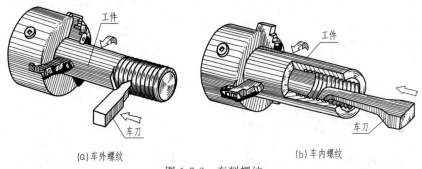

(a) 车外螺纹　　　　　　　　(b) 车内螺纹

图 1-7-2　车削螺纹

2. 螺纹的基本要素

螺纹的基本要素包括牙型、公称直径、旋向、线数、螺距和导程等。

（1）牙型

过螺纹轴线作剖切，螺纹的断面轮廓形状称为牙型。标准螺纹的牙型有三角形、梯形和锯齿形，非标准螺纹有方牙螺纹，参见表 1-7-1。

（2）公称直径

螺纹直径有大径、中径和小径之分，如图 1-7-4 所示。

① 大径：是指与外螺纹牙顶或内螺纹牙底相切的假想圆柱或圆锥的直径。外螺纹大径用 d 表示，内螺纹的大径用 D 表示，螺纹的大径称为公称直径。

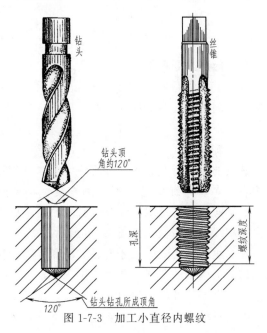

图 1-7-3　加工小直径内螺纹

② 小径：是指与外螺纹牙底或内螺纹牙顶相切的假想圆柱或圆锥的直径。外螺纹小径用 d_1 表示，内螺纹小径用 D_1 表示。

③ 中径：是指一个假想圆柱或圆锥的直径，该圆柱或圆锥的母线通过牙型上沟槽和凸起宽度相等的地方。外螺纹的中径用 d_2 表示；内螺纹中径用 D_2 表示。

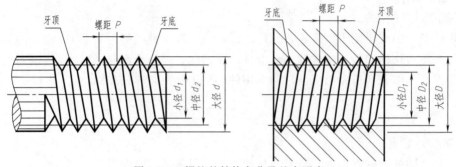

图 1-7-4 螺纹的结构名称及基本要素

（3）线数（n）

形成螺纹的螺旋线条数称为线数。沿一条螺旋线形成的螺纹称为单线螺纹，如图 1-7-5（a）所示；沿两条或两条以上且在轴向等距分布的螺旋线形成的螺纹称为多线螺纹，如图 1-7-5（b）所示。从螺纹零件的端部看，线数多于一的螺纹，每条螺纹的开始位置不同，由螺纹的头数可看出螺纹的线数多少。

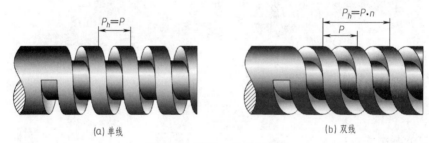

图 1-7-5 线数、导程与螺距

（4）螺距与导程

螺纹上相邻两牙对应两点间的轴向距离称为螺距（用 P 表示）。同一条螺纹上相邻两牙对应两点间的轴向距离称为导程（P_h），参见图 1-7-5。导程与螺距、线数三者的关系是：

$$P_h = P \cdot n$$

（5）旋向

螺纹的旋向有左旋和右旋两种。顺时针旋进的螺纹为右旋，逆时针旋进的螺纹为左旋。将外螺纹竖放，右旋螺纹的可见螺旋线左低右高，而左旋螺纹的可见螺旋线左高右低，如图 1-7-6 所示。

在螺纹的诸要素中，牙型、大径和螺距是决定螺纹结构的最基本的要素，称为螺纹三要素。凡螺纹三要素符合国家标准的，称为标准螺纹；仅牙型符合国家标准的，称为特殊螺纹；连牙型也不符合国家标准

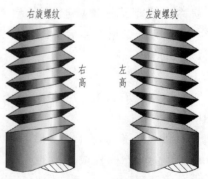

图 1-7-6 螺纹旋向的判定

的，称为非标准螺纹。

3. 螺纹的规定画法

螺纹的真实投影难以画出，国家标准规定了其简化画法，见表 1-7-1。作图时应注意以下几点：

① 可见螺纹的牙顶线和牙顶圆用粗实线表示。

② 可见螺纹的牙底线和牙底圆用细实线表示，其中牙底圆只画 3/4 圈。

③ 可见螺纹的终止线用粗实线表示，其两端应画到大径处为止。

表 1-7-1　螺纹的规定画法

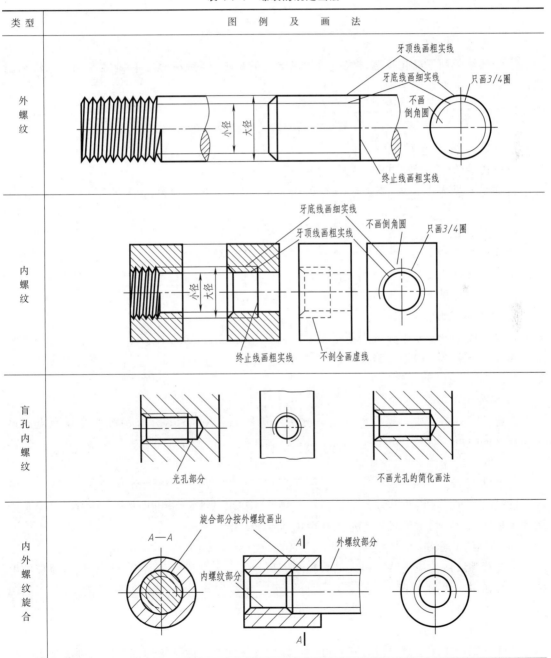

④ 在剖视图或断面图中，剖面线两端都应画到粗实线为止。

⑤ 不可见螺纹的所有图线都画虚线。

4. 螺纹的种类

螺纹按不同的分类法有许多种。

从螺纹的结构要素来分，按牙型分有三角形螺纹、梯形螺纹、锯齿形螺纹和方牙螺纹；按线数分有单线螺纹和多线螺纹；按旋向分有左旋螺纹和右旋螺纹。

从螺纹的使用功能来分，可把螺纹分为连接螺纹和传动螺纹。

从螺纹是否符合国家标准来分，可把螺纹分为标准螺纹、非标准螺纹和特殊螺纹。

常用的标准螺纹见表 1-7-2。

5. 螺纹的标注方法

（1）螺纹的标记

由于螺纹采用了简化画法，没有表达出螺纹的基本要素和种类，因此需要用螺纹的标记来区分，国家标准规定了螺纹的标记和标注方法。

一个完整的螺纹标记由三部分组成，其格式为：

$$螺纹代号—公差带代号—旋合长度代号$$

① 螺纹代号。

螺纹代号的内容及格式为：特征代号　尺寸代号　旋向

特征代号见表 1-7-2，如普通螺纹的特征代号为 M，非螺纹密封的管螺纹特征代号为 G。

单线螺纹的尺寸代号为：公称直径 × 螺距

多线螺纹的尺寸代号为：公称直径 × 导程（P 螺距）

米制螺纹以螺纹大径为公称直径；管螺纹以管子的公称通径为尺寸代号，单位为英寸。

旋向：左旋螺纹用代号"LH"表示，右旋螺纹不标旋向代号。

② 公差带代号。

公差带代号由公差等级（用数字表示）和基本偏差（用字母表示）组成，如"$6H$"。表示基本偏差的字母，内螺纹为大写，如"H"；外螺纹为小写，如"g"。管螺纹只有一种公差带，故不注公差带代号。

③ 旋合长度代号。

旋合长度有长、中、短三种规格，分别用代号 L、N、S 表示，中等旋合长度应用最多，在标记中可省略 N。

（2）螺纹的标注

① 米制螺纹的标注。

按一般尺寸标注的方式，把螺纹标记直接标注在尺寸线或其引出线上。注意，不论是内螺纹还是外螺纹，尺寸界线均应从大径引出。

② 管螺纹的标注。

标注管螺纹时，应先从管螺纹的大径线、尺寸线或尺寸界线处画引出线，然后将螺纹的标记注写在引出线的水平线上。

标准螺纹的种类与标注，见表 1-7-2 所示。

③ 非标准螺纹的标注。

非标准螺纹的牙型数据没有资料可查，因此，在图样上除了按标准螺纹的画法画出非标准螺纹外，还应画出牙型的放大图，并详细地标注有关尺寸，如图 1-7-7 所示。

表 1-7-2　标准螺纹的种类与标记

螺纹种类		特征代号	牙型略图	标记说明	标注示例
连接螺纹	粗牙普通螺纹	M	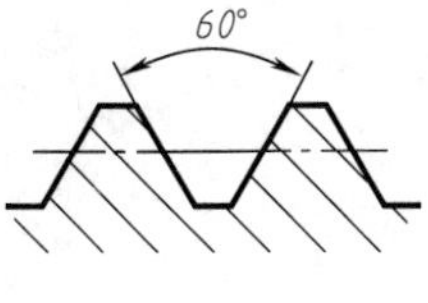 60°	*M12-5g6g*　中径和顶径的公差带代号　公称直径（大径）　特征代号（右旋螺纹不注旋向）	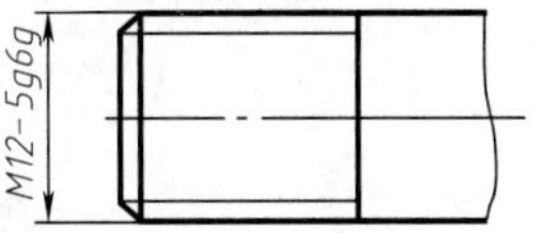 *M12-5g6g*
	细牙普通螺纹			*M16×1-6h*　中径和顶径的公差带代号（相同）　螺距　公称直径（大径）　特征代号	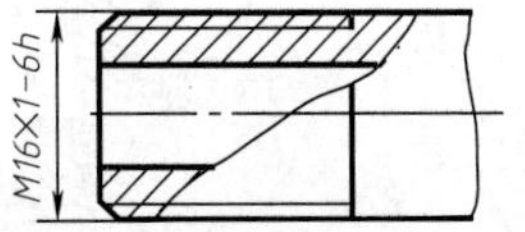 *M16×1-6h*
	非螺纹密封的管螺纹	G	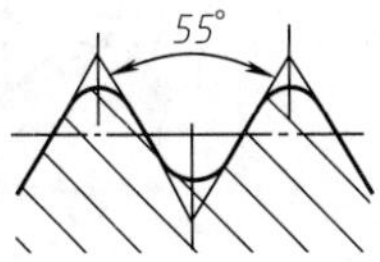 55°	*G1A*　公差等级代号　尺寸代号（单位为英寸）　特征代号	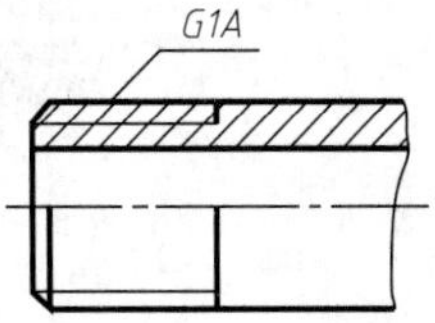 *G1A*
传动螺纹	梯形螺纹	Tr	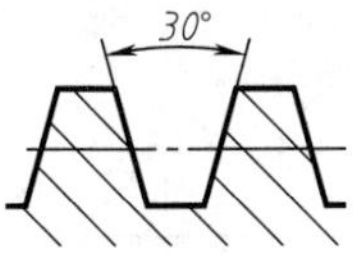 30°	*Tr36×12(P6)-7H*　中径公差带代号　螺距　导程　公称直径　特征代号	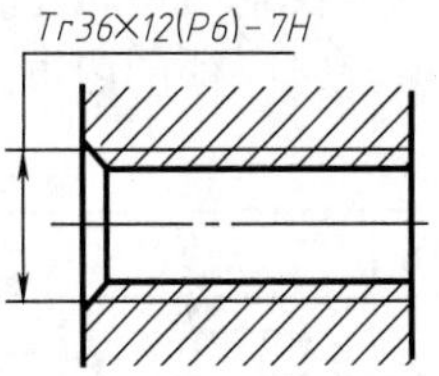 *Tr36×12(P6)-7H*
	锯齿形螺纹	B	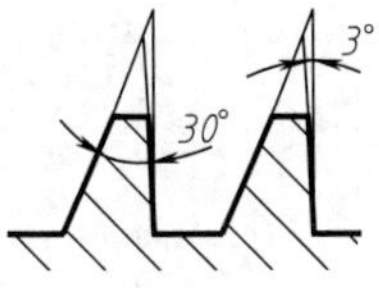 3°　30°	*B70×10LH-7c*　中径公差带代号　左旋　螺距　公称直径　特征代号	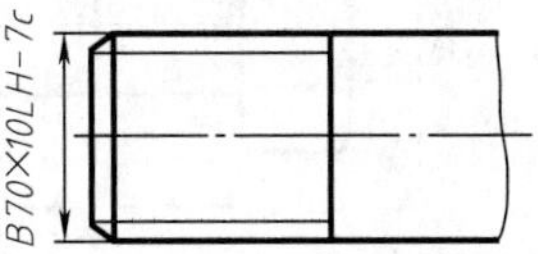 *B70×10LH-7c*

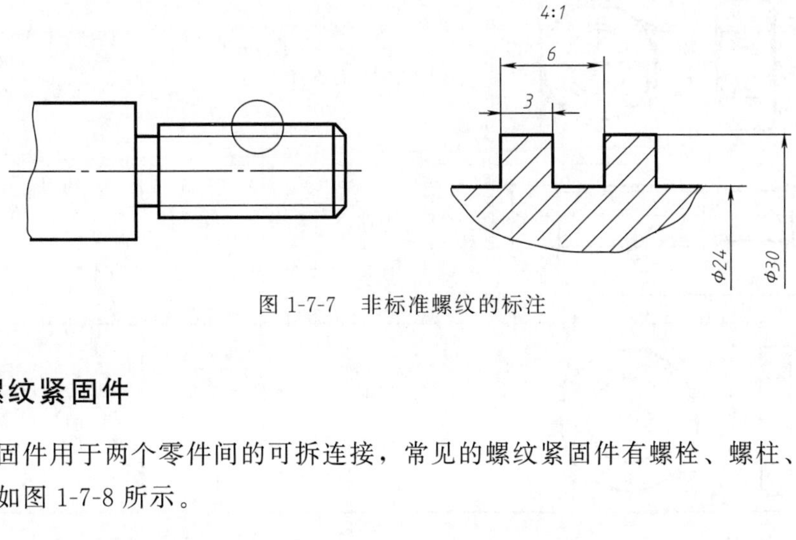

4:1

图 1-7-7　非标准螺纹的标注

二、螺纹紧固件

螺纹紧固件用于两个零件间的可拆连接，常见的螺纹紧固件有螺栓、螺柱、螺钉、螺母和垫圈等，如图 1-7-8 所示。

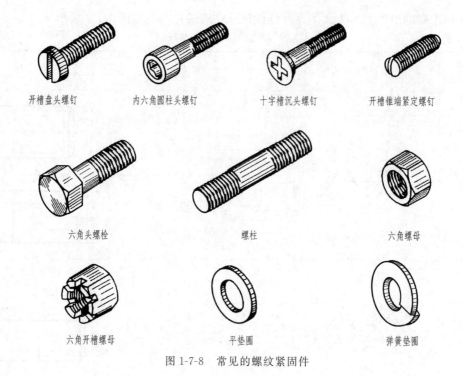

开槽盘头螺钉　　　　内六角圆柱头螺钉　　　　十字槽沉头螺钉　　　　开槽锥端紧定螺钉

六角头螺栓　　　　　　　　螺柱　　　　　　　　六角螺母

六角开槽螺母　　　　　　平垫圈　　　　　　　弹簧垫圈

图 1-7-8　常见的螺纹紧固件

　　螺纹紧固件属于标准件，其结构和尺寸可根据其标记，在有关标准手册中查出。几种常见螺纹紧固件的图例及标记格式见表 1-7-3。

表 1-7-3　螺纹紧固件的简图和标记示例

名　称	图　　　例	标记格式及示例	示　例　说　明
六角头螺栓		名称　标准编号　螺纹代号×长度 螺栓 GB/T 5780　M16×90	螺纹规格 $d=M16mm$，公称长度 $l=90mm$，性能等级为 4.8 级，不经表面处理，杆身半螺纹的 C 级六角头螺栓
螺母		名称　标准编号　螺纹代号 螺母 GB/T 41　M12	螺纹规格 $D=M12mm$，性能等级为 5 级，不经表面处理的 C 级六角螺母
双头螺柱		名称　标准编号　类型　螺纹代号×长度 螺柱 GB/T 899　M10×40	两端均为粗牙普通螺纹，$d=M10mm$，$l=40mm$，性能等级 4.8 级，B 型（"B"省略不标），$b_m=1.5d$ 的双头螺柱
平垫圈		名称　标准编号　公称尺寸-性能等级 垫圈 GB/T 95　10-100HV	标准系列、公称尺寸 $d=10mm$，性能等级为 100HV 级，不经表面处理的平垫圈

续表

名　称	图　　　例	标记格式及示例	示　例　说　明
螺钉		名称　标准编号　螺纹代号×长度 螺钉　GB/T 67　M10×40	螺纹规格 $d=$ M10mm，公称长度 $l=$ 40mm，性能等级为 4.8 级，不经表面处理的开槽盘头螺钉

三、螺纹紧固件连接

螺纹紧固件的连接形式有：螺栓连接、螺柱连接和螺钉连接。

画螺纹紧固件连接图时，为了方便作图，通常按各部分尺寸与螺纹大径 d 的比例关系近似画出。

1. 螺栓连接

螺栓连接是将螺栓穿入两个被连接零件的光孔中，套上垫圈，旋紧螺母，如图 1-7-9（a）所示。这种连接方式用于连接两个厚度不大的零件。

螺栓连接的画法如图 1-7-9（b）、（c）所示。螺栓、螺母和垫圈的尺寸与螺纹公称直径的近似比例关系见表 1-7-4 所示。

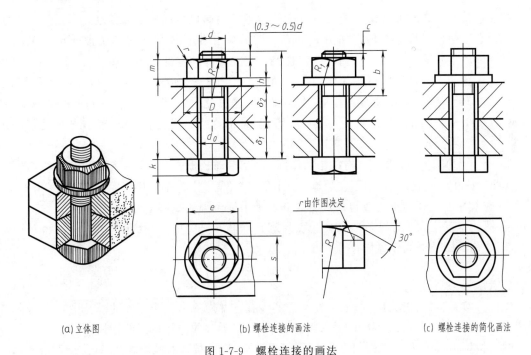

(a) 立体图　　　　(b) 螺栓连接的画法　　　　(c) 螺栓连接的简化画法

图 1-7-9　螺栓连接的画法

表 1-7-4　螺栓、螺母和垫圈各部分的比例关系

紧固件名称	螺栓	螺母	垫圈
尺寸比率	$b=2d$　$k=0.7d$　$c\approx0.15d$	$m=0.8d$	$h=0.15d$ $D=2.2d$
	$e=2d$　$R=1.5d$　$R_1=d$　r,s 由作图决定		

画螺栓连接图时应注意以下几点：

① 在主视图和左视图中，剖切面过轴线剖切标准件，螺栓、螺母和垫圈按不剖画出。

② 被连接件的光孔（直径 d_0）与螺杆之间为非接触面，应画出间隙（可近似取 $d_0 = 1.1d$）。

③ 在主视图和左视图中，螺杆的一部分牙顶线被螺母和垫圈遮住，两被连接件的接触面也有一部分被螺杆遮住，这些被遮住的图线应擦去。

作图时还应注意，螺栓的末端应伸出螺母的端部 $(0.3 \sim 0.5)d$，以保证在螺纹连接后不至于太短而削弱连接强度，或者螺杆伸出太长不便于装配，要合理设计螺栓的长度。螺栓的长度可按下式进行计算：

$$l = \delta_1 + \delta_2 + h + m + (0.3 \sim 0.5)d$$

计算出 l 之后，还要从螺栓标准中查得符合规定的标准长度。

【例题】 $\delta_1 = 10$，$\delta_2 = 20$，螺纹的公称直径为 10mm，确定螺栓的长度。

解：$l = \delta_1 + \delta_2 + h + m + (0.3 \sim 0.5)d$
$= 10 + 20 + 0.95 \times 10 + 0.5 \times 10 = 44.5$（mm）

查附表 3 可知，螺栓的公称长度 l 的商品规格范围为 $40 \sim 100$，计算出的长度在这一范围内，说明可以选定标准长度。从表中的 l 系列中，查得与 44.5 接近的值为 45mm，因此螺栓的公称长度应取为 $l = 45$mm。

2. 螺柱连接

螺柱连接是将螺柱的一端，旋入一厚度较大零件的螺孔中，另一端穿过一厚度不大零件的光孔，套上垫圈，旋紧螺母，如图 1-7-10（a）所示。螺柱连接用于两个被连接件中，有一个零件的厚度较大，或不允许钻通孔，且经常需要拆卸的零件间的连接。

在装配图中，螺柱连接可用简化画法，如图 1-7-10（b）所示。画图时应注意以下几点：

① 螺柱的旋入端长度 b_m 按被连接件的材料选取（钢取 $b_m = d$；铸铁或铜取 $b_m = 1.25d \sim 1.5d$；铝等轻金属取 $b_m = 2d$）。螺柱其他部分的比例关系，可参照螺栓的连接部分选取。

② 图中的垫圈为弹簧垫圈，有防松的作用。画弹簧垫圈时，开口采用粗线（线宽约 $2d$，d 为粗实线的宽度）从左上方向右下方绘制，与水平成 60°角。比例关系为：$h = 0.2d$，$D = 1.3d$。

③ 旋入端的螺纹终止线应与接触面对齐，表示旋入端的螺纹全部旋入螺孔中。

④ 螺孔深度应大于螺柱旋入端的长度，螺孔深取 $b_m + 0.5d$，孔深取 $b_m + d$。

⑤ 公称长度按下式计算后再标准化：

$$l = \delta + h + m + (0.3 \sim 0.5)d$$

3. 螺钉连接

螺钉连接是将螺钉穿过一厚度不大零件的光孔，并旋入另一个零件的螺孔中，将两个零件固定在一起。螺钉连接主要用于受力不大且不经常拆卸的两零件间的连接。

螺钉按用途可分为连接螺钉和紧钉螺钉两类。连接螺钉的装配画法如图 1-7-11 所示，需注意以下几个问题：

① 螺钉上的螺纹终止线应高于两零件的接触面，以保证两个被连接的零件能够被旋紧。

② 螺钉头部的开槽用粗线（宽约 $2d$，d 为粗实线线宽）表示，在垂直于螺钉轴线的视图中一律向右倾斜 45°画出。

③ 被连接件上螺孔部分的画法与双头螺柱相同。

几种螺钉头部的比例关系如图 1-7-12 所示。

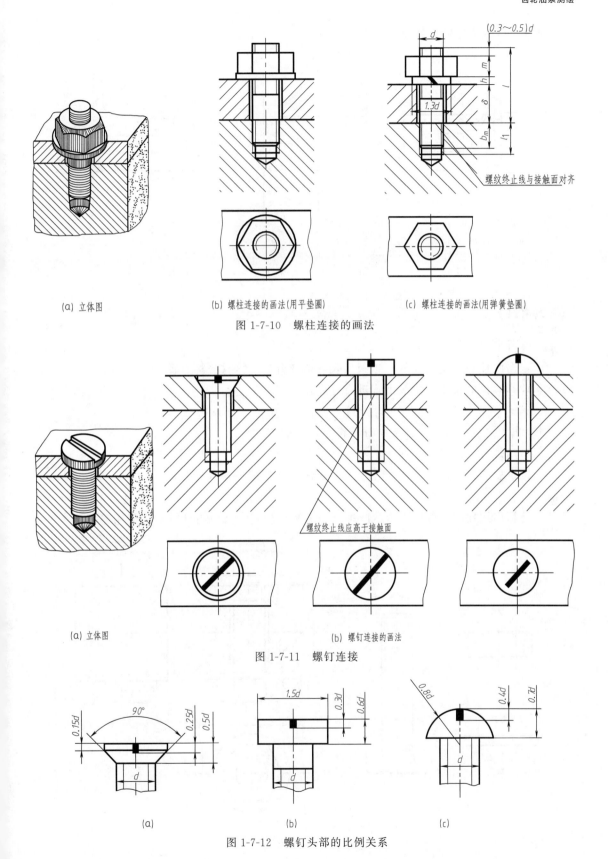

(a) 立体图　　　　(b) 螺柱连接的画法(用平垫圈)　　　　(c) 螺柱连接的画法(用弹簧垫圈)

图 1-7-10　螺柱连接的画法

(a) 立体图　　　　　　　　　　(b) 螺钉连接的画法

图 1-7-11　螺钉连接

(a)　　　　　　　　　　(b)　　　　　　　　　　(c)

图 1-7-12　螺钉头部的比例关系

紧定螺钉用于定位，其画法如图 1-7-13 所示。

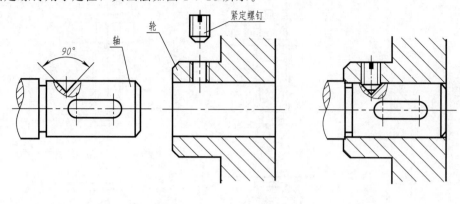

(a) 连接前　　　　　　　　(b) 连接后

图 1-7-13　紧定螺钉连接

任务指导

1. 绘图步骤

① 根据此任务给定的孔径，查阅附表，选择合适的螺纹公称直径 M10。

② 计算螺栓的长度，可按下式进行计算：

$$l = \delta_1 + \delta_2 + h + m + (0.3 \sim 0.5)d$$

计算出 l 之后，从螺栓标准中查得符合规定的长度。

③ 参照螺栓等标准件的标记示例写出选定的螺栓、螺母、垫圈的标记。

④ 按螺栓连接的比例画法，画出螺栓连接图，如图 1-7-14 所示。

2. 注意事项

① 计算出螺栓的长度 l 之后，应根据国家标准规定，选取与计算的 l 值相等或略大的 l

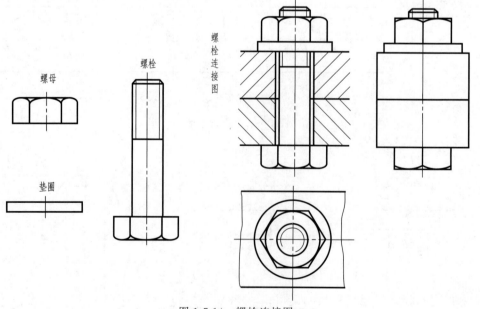

图 1-7-14　螺栓连接图

系列值。

② 绘制螺栓连接图时，注意螺栓孔与螺杆的表面不接触，应画两条线，相邻两零件的剖面线方向应相反。

③ 在剖切平面通过紧固件轴线的视图中，螺栓、螺母和垫圈按不剖绘制。

④ 螺栓孔中接触面的粗实线应画到螺杆为止。

任务二　齿轮油泵中齿轮和键连接综合测绘

【学习目标】

通过本任务，重点掌握键连接的型式、画法与标记，掌握齿轮的画法。了解滚动轴承的画法及代号；了解销连接和弹簧的画法。

工 作 任 务 单

工作任务	齿轮和键连接综合测绘
任务描述	对如图 1-7-15 所示的实物进行测绘，画出齿轮啮合及键连接图。  图 1-7-15　齿轮啮合及键连接
任务分析	齿轮传动是机器中常见的传动形式，齿轮的轮齿形状复杂，作图困难，因此，国家标准规定了其画法；键连接是机器中使用广泛的连接形式，其中的键属于标准件，在画连接图时，要熟练查出其相关参数。熟练掌握齿轮啮合和键连接图的绘制，对今后学习绘制装配图有很大的帮助。
成果展示与评价	各组成员相互配合进行测绘，完成任务后上交作业。

知识链接

● 键与销
● 齿轮
● 滚动轴承
● 弹簧

一、键与销

1. 键

键常用来连接轴和轮，在两者之间传递运动或动力，如图 1-7-16 所示。

键是标准件，其型式有许多，常用的有普通平键、半圆键和钩头楔键，如图 1-7-17 所示。

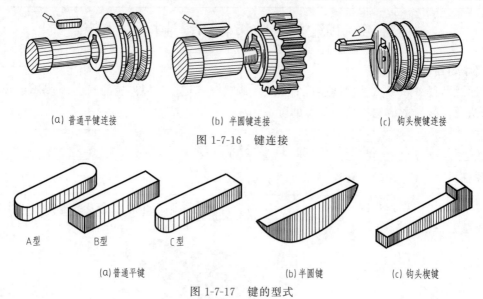

(a) 普通平键连接　　　　　(b) 半圆键连接　　　　　(c) 钩头楔键连接

图 1-7-16　键连接

A型　　B型　　C型　　　　　　　　　　　　　　　

(a) 普通平键　　　　　　　(b) 半圆键　　　　　(c) 钩头楔键

图 1-7-17　键的型式

普通平键应用最广，按形状分为 A 型（两端为圆头）、B 型（两端为平头）和 C 型（一端为圆头、另一端为平头）三种。

普通平键、半圆键和钩头楔键的画法与标记见表 1-7-5。

表 1-7-5　常用键的型式、画法与标记

名称	图　例	标　记
普通平键	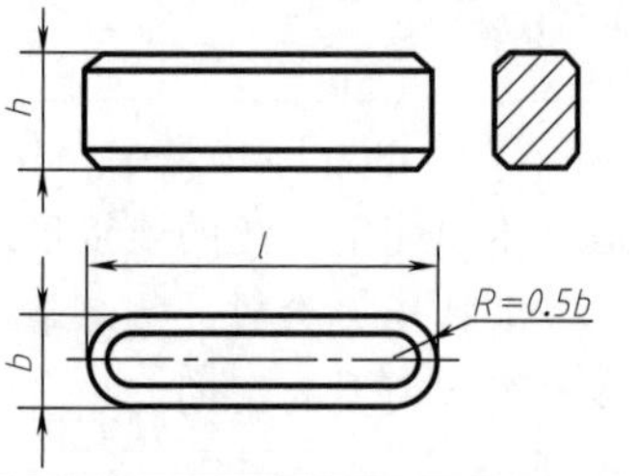	圆头普通平键(A 型)$b=8\mathrm{mm}$,$h=7\mathrm{mm}$,$l=25\mathrm{mm}$： 键 8×25 GB/T 1096 平头普通平键(B 型)$b=16\mathrm{mm}$,$h=10\mathrm{mm}$,$l=100\mathrm{mm}$： 键 B16×100 GB/T 1096
半圆键	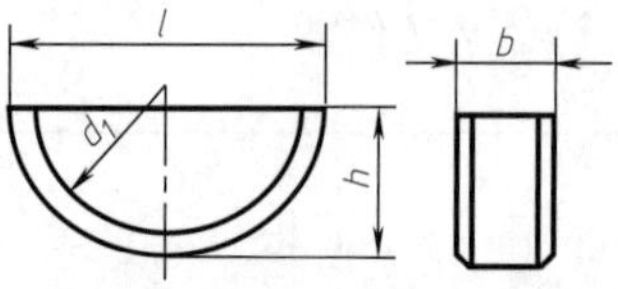	半圆键 $b=6\mathrm{mm}$,$h=10\mathrm{mm}$,轴径 $d_1=25\mathrm{mm}$： 键 6×25 GB/T 1099
钩头楔键	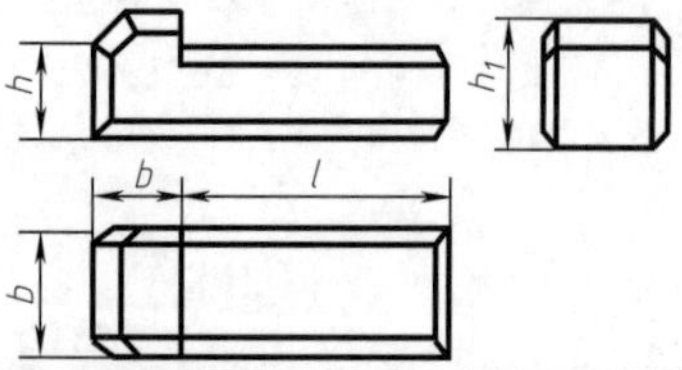	钩头楔键 $b=18\mathrm{mm}$,$h=11\mathrm{mm}$,$l=100\mathrm{mm}$： 键 8×100 GB/T 1565

常见的键连接装配画法见表 1-7-6。

键和键槽的尺寸是根据轴或孔的直径确定的，可通过有关手册查得。例如，要用 A 型普通平键连接直径为 40mm 的轴和孔，可查附表 9，得键宽 12mm，键高 8mm，长度按轮毂长度在 28～140mm 之间选取，并要符合规定的长度系列。

表 1-7-6　键连接的画法

名称	连接图画法	说　明
普通平键连接		键的两侧工作时受力，与键槽侧面之间为接触面，只画一条线；键顶面与轮毂上的键槽顶面之间有间隙，作图时应绘出两条线。 沿键长度方向剖切时，键按不剖绘制。 键上的倒圆、倒角省略不画
半圆键连接		与普通平键连接情况基本相同，作图也一样，只是键的形状为半圆形。在使用时，允许轴与轮毂轴线之间有少许倾斜
钩头楔键连接		钩头键的上、下两面为工作面，上表面有 1：100 的斜度，可用来消除两零件间的径向间隙，作图时上下两面和侧面都不留间隙，画成接触面形式

2. 销

销属于标准件，用于两零件间的定位，或受力不大的连接和锁定。销常见的型式有圆柱销、圆锥销和开口销。

圆柱销用于定位和连接。工件需要配作铰孔，可传递的载荷较小；圆锥销用于定位和连接，锥度 1：50，安装、拆卸方便，定位精度高；开口销与槽形螺母配合使用，用于锁定其他零件，拆卸方便、工作可靠。

销连接的画法和标记见表 1-7-7。

表 1-7-7　销的标记和连接画法

名称	图　例	连接画法	标　记
圆柱销			公称直径为 $d=8$mm，公称长度 $l=32$mm，材料为钢，不经淬火、不经表面处理的圆柱销： 销 GB/T 119.1　8×32

续表

名 称	图 例	连 接 画 法	标 记
圆锥销			公称直径为 $d=5$mm，公称长度 $l=32$mm，材料为 35 钢，热处理硬度为 $28\sim38$HRC，表面氧化处理的 A 型圆锥销： 销 GB/T 117　5×32
开口销			公称直径为 $d=5$mm，公称长度 $l=50$mm，材料为 Q215，不经表面处理的开口销： 销 GB/T 91　5×50

二、齿轮

齿轮用于两轴间传递运动或动力，属于常用件，只有部分结构和参数进行了标准化。

常用的齿轮传动有三大类：

圆柱齿轮传动：用于平行两轴间的传动，如图 1-7-18（a）所示。

圆锥齿轮传动：用于相交两轴间的传动，如图 1-7-18（b）所示。

蜗轮蜗杆传动：用于交叉两轴间的传动，如图 1-7-18（c）所示。

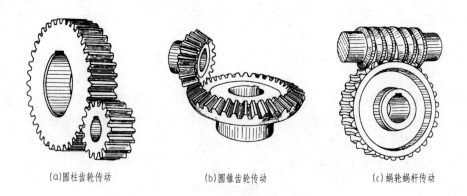

(a)圆柱齿轮传动　　(b)圆锥齿轮传动　　(c)蜗轮蜗杆传动

图 1-7-18　齿轮传动

1. 圆柱齿轮的轮齿结构和主要参数

圆柱齿轮的外形为圆柱，有直齿、斜齿和人字齿三种，齿廓曲线一般为渐开线，如图 1-7-19 所示。以下介绍直齿圆柱齿轮。

直齿圆柱齿轮的轮齿结构和主要参数如图 1-7-20 所示。

① 齿顶圆和齿根圆。

用一假想圆通过各轮齿顶部，该圆称为齿顶圆，直径用 d_a 表示；用一假想圆通过各轮齿根部，该圆称为齿根圆，直径用 d_f 表示。

② 分度圆（直径 d）。

(a)直齿　　　　　　　(b)斜齿　　　　　　　(c)人字齿

图 1-7-19　圆柱齿轮

在齿顶圆与齿根圆之间，用一假想圆切割轮齿，若切得的齿隙弧长与齿厚弧长相等，这一假想圆称为分度圆。

③ 齿距 p。

分度圆上相邻两齿同侧齿廓间的弧长称为齿距，用 p 表示，包括齿厚（s）和槽宽（e）。

对于标准齿轮：$s=e=\dfrac{p}{2}$，$p=s+e$。

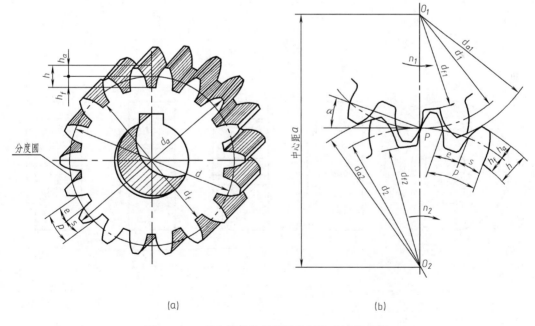

(a)　　　　　　　　　　　　　(b)

图 1-7-20　直齿圆柱齿轮的轮齿结构和主要参数

④ 模数 m。

分度圆的周长 $=\pi d=pz$，$d=\dfrac{p}{\pi}z=mz$，其中 $m=\dfrac{p}{\pi}$ 称为模数，为齿轮的标准参数，见表 1-7-8。

表 1-7-8 渐开线圆柱齿轮的标准模数系列（mm）（摘自 GB/T 1357—2008）

第一系列	$1,1.25,1.5,2,2.5,3,4,5,6,8,10,12,16,20,25,32,40,50$
第二系列	$1.75,2.25,2.75,(3.25),3.5,(3.75),4.5,5.5,(6.5),7,9,(11),14,18$

注：优先选用第一系列，其次是第二系列，括号内的模数尽可能不用。

⑤ 齿形角 α。

一对齿轮啮合时，齿廓在啮合点处的受力方向与该点瞬时速度方向所夹的锐角 α 称为齿形角，见图 1-7-20（b）所示，标准齿轮的齿形角 $\alpha=20°$。

一对相互啮合的标准直齿圆柱齿轮，模数和齿形角必须相等。根据模数和齿数，可以计算出轮齿的其他尺寸，计算公式见表 1-7-9。

表 1-7-9 标准直齿圆柱齿轮的尺寸计算

基 本 参 数	名称及符号	计 算 公 式
模数 m 齿数 z	齿顶圆直径（d_a）	$d_a=m(z+2)$
	分度圆直径（d）	$d=mz$
	齿根圆直径（d_f）	$d_f=m(z-2.5)$
	齿顶高（h_a）	$h_a=m$
	齿根高（h_f）	$h_f=1.25m$
	齿高（h）	$h=h_a+h_f=2.25m$
	模数（m）	$m=p/\pi$
	中心距（a）	$a=(d_1+d_2)/2=m(z_1+z_2)/2$

2. 圆柱齿轮的规定画法

单个直齿圆柱齿轮的画法如图 1-7-21 所示。

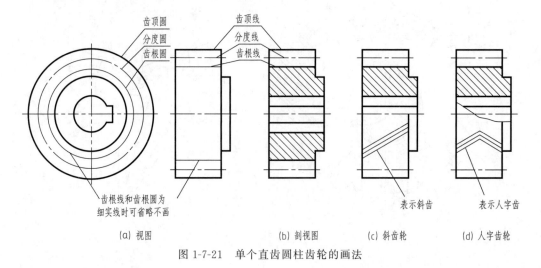

齿顶圆
分度圆
齿根圆

齿顶线
分度线
齿根线

齿根线和齿根圆为
细实线时可省略不画

表示斜齿　　表示人字齿

(a) 视图　　　　　　　(b) 剖视图　　　　(c) 斜齿轮　　　　(d) 人字齿轮

图 1-7-21 单个直齿圆柱齿轮的画法

两啮合的齿轮画法如图 1-7-22 所示，其啮合区的局部放大图见图 1-7-23。

3. 直齿圆柱齿轮的测绘

测绘步骤如下：

① 先数出齿数 Z。

② 测出齿顶圆直径 d_a。当齿数是偶数时，d_a 可直接量出，如图 1-7-24（a）所示；如

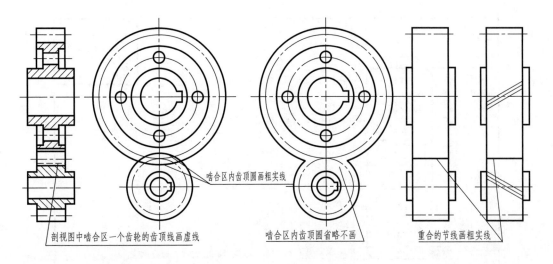

| (a) 完全画出 | (b) 简化画法 | (c) 齿轮外形视图的画法 |

图 1-7-22　圆柱齿轮的啮合画法

为奇数时，应先测出孔径 D_1 及孔壁到齿顶间距离 H，则 $d_a = 2H + D_1$，如图 1-7-24（b）所示。

③ 确定模数 m。根据 $m = \dfrac{d_a}{z+2}$，求出模数后与标准模数核对，选取接近的标准模数。

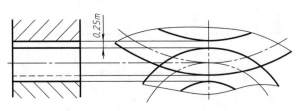

图 1-7-23　轮齿啮合区的局部放大图

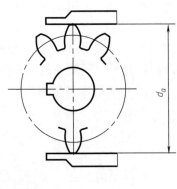

图 1-7-24　d_a 的测量

④ 计算轮齿各部分尺寸。根据标准模数和齿数，按表 1-7-9 公式计算 d、d_a、d_f 等。

⑤ 测量与计算齿轮的其他部分尺寸。

⑥ 绘制齿轮零件图（图 1-7-25）。

4. 圆柱齿轮工作图的识读

圆柱齿轮的工作图，除了具有一般零件图的内容外，右上角还有参数表。以图 1-7-25 为例，说明识读齿轮工作图的步骤。

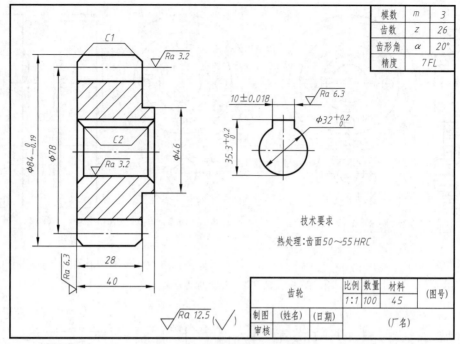

模数	m	3
齿数	z	26
齿形角	α	20°
精度		7FL

技术要求

热处理:齿面50~55HRC

齿轮	比例	数量	材料	(图号)
	1:1	100	45	
制图	(姓名)	(日期)		
审核			(厂名)	

图 1-7-25　圆柱齿轮的零件图

① 概括了解。标题栏可知该零件为齿轮，材料为 45 钢，使用主视图和局部视图表达齿轮的结构。

② 详细分析。从右上角的参数表可知，该齿轮模数为 3mm，齿数为 26 齿，齿形角为 20°，精度按 7FL 制造。主视图中没有画出轮齿的排列方向，而参数表也没有列出螺旋角，故可判断这是一直齿圆柱齿轮。圆筒形轮毂向右凸出，从局部视图可看出轴孔上部有一键槽。轴孔和轮齿两端分别有倒角 C2、C1。齿轮以轴线和轮毂右端面为尺寸基准。齿顶圆直径 $\phi 84_{-0.19}^{0}$、轴孔直径 $\phi 32_{0}^{+0.2}$、键槽宽 10 ± 0.018 和深度尺寸 $35.3_{0}^{+0.2}$ 都有公差要求。齿面、轴孔的表面质量要求最高，Ra 为 $3.2\mu m$。齿面进行热处理，硬度应达到 50~55HRC。

③ 归纳总结。通过上述分析之后，对齿轮的结构、尺寸和技术要求再综合归纳，形成总体认识，请读者自行总结。

三、滚动轴承

滚动轴承由内圈、外圈、滚动体和保持架组成，在机器中用于支撑旋转轴，如图 1-7-26 所示。

滚动轴承是标准组件，不单独绘制图样，其结构和尺寸可根据代号从有关标准中查得。

1. 滚动轴承的基本代号

滚动轴承的代号由轴承类型代号、尺寸系列代号和内径代号三部分组成。

滚动轴承的类型代号用数字或字母表示，见表 1-7-10。

尺寸系列代号由轴承的宽（高）度系列代号和直径系列代号组成，用两位阿拉伯数字表示。

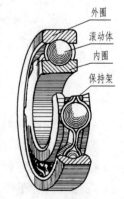

图 1-7-26　滚动轴承的结构

外圈
滚动体
内圈
保持架

表 1-7-10 轴承类型代号（摘自 GB/T 272—1993）

代号	0	1	2	3	4	5	6	7	8	N	U	QJ
轴承类型	双列角接触球轴承	调心球轴承	调心滚子轴承和推力调心滚子轴承	圆锥滚子轴承	双列深沟球轴承	推力球轴承	深沟球轴承	角接触球轴承	推力圆柱滚子轴承	圆柱滚子轴承	外球面球轴承	四点接触球轴承

内径代号表示轴承内孔的公称尺寸，由两位数表示。代号数字为 00，01，02，03 的轴承，内孔直径分别为 10mm，12mm，15mm，17mm；代号数字为 04～96 的轴承，内孔直径可用代号数乘以 5 计算得到。但轴承内径为 1～9mm 时，直接用公称内径数值（mm）表示；内径值为 22，28，32，以及大于或等于 500mm 时，也用公称内径直接表示，但要用"/"与尺寸系列代号隔开。

例如：

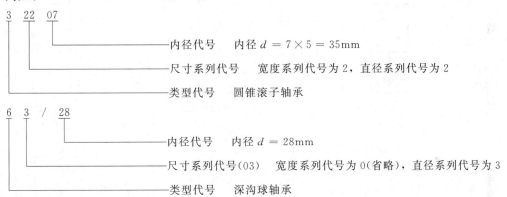

除基本代号外，还可添加前置代号和后置代号，进一步表示轴承的结构形状、尺寸、公差和技术要求等。

2. 滚动轴承的画法

国家标准对滚动轴承的画法作了规定，分为简化画法和规定画法两种，其中简化画法又分为通用画法和特征画法。

滚动轴承的代号和画法见表 1-7-11。滚动轴承在装配图中的画法如图 1-7-27 所示。

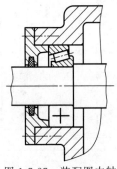

图 1-7-27 装配图中轴承的规定画法

四、弹簧

1. 弹簧简介

弹簧是一种储能元件，广泛用于减振、测力、夹紧等。弹簧的类型有螺旋弹簧、蜗卷弹簧、板弹簧等，以螺旋弹簧最为常见。如图 1-7-28 所示为圆柱螺旋弹簧，其类型按承受载荷的不同分为压力弹簧、拉力弹簧和扭力弹簧。

2. 弹簧的主要参数

以圆柱螺旋压缩弹簧为例，主要参数如图 1-7-29 所示。

① 簧丝直径 d：制造弹簧所用钢丝的直径。

表 1-7-11　滚动轴承的代号和画法

轴承类型	深沟球轴承 (GB/T 276—1994)	圆锥滚子轴承 (GB/T 297—1994)	推力球轴承 (GB/T 301—1995)
轴承结构			
简化画法 通用画法		外圈有挡边	内圈有单挡边
简化画法 特征画法			
规定画法			

轴承类型	深沟球轴承 （GB/T 276—1994）	圆锥滚子轴承 （GB/T 297—1994）	推力球轴承 （GB/T 301—1995）
轴承代号示例	滚动轴承 6212 GB/T 276—1994 └┬┬┬ 内径 d=12×5=60mm 　└┬┬ 尺寸系列代号 　　└┬ 类型代号（深沟球轴承）	滚动轴承 30308 GB/T 297—1994 └┬┬┬ 内径 d=8×5=40mm 　└┬┬ 尺寸系列代号 　　└┬ 类型代号（圆锥滚子轴承）	滚动轴承 51305 GB/T 301—1995 └┬┬┬ 内径 d=5×5=25mm 　└┬┬ 尺寸系列代号 　　└┬ 类型代号（推力球轴承）
装配示意图			

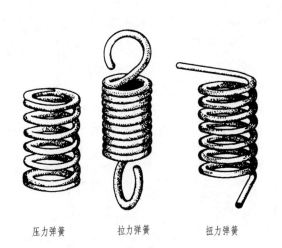

压力弹簧　　　拉力弹簧　　　扭力弹簧

图 1-7-28　圆柱螺旋弹簧

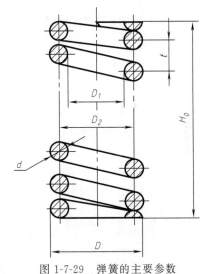

图 1-7-29　弹簧的主要参数

② 弹簧外径 D：弹簧的最大直径。

③ 弹簧内径 D_1：弹簧的最小直径。

④ 弹簧中径 D_2：过簧丝中心假想圆柱面的直径，$D_2=D-d$。

⑤ 节距 t：相邻两有效圈上对应点间的轴向距离。

⑥ 圈数：弹簧中间节距相同的部分圈数称为有效圈数（n）；弹簧两端磨平并紧部分的圈数称为支承圈数（n_2），有 1.5、2 及 2.5 圈三种。

弹簧的总圈数 $n_1=n+n_2$。

⑦ 自由高度 H_0：在弹簧不受力时，弹簧的高度。

$$H_0=nt+(n_2-0.5)d$$

⑧ 弹簧展开长度 L：即制造弹簧用的簧丝长度，可按螺旋线展开。

$$L \approx n_1 \sqrt{(\pi D_2)^2 + t^2}$$

⑨ 旋向：分为左旋和右旋两种。

3. 弹簧的画法

国家标准（GB/T 4459.4—2003）对弹簧的画法进行了规定。圆柱螺旋弹簧按需要可画成视图、剖视图及示意图，其画法如图 1-7-30 所示。

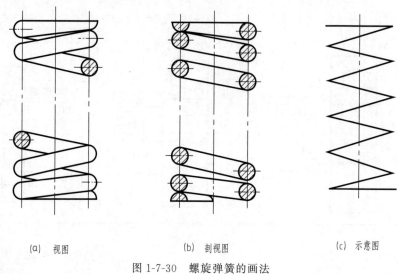

| (a) 视图 | (b) 剖视图 | (c) 示意图 |

图 1-7-30　螺旋弹簧的画法

（1）规定画法

① 在平行于弹簧轴线的视图中，各圈的螺旋轮廓线画成直线。

② 不论螺旋弹簧是左旋还是右旋，均可按右旋画出，但左旋螺旋弹簧要注写"左"字。

③ 有效圈数在四圈以上的螺旋弹簧，允许在两端仅画两圈（支撑圈除外），中间断开省略不画。

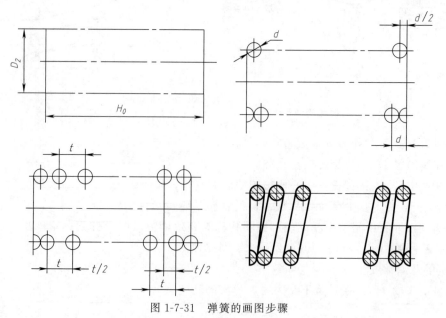

图 1-7-31　弹簧的画图步骤

④ 不论螺旋压缩弹簧的支撑圈数是多少，并紧情况如何，支撑圈数按 2.5 圈、磨平圈数按 1.5 圈画出。

如图 1-7-31 所示为螺旋弹簧的作图步骤。

（2）装配图中弹簧的画法

装配图中弹簧的画法如图 1-7-32 所示，画图时应注意以下几点。

① 在装配图中，将弹簧看成一个实体，被弹簧挡住的结构不画出，如图 1-7-32（a）所示。

② 在剖视图中，若被剖切的弹簧簧丝断面直径在图中小于或等于 2mm 时，将断面涂黑表示，如图 1-7-32（b）所示。

③ 簧丝直径或厚度在图形上小于或等于 2mm 时，允许用单线（粗实线）示意画出，如图 1-7-32（c）所示。

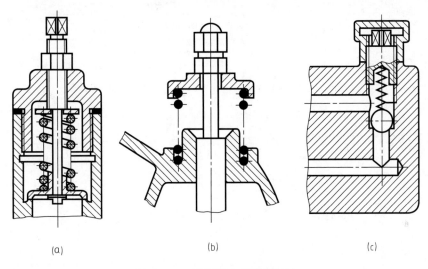

（a）　　　　　　　　　　（b）　　　　　　　　　　（c）

图 1-7-32　装配图中弹簧的画法

任务指导

1. 绘图步骤

（1）齿轮测绘

① 数出齿数 z，测出齿顶圆直径 d_a，根据 $m = \dfrac{da}{z+2}$，求出模数后与标准模数核对，选取接近的标准模数。

② 计算轮齿各部分尺寸。根据标准模数和齿数，按表 1-7-9 公式计算 d、d_a、d_f 等。

③ 测量并计算齿轮的其他部分尺寸。

（2）键连接测绘

测量轴径，根据轴径查附表 9，查得键和键槽的尺寸。

（3）绘制齿轮啮合图及键连接图，如图 1-7-33 所示。

2. 注意事项

① 齿轮测绘时，应特别注意偶数齿和奇数齿齿轮的齿顶圆直径 d_a 的测量方法。

② 计算后的模数应标准化。

③ 画平键连接时，应注意键的顶面与齿轮上键槽的底面并未接触，要画两条线。

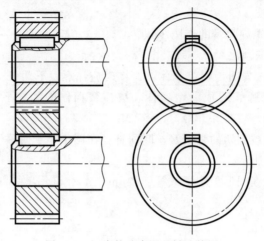

图 1-7-33　齿轮啮合图及键连接图

情境八　齿轮油泵零件图与装配图的识读与绘制

任务一　画齿轮油泵中的典型零件图

【学习目标】

①了解零件图（草图和工作图）在生产中的作用、内容和要求。

②综合运用投影基础知识和视图、剖视图、断面图及其他表达方法，准确地表达出零件的结构形状。

③根据零件加工工艺要求，学会选择基准，完整、清晰、合理地标注零件的尺寸，标注零件上一些常见工艺结构的尺寸。

④正确标注零件图上的公差与配合、几何公差、表面结构要求及其他有关技术要求。

工作任务单

工作任务	绘制齿轮油泵中泵盖的零件图
任务描述	测绘如图 1-8-1 所示齿轮泵中的泵盖，绘制零件图，并标注尺寸、注写技术要求。 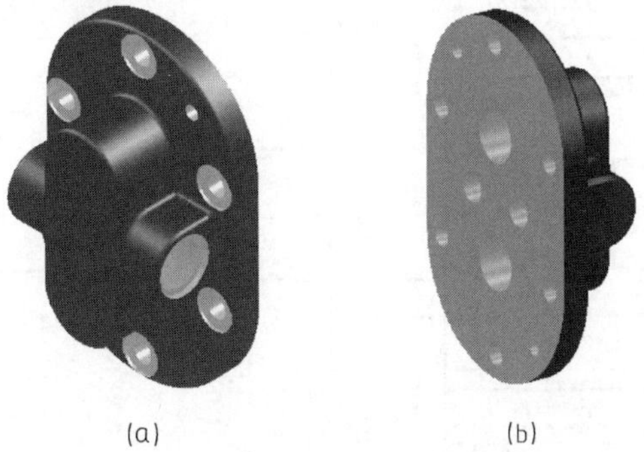 (a)　　　　　(b) 图 1-8-1　泵盖立体图
任务分析	生产中是依据零件图加工出此泵盖的，因此零件图上应清楚地表达出泵盖的结构形状、大小以及加工要求。要完成泵盖的零件图，应了解零件图的作用与内容，掌握如何表达清楚零件的结构形状，如何标注零件的尺寸，如何注写技术要求等内容。
成果展示与评价	各组成员相互配合进行测量，独立完成测绘任务后上交零件图。

知识链接

● 零件图的作用与内容

● 零件图的视图选择和尺寸标注
● 零件图上的技术要求

一、零件图的作用与内容

零件图用于指导零件的制造和检验，是生产中的重要技术文件之一。零件分为标准件和非标准件，标准件的结构、大小、材料等均已标准化，可通过外购方式获得，非标准件则需要自行设计和加工。

如图 1-8-2 所示为齿轮轴的零件图，它表达了齿轮轴的结构形状、大小和要达到的技术要求。从图中可以看出，一张完整的零件图应包括如下的内容。

1. 一组视图

用于完整、清晰地表达出零件的结构和形状。

2. 尺寸标注

完整、清晰、合理地标注出零件在制造和检验中所需的全部尺寸。

3. 技术要求

用于表达零件在制造和检验时应达到的各种要求，包括表面结构要求、尺寸公差、几何公差、材料及热处理等方面的要求等。

4. 标题栏

说明零件的名称、材料、数量、比例及责任人签字等。

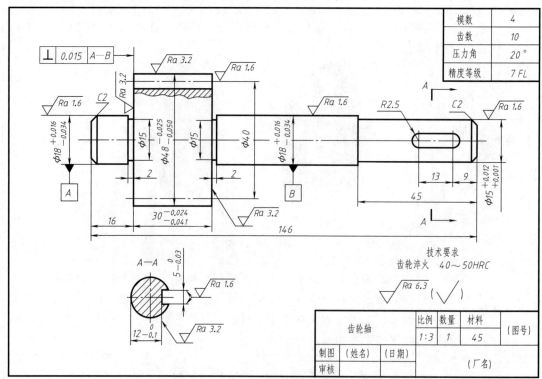

图 1-8-2　齿轮轴的零件图

二、零件图的视图选择和尺寸标注

1. 零件图的视图选择

选择零件的视图，应以能表达清楚零件的形状和结构为原则，同时使视图数量最少、最简单。

（1）主视图的选择

主视图应按三个基本原则进行选取。

① 形状特征原则。

主视图要以结构特征为重点，兼顾形状特征选取。如图 1-8-3（a）所示的零件，比较图 1-8-3（b）、（c），从图 1-8-3（b）可看出零件由三部分组成，结构特征明显，故应选图 1-8-3（b）作主视图。

② 加工位置原则。

主视图应尽量与零件的主要加工位置一致，以便于加工、测量时进行图物对照。如图 1-8-4 所示的轴，主要在卧式车床和磨床上加工完成，故选取主视图时应将轴线水平放置。表达回转类零件，主视图常按加工位置选取。

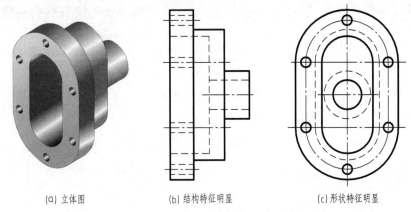

(a) 立体图   (b) 结构特征明显   (c) 形状特征明显

图 1-8-3   按形状和结构特征选主视图

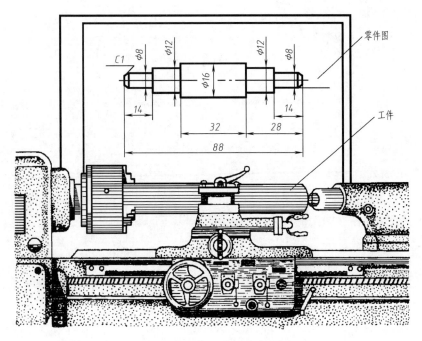

图 1-8-4   按加工位置选主视图

③ 工作位置原则。

主视图应尽量与零件在机器中的工作位置一致，这样容易将图、物联系起来，想象出零件的工作情况。拨叉、支架、箱体等零件的主视图一般用这种方法选取。如图 1-8-5 所示的起重机吊钩，主视图就是参考其工作位置选取的。

要注意的是，主视图的选取，往往综合考虑上述三个原则。例如在图 1-8-5 中，起重机吊钩主视图不仅与工作位置一致，也反映了形状特征。

（2）其他视图的选取

凡是在主视图中没有表达清楚的结构，就需要通过其他视图去补充、完善。如图 1-8-6（a）所示的零件，按形状特征和工作位置原则选定主视图后，选用俯视图，可表达出大圆筒和底板的形状。选择主、俯视图后，该零件的主体结构已基本表达清楚，仅剩下左边腰圆凸台的形状没有表达出来，使用 "A" 局部视图即可，如图 1-8-6（b）所示。

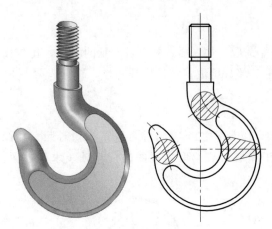

图 1-8-5　按工作位置选主视图

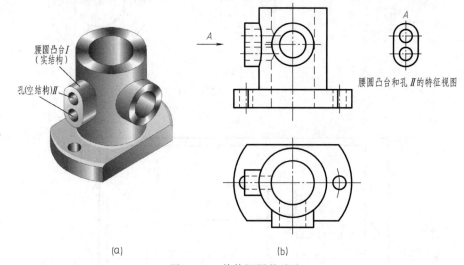

(a)　　　　　(b)

图 1-8-6　其他视图的选取

2. 零件图的尺寸标注

尺寸是加工和检验零件的依据。零件图上的尺寸标注，不仅要求完整、清晰，而且还要求标注合理。在标注零件图上的尺寸时，必须注意以下问题。

（1）正确选择尺寸基准

尺寸基准是标注和度量尺寸的起点。

用来确定零件在装配体中的理论位置而选定的基准称为设计基准；根据零件加工、测量的要求而选定的基准称为工艺基准。

零件在长度、宽度、高度三个方向至少都应有一个基准，一般常以零件的对称面、重要安装面、轴线等作为基准。如图 1-8-7 所示，轴承座的长度、宽度方向的尺寸以对称面为基准，高度方向必须以底板安装面为基准。螺孔深度 6mm，是以凸台顶面为基准进行测量的，故该面是工艺基准。

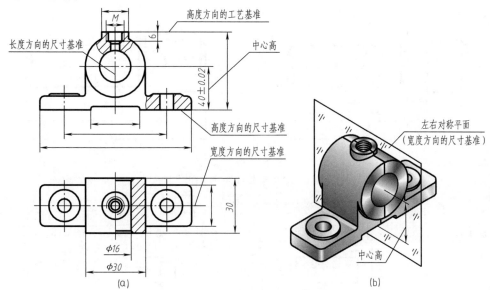

图 1-8-7　轴承座的尺寸基准

（2）使用形体分析法标注尺寸

标注尺寸时，应按形体分析的方法，将零件拆分成不同部分，逐一标注各部分的定形尺寸和定位尺寸，并检查尺寸标注是否清晰、齐全、合理。

如图 1-8-7（a）所示，大圆筒的 $\phi 16$、$\phi 30$ 和 30，是定形尺寸；圆筒轴线到高基准的距离为 40 ± 0.02（中心高），是定位尺寸。圆筒轴线与长基准重合，宽方向的对称面与宽基准重合，不需要标注定位尺寸。

（3）注意事项

① 重要尺寸应从主要基准直接注出。

如图 1-8-8 所示，轴承孔的高度 a 是影响轴承座工作性能的主要尺寸，加工时必须保证其加工精度，应直接以底面为基准标注出来，而不能以 b、c 代替。因为在加工零件过程中，尺寸总会有误差，如果注写 b 和 c，就会有积累误差，难以保证设计要求。同理轴承座底板上两螺栓孔的中心距 l 应直接标注，而不应标注尺寸 e。

② 避免将尺寸注成封闭的形式。

如图 1-8-9（a）所示的阶梯轴，各尺寸首尾相接，构成一个封闭的尺寸链，尺寸链中每

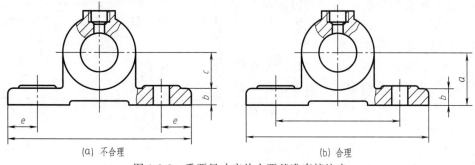

图 1-8-8　重要尺寸应从主要基准直接注出

一尺寸的精度，都受其他尺寸的误差影响，在加工时就很难保证总体尺寸的精度。在这种情况下，应当挑选一个最不重要的尺寸不注，使所有的尺寸误差都积累在此处，如图 1-8-9（b）所示。

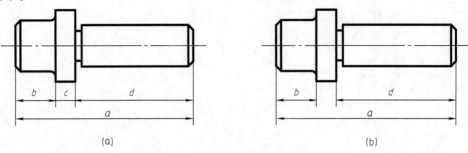

图 1-8-9　避免将尺寸注成封闭的形式

③ 标注尺寸要考虑工艺要求。

如果没有特殊要求，标注尺寸应考虑便于加工和测量，如图 1-8-10、图 1-8-11 所示。

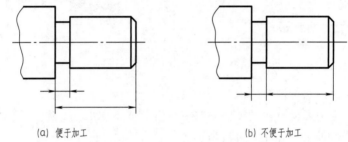

(a) 便于加工　　　　　　　　　　　(b) 不便于加工

图 1-8-10　标注尺寸应便于加工

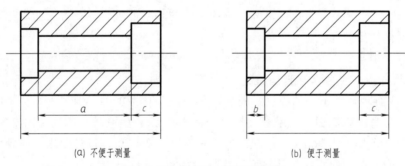

(a) 不便于测量　　　　　　　　　　(b) 便于测量

图 1-8-11　标注尺寸应便于测量

3. 零件上的常见工艺结构及其尺寸标注

零件上与制造和装配有关的结构称为工艺结构。以下介绍几种常见的工艺结构。

（1）起模斜度和铸造圆角

使用铸铁、铸钢材料制造零件时，需要铸造毛坯。为了便于从砂箱中取出木模，常常沿拔模方向作出一定的斜度（约 1∶20），称为起模斜度，如图 1-8-12（a）所示。

为防止拔模时落砂及夹角处产生裂纹和缩孔，铸件两面相接的尖角处应做成圆角，称为

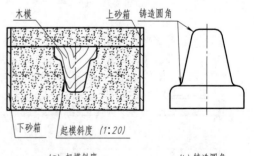

(a) 起模斜度　　　　　　(b) 铸造圆角

图 1-8-12　起模斜度和铸造圆角

铸造圆角，如图 1-8-12（b）所示。

由于有铸造圆角，铸件的表面交线不明显。为区分不同表面，在图中仍画出理论上的交线，称为过渡线。过渡线的两端应与其他轮廓线断开，如图 1-8-13 所示。

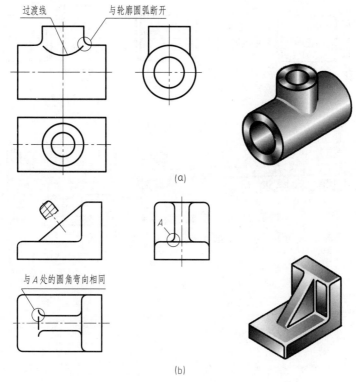

图 1-8-13　过渡线

（2）倒角与倒圆

为便于装配和操作安全，在轴或孔的端部常作倒角，如图 1-8-14 所示。为避免应力集中而产生裂纹，在轴肩处常以圆角过渡，称为倒圆。当倒角为 45° 时，可简化标注，如图 1-8-14 中的"C1.5"。

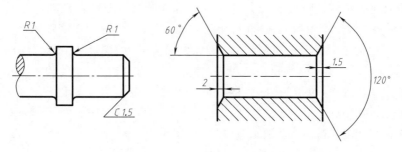

图 1-8-14　倒角与倒圆

（3）退刀槽

为使加工到位并便于退出刀具，常在待加工表面的轴肩处预先加工出退刀槽，退刀槽的标注用"槽宽×槽深"或"槽宽×直径"的形式，如图 1-8-15 所示。

（4）凸台与凹坑

零件在装配时，为保证表面接触良好，并减少加工面积，常在零件中做出凸台或凹坑，

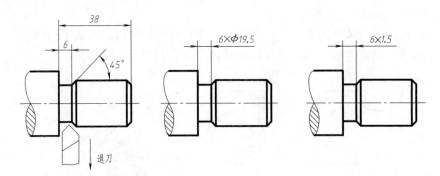

图 1-8-15　退刀槽

如图 1-8-16 所示。

三、零件图上的技术要求

零件图上的技术要求是零件在加工和检验时应达到的技术指标，如表面结构、极限与配合、几何公差等。

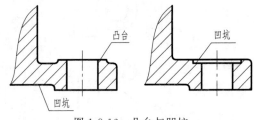

图 1-8-16　凸台与凹坑

(一) 表面结构

1. 表面结构的概念

表面结构是在规定的范围内表面粗糙度、表面波纹度、纹理方向、表面几何形状及表面缺陷等特性的总称。

零件表面不管加工得多么光滑，在显微镜下观察都是凹凸不平的，零件表面这些由较小间距的峰谷构成的微观几何形状特性，称为表面粗糙度。由间距比表面粗糙度大得多的随机或接近周期形式的成分构成的介于微观与宏观之间的几何误差，称为表面波纹度。表面粗糙度和表面波纹度都是衡量零件表面质量的重要指标。

2. 表面结构的代号

(1) 表面结构的参数

国家标准规定，评定表面结构质量的主要轮廓参数组有三个：R 轮廓参数（粗糙度参数）、W 轮廓参数（波纹度参数）、P 轮廓参数（原始轮廓参数）。在零件图上主要用到的是粗糙度参数 R，包括轮廓算术平均偏差 Ra 和轮廓最大高度 Rz，其中最常用的是轮廓算术平均偏差 Ra。

表面粗糙度参数 Ra（单位为 μm）的数值，可按 $100\mu m$ 开始，逐一除 2，四舍五入得到后一项来助记，如 100、50、25、12.5、6.3、3.2、1.6、0.8⋯

常用的表面粗糙度参数 Ra 及加工方法见表 1-8-1。

表 1-8-1　常用的表面粗糙度参数 Ra 及加工方法

$Ra/\mu m$	表 面 特 征	加 工 方 法	应 用
100、50、25	粗面	粗车、粗铣、粗刨、钻孔等	非接触面
12.5、6.3、3.2	半光面	精车、精铣、精刨、粗磨等	一般要求的接触面，要求不高的配合面
1.6、0.8、0.4	光面	精车、精磨、研磨、抛光等	较重要的配合面
0.2 及更小的 Ra 值	最光面	研磨、超精磨、精抛光等特殊加工	特别重要的配合面，特殊装饰面

（2）表面结构的符号

表面结构的符号画法如图 1-8-17 所示，表面结构的符号及附加标注的尺寸见表 1-8-2。

图 1-8-17　表面结构符号的画法

表 1-8-2　表面结构的符号及附加标注的尺寸

字母和数字高度 h	2.5	3.5	5	7	10	14	20
符号线宽 d'	0.25	0.35	0.5	0.7	1	1.4	2
字母线宽 d							
高度 H_1	3.5	5	7	10	14	20	28
高度 H_2	8	11	15	21	30	42	60

表面结构的符号及其意义见表 1-8-3。

表 1-8-3　表面结构的符号及意义

符　号	意　义　及　说　明
√	基本图形符号，对表面结构有要求的图形符号，简称基本符号。无补充说明时不能单独使用
▽	扩展图形符号，基本符号加一短横，表示表面是用去除材料的方法获得，例如：车、铣、钻、磨、剪切、抛光、腐蚀、电火花加工、气割等
○	基本符号加一小圆，表示表面是用不去除材料的方法获得，例如：铸、锻、冲压变形、热轧、冷轧、粉末冶金等，或者是用于保持原供应状况的表面（包括保持上道工序的状况）
—	完整图形符号，当要求标注表面结构特征的补充信息时，在允许任何工艺图形符号的长边上加一横线。在文本中用文字 APA 表示
—	完整图形符号，当要求标注表面结构特征的补充信息时，在去除材料图形符号的长边上加一横线。在文本中用文字 MRR 表示
—	完整图形符号，当要求标注表面结构特征的补充信息时，在不去除材料图形符号的长边上加一横线。在文本中用文字 NMR 表示

（3）表面结构的代号

表面结构的代号及意义见表 1-8-4。

表 1-8-4　表面结构代号及意义

代　号	意　义
√ Ra3.2	用任何方法获得的表面，Ra 的上限值为 $3.2\mu m$
▽ Ra3.2	用去除材料的方法获得的表面，Ra 的上限值为 $3.2\mu m$
○ Ra3.2	用不去除材料的方法获得的表面，Ra 的上限值为 $3.2\mu m$
▽ Ra6.3 Ra3.2	用去除材料的方法获得的表面，Ra 的上限值为 $6.3\mu m$，下限值为 $3.2\mu m$

3. 表面结构要求的标注

（1）表面结构要求的一般标注

表面结构要求对每一表面一般只标注一次，通常注写在可见轮廓线、尺寸界线、尺寸线或它们的延长线上，与尺寸的注写和读取方向一致。必要时，表面结构符号可用带箭头或黑点的指引线引出标注。注写在可见轮廓线上的符号尖端或箭头必须从材料外指向表面，如图1-8-18所示。

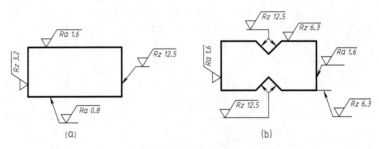

图 1-8-18　表面结构要求的一般标注

必要时，表面结构要求还可以标注在公差框格的上方，如图1-8-19所示。

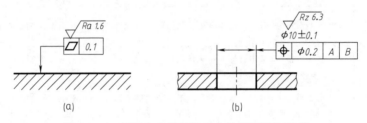

图 1-8-19　标注在公差框格上方的表面结构要求

（2）表面结构要求的简化标注

① 有相同表面结构要求的简化标注。

如果工件的多数表面（包括全部）有相同的表面结构要求，则其要求可统一标注在标题栏附近，此时（除全部表面有相同的表面结构要求外）表面结构的符号后面应有：在圆括号内给出无任何其他标注的基本符号，如图1-8-20（a）所示，或在圆括号内给出不同的表面结构要求，如图1-8-20（b）所示。

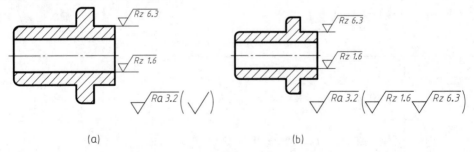

图 1-8-20　有相同表面结构要求的简化标注

② 使用符号的简化标注。

当多个表面具有相同的表面结构要求或图纸空间有限时，可采用带字母的完整符号，以等式的形式，在图形或标题栏附近进行简化标注，如图1-8-21（a）所示；也可以只使用表面结构符号，以等式的形式给出对多个表面的共同表面结构要求，如图 1-8-21（b）所示。

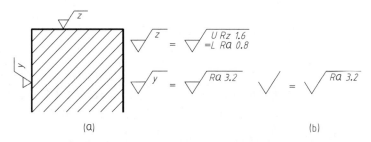

图 1-8-21　多个表面有共同表面结构要求的简化标注

（二）极限与配合

在装配体中，不同部位相互结合的两个零件可能有不同的松紧要求。如图 1-8-22 所示的轴衬装在轴承座孔中，要求配合紧密，使轴承定位良好；而轴和轴衬装配后，要求有一定的间隙，使轴在工作时能自由转动。为了保证零件装配后能达到预期的松紧要求，轴承座孔径，轴衬外径和内径以及轴的直径都必须在一个规定的公差范围内，这样就形成了"极限与配合"的概念。

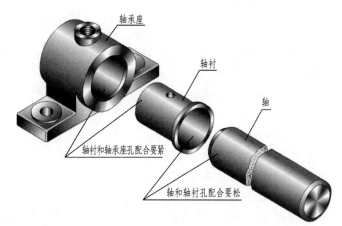

图 1-8-22　轴、轴衬与轴承座的装配要求

现代机械制造要求零件有互换性。从一批相同的零件中任取一件，不经修配地装到机器中，并能达到使用要求，零件所具有的这种性质称为互换性。互换性要求相同零件的尺寸、形状和几何要素间的相对位置保持一致。

1. 几个基本术语

要使零件具有互换性，并不要求一批零件的同一尺寸绝对准确，而只要求在一个合理的范围之内。为了表示尺寸的这一合理范围，在零件图上的尺寸之后，加注带正负号的小数或零，例如：

$$\phi 35^{+0.018}_{+0.002} \qquad \phi 35^{+0.025}_{0} \qquad \phi 35 \pm 0.012$$

下面介绍几个常用术语。

（1）公称尺寸、提取组成要素的局部尺寸和极限尺寸

公称尺寸是由图样规范确定的理想形状要素的尺寸，如前面三个尺寸中的 $\phi 35$。

极限尺寸是尺寸要素允许的两个极端，一个称为上极限尺寸，另一个称为下极限尺寸。

提取组成要素的局部尺寸必须位于两个极限尺寸之间，也可以等于极限尺寸。$\phi 35^{+0.018}_{+0.002}$ 的两个极限尺寸是：

$$上极限尺寸=(35+0.018)=35.018（mm）$$
$$下极限尺寸=(35+0.002)=35.002（mm）$$

（2）偏差

某一尺寸减去其公称尺寸所得的代数差，称为偏差。上极限尺寸减去公称尺寸所得的代数差称为上极限偏差（ES 或 es），如 $\phi 35^{+0.018}_{+0.002}$ 中的 $+0.018$。下极限尺寸减去公称尺寸所得的代数差称为下极限偏差（EI 或 ei），如 $\phi 35^{+0.018}_{+0.002}$ 中的 $+0.002$。上极限偏差和下极限偏差统称为极限偏差，它们必须按规定写在公称尺寸之后。上、下极限偏差数值相等，符号相反时，采用对称标注，如 $\phi 35\pm0.012$。

（3）尺寸公差

允许尺寸的变动量，称为尺寸公差，简称公差。尺寸公差不带正负号，计算方法如下：

尺寸公差＝上极限尺寸－下极限尺寸＝上极限偏差－下极限偏差

例如尺寸 $\phi 35^{+0.018}_{+0.002}$ 的公差是 $(0.018-0.002)$mm＝0.016mm。

尺寸公差越大，表示从下极限尺寸到上极限尺寸的范围越宽，制造出的零件的尺寸就越容易在这一范围内，所以零件就越容易制造。

（4）公差带

在分析尺寸公差与公称尺寸的关系时，常把上、下极限偏差和公称尺寸按放大的比例绘制成简图，称为公差带图，如图 1-8-23 所示。在公差带图中，表示公称尺寸的直线称为零线，它是确定偏差正、负的基准线。代表上、下极限偏差的两条水平线之间的区域称为公差带。

（5）标准公差和基本偏差

① 标准公差。国家标准规定，标准公差分为 IT01、IT0、IT1、……、IT18 共 20 个等级，IT 为标准公差代号。标准公差用来表示公差的大小，IT01 公差最小，精度要求最高；IT18 公差最大，精度要求最低。标准公差数值可由公称尺寸和公差等级从标准公差数值表中查取，各级标准公差的数值可查阅附表 13。

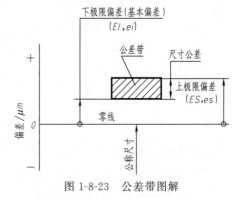

图 1-8-23　公差带图解

② 基本偏差。基本偏差是用来确定公差带相对零线位置的那个极限偏差，可以是上极限偏差或下极限偏差，一般指靠近零线的那个极限偏差。当公差带在零线的上方时，基本偏差为下极限偏差，反之则为上极限偏差，如图 1-8-24 所示。基本偏差代号用拉丁字母表示，大写表示孔的基本偏差，小写表示轴的基本偏差。

2. 配合的概念和种类

（1）配合

公称尺寸相同并相互结合的孔和轴公差带之间的关系，称为配合。如图 1-8-25（a）是孔与轴形成配合的示意图，图 1-8-25（b）所示为该配合的公差带图。

（2）配合种类

① 间隙配合。孔、轴之间具有间隙（包括最小间隙等于零）的配合称为间隙配合。在

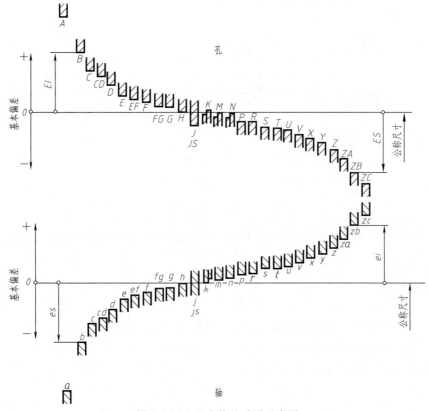

图 1-8-24　基本偏差系列示意图

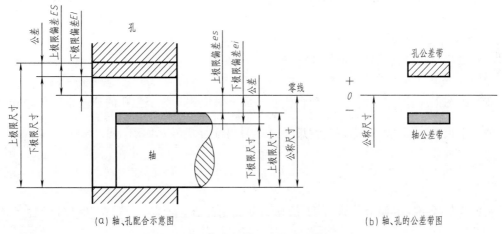

(a) 轴、孔配合示意图　　　　　　(b) 轴、孔的公差带图

图 1-8-25　配合中的轴、孔的公差带图示意图

公差带图中，孔的公差带在轴的公差带之上，如图 1-8-26（a）所示。

②　过盈配合。孔、轴之间具有过盈（包括最小过盈等于零）的配合称为过盈配合。在公差带图中，孔的公差带在轴的公差带之下，如图 1-8-26（b）所示。

③　过渡配合。孔、轴之间可能具有间隙或过盈的配合称为过渡配合。在公差带图中，孔与轴的公差带相互交叠，孔、轴之间到底是具有间隙还是过盈，要视装配时所取零件的提取组成要素的局部尺寸（实际尺寸）而定，如图 1-8-26（c）所示。

孔和轴的公差带代号由基本偏差和标准公差等级组成，如图 1-8-27 所示。

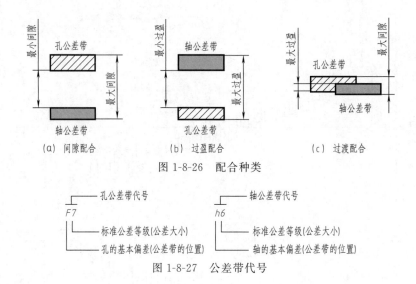

图 1-8-26　配合种类

图 1-8-27　公差带代号

（3）配合制度

公称尺寸相同的孔和轴，在改变孔和轴的基本偏差时，可形成多种配合。为便于设计和制造，应减少配合数量，为此国家标准规定了两种配合制，即基孔制与基轴制。

① 基孔制。基孔制配合是基本偏差为一定的孔的公差带，与不同基本偏差的轴的公差带形成各种配合的一种制度。基孔制以孔为基准，基本偏差为下偏差，并等于零，用代号 H 表示。

② 基轴制。基轴制配合是基本偏差为一定的轴的公差带，与不同基本偏差的孔的公差带形成各种配合的一种制度。基轴制以轴为基准，基本偏差为上偏差，且等于零，用符号 h 表示。

3. 极限与配合的标注与查表

（1）极限与配合在图样上的标注

① 在装配图上的标注。

在装配图上应标注配合代号。配合代号写成分数形式，分子为孔的公差带代号，分母为轴的公差带代号。标注时，应在公称尺寸之后写出配合代号，如图 1-8-28（a）中 $\phi18\dfrac{H7}{p6}$、$\phi14\dfrac{F8}{h7}$，也可写作 $\phi18H7/p6$、$\phi14F8/h7$。

在配合代号中，凡是分子含有 H 的均为基孔制配合，如 $\phi18\dfrac{H7}{p6}$；凡是分母含有 h 的

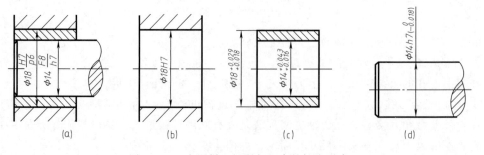

图 1-8-28　在图样上极限与配合的标注形式

均为基轴制配合，如 $\phi 14 \dfrac{F8}{h7}$。通常轴比孔容易加工，因此优先选用基孔制。

② 在零件图上的标注。在零件上标注公差有三种形式：

在孔或轴的公称尺寸后面，注出基本偏差代号和标准公差等级，用同号字体书写，如图 1-8-28（b）中的 $\phi 18H7$。这种形式用于成批生产的零件上。

在孔或轴的公称尺寸后面，注出极限偏差数值，极限偏差数值的字体比公称尺寸数字的字体小一号，如图 1-8-28（c）中的 $\phi 18^{+0.029}_{+0.018}$。这种形式用于单件或小批量生产的零件上。

在孔或轴的公称尺寸后面，既注出基本偏差代号和标准公差等级，又同时注出极限偏差数值（极限偏差数值加括号），如图 1-8-28（d）中的 $\phi 14h7\ (^{\ 0}_{-0.018})$。这种形式用于生产批量不定的零件上。

（2）查表方法

相互配合的轴和孔，可按公称尺寸和公差带代号查阅优先配合的孔或轴的极限偏差表获得极限偏差数值。如轴 $\phi 35s6$，可查附录表 14，得上极限偏差 $+59\mu m$，下极限偏差为 $+43\mu m$，故极限偏差形式为 $\phi 35^{+0.059}_{+0.043}$。再如孔 $\phi 35H7$，可查附录表 15，得孔的上极限偏差为 $+25\mu m$，下极限偏差为 0，极限偏差形式为 $\phi 35^{+0.025}_{0}$。

配合代号的识读示例见表 1-8-5。

表 1-8-5　配合代号的识读示例

配合代号	极限偏差		公差带图	说　明
	孔	轴		
$\phi 20H8/f7$	$\phi 20^{+0.033}_{0}$	$\phi 20^{-0.020}_{-0.041}$		基孔制间隙配合 最小间隙：$0-(-0.020)=+0.020$ 最大间隙：$0.033-(-0.041)=+0.074$
$\phi 20H7/s6$	$\phi 20^{+0.021}_{0}$	$\phi 20^{+0.048}_{+0.035}$		基孔制过盈配合 最小过盈：$0.021-0.035=-0.014$ 最大过盈：$0-0.048=-0.048$
$\phi 20K7/h6$	$\phi 20^{+0.006}_{-0.015}$	$\phi 20^{\ 0}_{-0.013}$		基轴制过渡配合 最大间隙：$0.006-(-0.013)=+0.019$ 最大过盈：$-0.015-0=-0.015$

（三）几何公差

1. 几何公差的概念

机件上特定的部位，如点、线或面称为要素。零件实际要素的形状和相对位置不是绝对准确的，它们相对于公称要素（理想要素）的形状和位置所允许的变动量，称为几何公差，如图 1-8-29（a）所示。几何公差同样影响零件的互换性，如图 1-8-29（b）所示为直线度对互换性的影响。

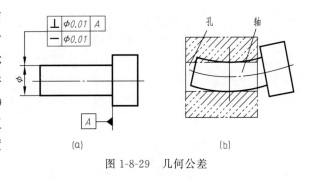

(a)　　　　　　　　(b)

图 1-8-29　几何公差

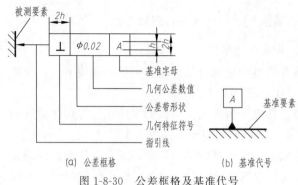

（a）公差框格　　　（b）基准代号

图 1-8-30　公差框格及基准代号

2. 几何公差的代号

几何公差的代号包括公差框格、指引线和基准代号，如图 1-8-30 所示。

（1）公差框格

由两个或两个以上矩形方格组成，矩形方格中的内容，从左到右填写几何特征项目符号、几何公差数值和代表基准的字母。

几何特征项目及符号见表 1-8-6 所示。

表 1-8-6　几何特征项目及符号

分类	特征项目	符号	分类	特征项目	符号
形状公差	直线度	—	方向或位置公差	平行度	∥
	平面度	▱		垂直度	⊥
	圆度	○		倾斜度	∠
	圆柱度	⌀		位置度	⊕
				同轴度	◎
				对称度	=
方向或位置公差	线轮廓度	⌒	跳动公差	圆跳动	↗
	面轮廓度	⌓		全跳动	↗↗

（2）指引线

带箭头的指引线，表示箭头所指的部位为被测要素，即机件上要检测的点、线或面。

（3）基准及基准符号

在新国标中，与被测要素相关的基准用一个大写字母表示，字母标注在基准方格内，与一个涂黑的或空白的三角形相连以表示基准，涂黑的和空白的三角形含义相同，如图 1-8-31 （a）～（e）所示。在旧国标中，基准及基准符号用大写字母、圆圈、粗短画及连线组成，如图 1-8-31 （f）所示。

注意事项：

① 当被测要素或基准要素为轴线、中心平面或中心点时，指引线或基准符号应与相应尺寸线对齐，否则应明显错开位置。如图 1-8-32 （a）所示，直线度误差中被测要素是指轮廓素线，故箭头与 φ20 的尺寸线错开，而同轴度误差中被测要素和基准要素分别指的是 φ20 和 φ30 段的轴线，故应与尺寸线对齐。

② 当公差带为圆柱时，公差值之前应标注符号"φ"，如图 1-8-32 （b）是图 1-8-32 （a）中同轴度的公差带形状。

3. 几何公差的识读

识读几何公差，要求明确几何公差特征项目、被测要素、基准要素以及所允许的公差值。

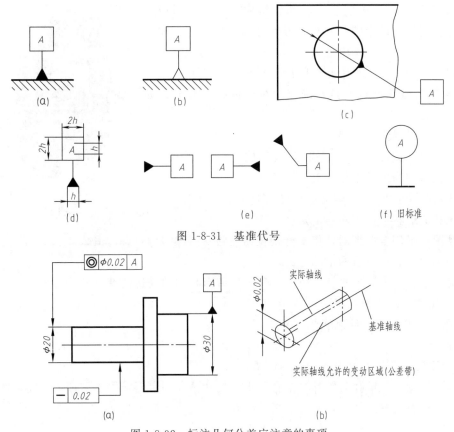

图 1-8-31　基准代号

图 1-8-32　标注几何公差应注意的事项

【例题】　解释如图 1-8-33 所示零件图中标注的几何公差的意义。

解：图中从左向右标注的三处几何公差分别表示：

① 球面 $SR750$ 对 $\phi16f7$ 轴线的圆跳动公差为 0.03mm。

② 杆身 $\phi16f7$ 段的圆柱度公差为 0.005mm。

③ 螺孔 $M8\times1\text{-}6H$ 轴线对 $\phi16f7$ 轴线的同轴度公差为 $\phi0.1$mm。

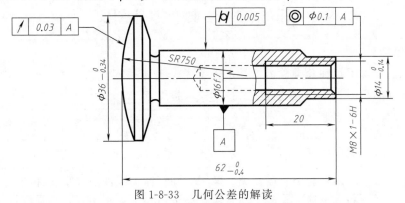

图 1-8-33　几何公差的解读

任务指导

1. 绘图步骤

① 形体分析：泵盖主要由四部分组成，右侧长圆板为安装部分，左侧有两个圆孔的长圆形部分为工作部分，加工有螺孔的前后两个凸台是附加的结构，设计用来作为安全装置的通路。该零件起支承轴和封闭齿轮泵泵体的作用。

② 根据泵盖的结构特点，确定主视图的投射方向，如图 1-8-34 所示。

③ 选择视图及表达方案。

主视图：用旋转剖作全剖视图，将泵盖上的两个轴孔、沉孔、销孔（均为内部结构）表达清楚。

左、右视图：采用基本视图，将安装部分、工作部分、轴孔及沉孔的形状与位置表达清楚。

图 1-8-34　泵盖主视图的投射方向

俯视图：采用全剖视图，将安全装置的通路（内部结构）表达清楚。

用局部视图表达前后两个凸台的形状。

综合以上各个表达方法，便可将泵盖的所有形状结构表达清楚。

④ 选比例，定图幅，布图。

⑤ 画作图基准线，绘制底图。

⑥ 检查、描深。

⑦ 标注尺寸及技术要求，完成零件图。

轴孔与齿轮轴、销孔与销都有配合要求，尺寸精度和表面结构要求较高。安装部分的安装平面、其他各孔都需加工，故有表面结构要求。其他表面不需加工。

2. 注意事项

① 分析泵盖时，应着重了解其作用，想象其在装配体中与相邻零件的装配关系。

② 主视图应该能反映零件的形状结构特征。

③ 其他视图的选择，应注重"少而精"的原则。

④ 布图应充分考虑绘图、标注尺寸、注写技术要求的需要。

⑤ 尺寸标注、技术要求的注写应完整、合理。

任务二　读典型零件图

【学习目标】

通过本任务，了解轴套类、盘盖类、叉架类、箱体类零件的功用；熟悉它们的结构；掌握四类零件的视图表达、尺寸标注及技术要求特点。

工 作 任 务 单	
工作任务	读典型零件图
任务描述	阅读轴套类、盘盖类、叉架类和箱体类零件的典型零件图。
任务分析	阅读零件工作图，就是要能够根据零件的作用及与相邻零件的关系，读懂零件的结构、形状和大小，弄清其技术要求等。
成果展示与评价	各组成员相互配合进行讨论，读懂给定的典型零件图。

知识链接

● 四类典型零件的特点
● 识读零件图的步骤

一、四类典型零件的特点

机器中的零件千变万化、形态各异。要快速而准确地读懂它们的零件图,除了要掌握一定的方法和步骤外,还要熟悉零件的类型以及各类零件的共同特点。除标准件和常用件外,根据零件的结构特点及作用,可把零件分为轴套类、盘盖类、叉架类和箱体类四类。这四类典型零件的特点见表 1-8-7。

表 1-8-7　四类典型零件的特点

零件特点 ＼ 零件类别	轴 套 类	盘 盖 类	叉 架 类	箱 体 类
功用	用于传递运动和支承传动件。包括轴、丝杠、阀杆、曲轴、套筒、轴套等	用于传递运动、连接、支承和密封。包括手轮、皮带轮、法兰盘、端盖等	用于操纵、调节、连接、支承。包括拨叉、摇臂、拉杆、连杆、支架、支座等	是机器和部件的主体零件,用来容纳、支承和固定其他零件。如阀体、泵体、箱体、机座等
结构特征	主要由同轴圆柱体、圆锥体组成,长度远大于直径。常有螺纹、键槽、退刀槽、销孔、中心孔、倒角、倒圆等结构	主体多为回转体,直径大于轴向长度。常见结构有孔、键槽、退刀槽、倒角、均匀分布的孔、轮辐、肋板等	形状不规则且复杂,零件一般由三部分组成:①工作部分,传递预定动作。②安装部分,支承或安装固定零件自身。③连接部分,连接零件的工作部分和安装部分	为空心壳体,其上有轴孔、结合面、螺孔、销孔、凸台、凹坑、加强肋板及润滑系统等结构
视图表达	一般用主视图表达主要形状结构,零件轴线水平放置。局部结构常用局部视图、局部剖视图、断面图及局部放大图表示	主视图一般取剖视图,主要轴线水平放置,常用主、左或主、俯两个基本视图。局部细节常用剖视图、断面图及局部放大图表达	主视方向常选能突出工作部分和安装部分结构形状的方向,按工作位置或自然位置安放,一般用二～三个基本视图。连接部分和细部结构则用局部视图、斜视图、各种剖视图、断面图表示	主视图多用剖视图突出内部结构形状,以工作位置安放,通常要用三个或三个以上基本视图,并需灵活运用各种视图、剖视图、断面图等表达方法
尺寸标注	一般选取零件轴线为径向基准(高、宽方向);阶梯端面为轴向基准(长度方向)。一般无径向定位尺寸,轴向尺寸应首先保证主要设计尺寸,其他尺寸按加工要求和顺序标注	选取零件轴线为径向主要尺寸基准,重要端面为轴向基准。径向均匀分布的小孔的定位圆直径是较突出的定位尺寸	一般以安装基面、对称平面、孔中心线或轴线为主要尺寸基准。各方向定位尺寸较多,往往还有角度尺寸	常以轴孔中心线、对称平面、结合面及安装基面为主要尺寸基准。定位尺寸更多,有些定位尺寸常有公差要求
技术要求	有配合的轴颈和一些重要轴向尺寸应有较高尺寸精度要求。一般表面均有要求,配合表面要求较高,达到 $Ra1.6\sim0.4$ 或更高。配合轴颈之间、配合轴颈和重要端面之间有几何公差要求	有配合的轴孔尺寸精度要求较高。配合的内、外表面及轴向定位端面表面结构要求较高,达 $Ra3.2\sim1.6$。有配合要求的内外表面应有同轴度要求,与其他运动件相接触的表面有垂直度或跳动公差要求	一般尺寸精度、表面结构和几何公差均无特殊要求,有时重要轴孔有一般的尺寸精度要求。轴孔之间或轴孔与安装基面之间有几何公差要求	箱体零件的轴孔在尺寸精度、表面结构、几何公差等方面有较高的要求。其他重要结合面和安装基面有较高的表面结构要求。轴孔之间,轴孔与重要表面之间也有一定的尺寸精度和几何公差要求

二、识读零件图的步骤

识读零件图，一般可按下述步骤进行。

1. 概括了解

① 看标题栏。了解零件名称、材料、比例等。先看零件的名称，以确定零件的类型，估计零件的大致作用和形状结构，这对读懂零件图有很大的帮助。例如看到轴的零件图时，只要熟悉零件分类，就知道轴属于轴套类零件，主体结构由几段圆柱或圆锥同轴组成。看图分析结构时，你当然就会把各轴段当作圆柱或圆锥来想了。

② 了解视图配置。要了解各视图的名称及相互间的关系，看图的方向；如果是剖视图、断面图，还要找出剖切位置。

2. 详细分析

① 分析零件的结构。以前面估计的零件大致形状为基础，结合视图，用形体分析的方法详细分析出零件的各个结构。

② 分析尺寸。分析尺寸基准、各结构的定形、定位尺寸。

③ 分析技术要求。分析表面结构要求、尺寸公差、几何公差等技术要求的高低及其原因。

3. 归纳总结

在对零件各个方面分析之后，综合归纳出零件的结构、形状特点和加工要求。

任务指导

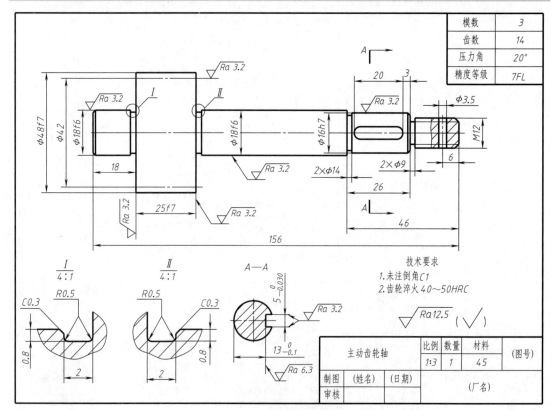

图 1-8-35　齿轮轴的零件图

1. 看图步骤

（1）轴套类零件

分析如图 1-8-35 所示齿轮轴的零件图。

① 概括了解。

该零件是油泵中齿轮轴的零件图。按 1：3 绘制，材料为 45 钢。齿轮轴的左端与油泵泵盖装配在一起，右端有键槽，通过键与传动齿轮连接。当传动齿轮带动齿轮轴旋转时，齿轮轴带动油泵中另一个齿轮作相反方向旋转，起到吸、压油的作用。由零件图右上角的参数表可知该齿轮的基本参数。

该零件图采用一个主视图、一个断面图和两个局部放大图表达，主视图采用局部剖视。

② 详细分析。

该齿轮轴由五段圆柱和齿轮部分组成，左边第一段尺寸为 $\phi18\times18$，有倒角 $C1$ 和退刀槽；第二段为齿轮；第三段直径为 $\phi18$，长度为 67，左端有退刀槽；第四段尺寸为 $\phi16\times26$，前面有键槽，左端有退刀槽，右端有倒角 $C1$；第五段为螺纹段，尺寸为 $M12$，长度为 20，左端有退刀槽，右端有倒角 $C1$，中间有一竖直通孔 $\phi3.5$。

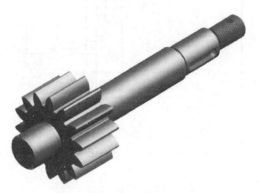

图 1-8-36　齿轮轴的立体图

该轴以水平轴线为径向尺寸基准，以齿轮的右端面（此端面是确定齿轮轴在油泵中轴向位置的重要端面）为长度方向的主要尺寸基准。键槽深度尺寸在 $A—A$ 断面图中注出。

齿轮轴的径向尺寸 $\phi48f7$、$\phi18f6$、$\phi16h7$ 和键槽宽度尺寸均有公差要求，表明这几部分均与油泵中的相关零件有配合关系，所以表面结构也相应有较高的要求，Ra 值均为 $3.2\mu m$。齿轮的轮齿部分表面经淬火处理，使轮齿表面获得高硬度，而心部保持一定的韧性，既耐磨又能承受冲击力。

③ 归纳总结。

经上述分析，可知该齿轮轴的形状、尺寸及技术要求，如图 1-8-36 所示。

（2）盘盖类零件

读如图 1-8-37 所示端盖的零件图。

① 概括了解。

从标题栏中可知，该零件为端盖，属于盘盖类零件，其主体应是回转体结构。端盖的材料为 HT150，比例 1：2。端盖用一个主视图和一个局部放大图表达。

② 详细分析。

从主视图可看出，端盖由两部分组成，都为圆柱。$\phi80f8$ 段为工作部分；$\phi115$ 段为连接部分，其上沿圆周方向均匀分布有六个沉孔（$6\times\phi9$）。端盖的中心有一阶梯孔，孔中有一放置密封材料用的梯形环槽，尺寸在局部放大图中标出。轴线为径向尺寸基准，$\phi115$ 段右端面为轴向尺寸基准。从图中可看出，$\phi80f8$ 圆柱面的技术要求较高，有尺寸公差要求。$\phi115$ 段右端面为安装接触面，它与 $\phi80f8$ 外圆柱表面的表面结构要求最高。

③ 归纳总结。

根据分析，端盖由两段圆柱组成，内有阶梯孔，连接部分制有六个圆柱形沉孔。工作部

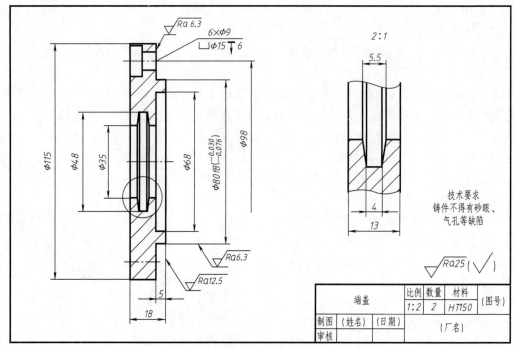

图 1-8-37　端盖的零件图

分及安装接触面的技术要求较高。

（3）叉架类零件

读如图 1-8-38 所示摇臂的零件图。

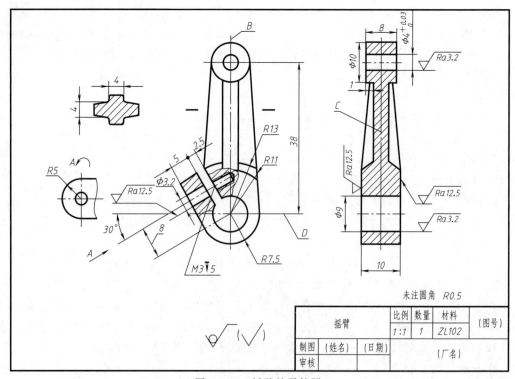

图 1-8-38　摇臂的零件图

① 概括了解。

从标题栏可知，零件为摇臂，属于叉架类零件，因此主体由三个部分组成。该摇臂材料为 ZL102，比例 1：1。图中使用一个主视图、一个左视图、一个斜视图 A 和一移出断面图表达摇臂。

② 详细分析。

从主、左视图可看出，摇臂的工作部分为一直径 $\phi 10$ 的圆筒；安装部分是一类似圆筒的形体，但上部较厚，并带有拔模斜度，右部为斜平面，左边接有一夹紧结构（通过螺纹 M3 夹紧 $\phi 9$ 孔中的轴），夹紧结构的形状可从斜视图 A 看出。连接部分和加强部分都是厚为 4mm 的板状结构，从断面图可看出这两部分的断面形状，它们相互垂直。摇臂以 B 为长度方向的尺寸基准，宽方向以前后对称面 C 为基准（C 一般不画出），高方向以 $\phi 9$ 孔中心线 D 为基准。工作部分中 $\phi 4_{0}^{+0.030}$ 孔的公差要求、表面结构要求较高，其次是安装部分的孔，其表面结构要求值得关注。

③ 归纳总结。

摇臂以圆筒为工作部分，安装部分为近似的圆筒上厚下薄，右边是斜平面，左边接有一夹紧结构，加强部分和连接部分是相互垂直的板形结构。工作部分的圆孔有尺寸公差要求，表面结构要求也较高，如图 1-8-39 所示。

图 1-8-39　摇臂
立体图

（4）箱体类零件

读如图 1-8-40 所示的零件图。

① 概括了解。

从标题栏可知，零件为泵体，材料是 HT200，比例 1：2。该泵体是齿轮油泵的主要零件，用于安装和容纳齿轮轴等零件。泵体的零件图用主视图 $A—A$、左视图、右视图和剖视图 $B—B$ 表达。

② 详细分析。

泵体的主视图为两相交平面剖切的全剖视图，$B—B$ 也是全剖视图，左视图采用局部剖视图，右视图为基本视图，分别表达泵体左端面上的安装螺孔、进出油口、安装底板上的安装孔等结构。由视图可知泵体是一个前后对称的机件，左边空腔容纳一对啮合齿轮，右边有安放密封装置的凸缘，泵体下部是与机座连接的安装底板。再分析泵体上各部分的局部结构，如泵体前后带有管螺纹的进出油口，左端面上有销孔和螺孔等。

泵体左端面是长度方向主要尺寸基准；泵体的前后对称平面是宽度方向主要尺寸基准；泵体底面是高度方向的主要尺寸基准。各部分的定形、定位尺寸及有关辅助基准读者自行分析。泵体中的尺寸 $42_{0}^{+0.039}$、$24.9_{0}^{+0.033}$、$\phi 48_{0}^{+0.039}$、$\phi 18_{0}^{+0.019}$，是设计时确定的重要尺寸，标注有尺寸公差要求。

零件图上标注的表面结构要求、尺寸公差、几何公差以及热处理和表面处理等技术要求，是根据泵体在齿轮油泵中的作用和要求确定的。如泵体 $\phi 48_{0}^{+0.039}$ 内腔表面与转动的齿轮配合，$\phi 18_{0}^{+0.018}$ 两轴孔与齿轮轴有间隙配合要求，尺寸精度要求高，表面结构要求也较高，Ra 选用 $1.6\mu m$。

③ 归纳总结。

把上述内容综合起来，就可得出泵体的完整形状，如图 1-8-41 所示。

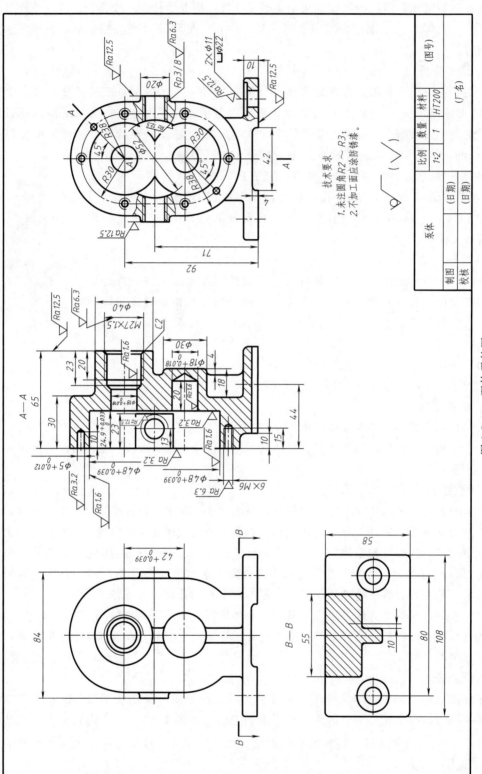

图 1-8-40 泵体零件图

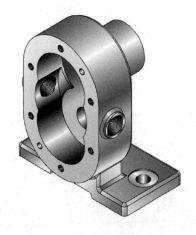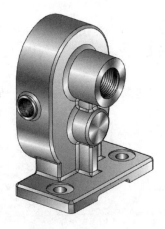

图 1-8-41   泵体的立体图

2. 注意事项

① 看零件图时，首先应该根据零件的名称进行分类，熟悉该类零件的功用、结构特征、视图表达、尺寸标注、技术要求等方面的特点。

② 应注意零件在部件或机器中的作用、运动状态，以及与其他零件的相互关系，从而理解零件的技术要求。

③ 具体看图时应紧紧围绕零件的形状结构、尺寸标注、技术要求三个方面来分析。

任务三   用 AutoCAD 绘制零件图

【学习目标】

掌握 AutoCAD 块操作的技巧，并掌握用 AutoCAD 绘制零件图的方法。

工作任务单	
工作任务	绘制端盖零件图
任务描述	用 AutoCAD 绘制端盖（见图 1-8-37）的零件图。
任务分析	本任务使用 AutoCAD 绘制零件图，包括设置绘图环境、建立完整的图形样板，标注尺寸，填写技术要求等，这些内容在前面都已经作了介绍。为避免重复绘图，加快作图速度，本任务中使用了块操作。
成果展示 与评价	各组成员上机操作，完成本任务中的例题。

知识链接

● 块操作

● 用 AutoCAD 绘制零件图的方法

一、块操作

在工程设计中，有许多图形需要重复使用，如螺钉、螺母等标准件的视图。AutoCAD可以将这些图形定义为块，供需要时随时调出，以避免重复绘图。

1. 创建块

【例题1】 创建螺栓块，如图1-8-42所示。

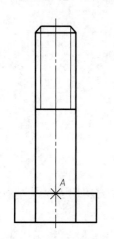

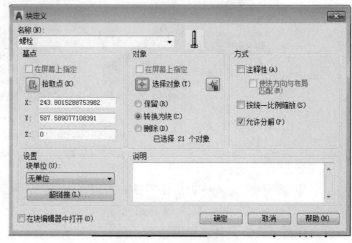

图1-8-42 螺栓　　　　　　　　　图1-8-43 块定义对话框

操作步骤：

① 单击块面板中创建块图标 （命令"B"），打开"块定义"对话框，在"名称"下拉列表框中输入"螺栓"，如图1-8-43所示。

② 单击"基点"选项区域的"拾取点"按钮，捕捉A点作为基点。

③ 单击"对象"选项区域的"选择对象"按钮，使用窗口选择模式选取该螺栓，按回车再回到"块定义"对话框。

④ 选择"对象"选项区域的"转换为块"选项，单击"确定"按钮，完成块定义。

⑤ 若当前图形中创建的块要在其他图形中使用，则需使用"写块"命令将块保存成一个同名文件，在其它图形中插入块的时候，选择插入文件的方式即可以将块插入进来。

在命令行输入写块命令"W"，回车后弹出"写块"对话框，设置如图1-8-44所示，将"螺栓"块保存在磁盘上，便于今后调用。

2. 插入块

插入块命令可以将已定义的块，通过指定比例和旋转角度，插入当前图形中的指定位置。

单击块面板中插入块图标（命令"I"），选择"最近使用的块"，打开插入块对话框，如图1-8-45所示。通过左侧"当前图形"、"最近使用"、"其他图形"三个选项卡，找到需要的

图1-8-44 "写块"对话框

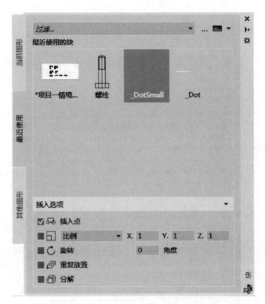

图 1-8-45 块"插入"对话框

块，单击鼠标选中块后，在图中需要的位置单击鼠标左键就可以插入该块。

【**例题2**】 将图 1-8-46（a）所示螺栓、垫片、螺母分别由基点 A、B、C 插入到 D、E、F 点，如图 1-8-46（d）所示。

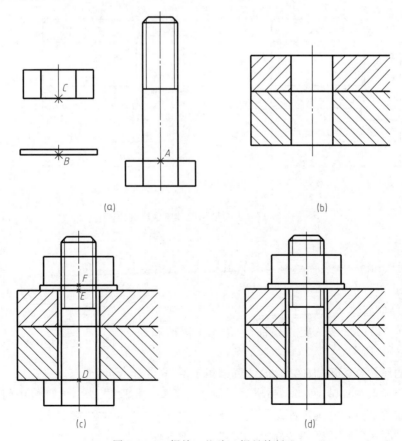

图 1-8-46 螺栓、垫片、螺母块插入

操作步骤：

（1）块定义

将图 1-8-46（a）所示螺栓、垫片、螺母分别定义为块。块名依次为"螺栓"、"垫片"、"螺母"，基点分别为 A、B、C。

（2）插入块

单击块面板中插入块图标 ![icon]，选择"最近使用的块"，打开插入块对话框，左侧选项卡切换为"当前图形"，勾选复选框"分解"，分别插入图块"螺栓""垫片""螺母"。插入点的位置依次捕捉 D、E、F 点，其他按默认值设置，结果如图 1-8-46（c）所示。

（3）图形整理

将图中多余的图线进行修剪、删除，如图 1-8-46（d）所示。

3. 块的属性

如果块中包含可变的非图形信息，如重量、规格等，则需定义块属性，在需要的时候可将信息提取出来，并可进行属性编辑。

要让一个块附带属性，首先需要绘制出块的图形并定义出属性，然后将图形对象连同属性一起创建成块。在插入这些块时会提示输入属性值。

下面以机械图中常用到表面结构代号为例，介绍带属性块的创建与插入。

【例题 3】 在图 1-8-47（a）上标注表面结构代号，结果如图 1-8-47（b）所示。

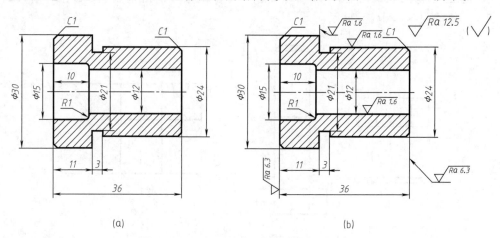

(a)　　　　　　　　　　　　　　(b)

图 1-8-47　表面结构代号属性块的插入

操作步骤：

① 在图层 0 中绘制表面结构符号，其形状、尺寸如图 1-8-48 所示。

② 定义属性和块

选择菜单"绘图→块→定义属性"，定义所需的属性如图 1-8-49（a）所示。

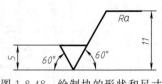

图 1-8-48　绘制块的形状和尺寸

定义好的属性（标记"RA"）的位置如图 1-8-49（b）所示。

在命令行输入"W"，回车，弹出"写块"对话框，拾取图 1-8-49（b）中的三角形下方的顶点作为块的基点，框选表面结构代号及属性"RA"作为块对象，就定义好了附带属性的块。单击"写块"对话框的"确定"按钮，将块存储在磁盘上。

(a) (b)

图 1-8-49 "属性定义"对话框

③ 单击块面板中插入块图标，选择"最近使用的块"，打开插入块对话框，切换左侧选项卡为"当前图形"，勾选下方的"插入点"和"旋转"复选框，插入包含属性的表面结构图块（"对象捕捉"中设置自动捕捉"最近点"）。结果如图 1-8-47（b）所示。

注意，图中的引出线应该另行绘制。

二、用 AutoCAD 绘制零件图的方法

① 分析零件特点，确定表达方案。
② 调用绘图样板或者设置绘图环境。
③ 将零件分成几个部分，确定绘图顺序。
④ 绘制定位线。
⑤ 依次画出各视图的轮廓线。
⑥ 绘制样条曲线、剖面线。
⑦ 标注尺寸、几何公差、表面结构要求代号。
⑧ 打开所有层，重新布图。
⑨ 标注技术要求、填写标题栏。
⑩ 检查图形。

任务指导

1. 绘图步骤

用 AutoCAD 绘制端盖零件图（见图 1-8-37）的步骤如下。

（1）设置绘图环境

用 Limits 命令设置图形界限为 297×210（A4 图纸），图层可只设置细实线、粗实线和中心线层，若建图形样板文件，可尽量按不同用途多建图层。按标准设置工程字体和标注样式。

（2）绘制图框和标题栏

按标准边距用粗实线绘制图框（左边距 25，其余三边边距 5）。绘制标题栏，将其定义为带属性的块，以便今后使用。

若已经建立了图形样板，标题栏作成了块，则可直接调用，从而简化上述两步。

（3）绘制端盖

操作步骤：

① 画端盖的主要轮廓。

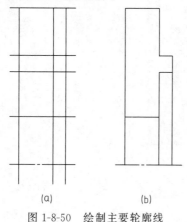

图 1-8-50　绘制主要轮廓线

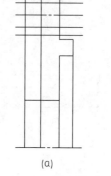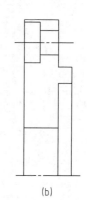

图 1-8-51　绘制沉孔

切换至中心线层，在图面的合适位置绘制水平轴线及左端面垂线。用偏移命令画出端盖外形及 $\phi68$、$\phi35$ 孔的轮廓线，如图 1-8-50（a）所示。修剪后得如图 1-8-50（b）所示的图形。注意图中只画了端盖的上一半，下一半在后面镜像得到。

② 画沉孔。

继续用偏移命令画出沉孔，如图 1-8-51（a）所示。修剪后得如图 1-8-51（b）所示的图形。

③ 画梯形断面密封槽。

再次用偏移命令画出端盖孔内的梯形断面密封槽，如图 1-8-52（a）所示。修剪后得图 1-8-52（b）。

④ 镜像得到另一半。

使用镜像得到端盖的下半部分，如图 1-8-53 所示。注意选择镜像对象时不要选择沉孔，只选择其轴线。

⑤ 画局部放大图。

在主视图中选择要放大的所有轮廓线，复制后再放大两倍，如图 1-8-54（a）所示。

用样条曲线画出波浪线，经修剪得图 1-8-54（b）。

⑥ 画剖面线。

调整图中所有图线到各自需要的图层后，切换到细实线层，画出剖面线，如图 1-8-55 所示。

⑦ 标注尺寸。

图层仍使用细实线层。尺寸的标注方法在前面已作了介绍。

⑧ 表面结构要求的标注。

可以利用我们前面建立的表面结构代号块。注意块插入时，要勾选插入块对话框下方的"插入点"和"旋转"复选框，并打开对象捕捉中的"最近点"捕捉，才能将表面结构代号准确地标注在所需的位置。

⑨ 标注公差。

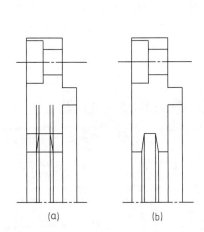

图 1-8-52　画梯形断面密封槽

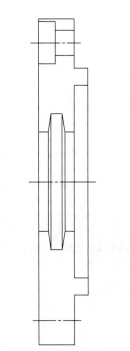

图 1-8-53　镜像的另一半

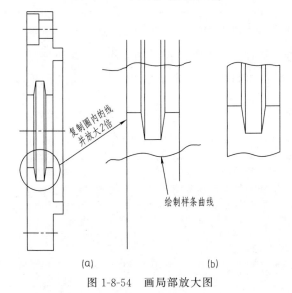

(a)　　　　　　　　　(b)

图 1-8-54　画局部放大图

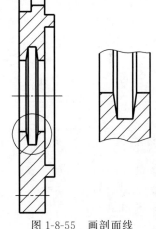

图 1-8-55　画剖面线

标注公差代号和极限偏差时，可先用线性标注方式标注尺寸，然后选中所标尺寸，执行"修改→对象→文字→编辑"菜单命令进入文字编辑状态，删除原文字，输入要标注的文字和极限偏差。

⑩ 修整、检查图形。

调整中心线至合适长度，若中心线不合适，用"Lts"命令，输入合适比例因子进行调整。

2. 注意事项

① 块可以是绘制在几个图层上的不同颜色、线型等特性的对象组合。尽管总是在当前图层上，但块中保存原图层颜色等特性信息。图形中插入很多相同的块，并不会显著地增大

图形文件。

② 在 AutoCAD 创建块的过程中,"0"图层是一个浮动图层,在此图层中的对象创建成的图块,其原始对象的其他特性(如颜色、线型、线宽等)都设置为逻辑属性"ByLayer"(随层),插入后将会随插入的当前图层的特性变化,而用其他图层中的对象创建的图块则保留原始图线所在图层的特性。所以最好将创建图块的原始图线放到"0"图层中。

③ 注意输入的文字与图块大小匹配。如果输入属性值后,图形比例、字体和文字位置不符合要求,可双击该属性,在弹出的"增强属性编辑器"对话框中进行修改,以达到所需要求。

④ 绘制复杂图形时,应视具体内容灵活绘图。一般应将复杂的图形分成几个简单的组成部分,逐一绘制,培养良好的绘图习惯。

任务四 读齿轮油泵的装配图、拆画零件图

【学习目标】
通过本任务,了解装配图的作用和内容;掌握装配图的表达方法;掌握装配图的尺寸标注方法、掌握零件序号、明细栏的编写方法;能够读懂简单的装配图。

工 作 任 务 单

工作任务	看懂简单装配图
任务描述	读如图 1-8-56 所示齿轮油泵的装配图。
任务分析	要读懂齿轮油泵的装配图,先应了解装配图的作用和内容,熟悉装配图的表达方法和尺寸标注方法,掌握零件序号、明细栏的编写方法,再进而掌握读装配图的方法和步骤。
成果展示与评价	各组成员相互讨论,读懂本任务中的例题,并完成习题内容。

知识链接

● 装配图的作用和内容
● 装配图的表达方法
● 装配图上的标注(包括尺寸、零件序号、明细栏)
● 装配图的阅读

一、装配图的作用和内容

装配图是表达机器或部件(统称装配体)的连接、装配关系的图样。如图 1-8-57 所示球阀的装配图。

一张完整的装配图,一般包括五个方面的内容。

1. 一组视图

表达机器或部件的工作原理、各零件之间的装配连接关系和零件的主要结构形状。

2. 必要的尺寸

包括机器或部件的规格尺寸、装配尺寸、安装尺寸、外形尺寸及其他重要尺寸。

3. 技术要求

用文字或代号说明与机器或部件有关的性能、装配、检验、安装、调试和使用等方面的要求。

4. 零件序号、明细栏

对装配体上的每一种零件，按顺序用数字编写序号。明细栏用来说明各零件的序号、名称、数量、材料和备注等。

5. 标题栏

填写机器或部件的名称、图号、绘图比例以及责任人签名和日期等。

二、装配图的表达方法

装配图的表达方法，除了可用前面介绍的视图、剖视图、断面图等各种表达方法外，还可针对装配图的特点，使用下面的表达方法。

1. 装配图的规定画法

① 相邻两零件的接触面或配合面只画一条线。而非接触、非配合的两个表面，不论其间隙多小，都必须画出两条线，如图 1-8-57 所示。

② 相邻两零件的剖面线，其倾斜方向应相反或间隔不同；同一零件在不同视图上的剖面线，其倾斜方向及间隔应保持一致，如图 1-8-57 中的件 1 与件 2，件 1 与件 13。

③ 剖切面通过标准件、实心件的轴线或对称平面时，在剖视图中这些零件应按不剖处理。如图 1-8-57 所示，主视图中的阀杆就是按不剖绘制的。这些零件上的孔、键槽可采用局部剖视表达。

2. 装配图的特殊表达方法

① 拆卸画法。为了使装配体中被挡部分能表达清楚，或者为避免重复，可假想将某些零件拆卸后再投影，如图 1-8-57 中的左视图，就是拆去零件 13 后绘制的。采用拆卸画法时，应在视图的上方注写"拆去件××"字样。

② 沿零件的结合面剖切。在装配图中，可假想沿某些零件的结合面选取剖切平面进行剖切，如图 1-8-56 中的 B—B 剖视图，就是沿泵盖结合面剖切后画出的。图中结合面上不画剖面线，但螺钉被截断，应画出剖面线。

③ 假想画法。为了表示运动零件的极限位置或部件与相邻零件（或部件）的相互关系，可用双点画线画出其轮廓，如图 1-8-57 中的俯视图，其扳手的一个极限位置就是采用假想画法表示的。

④ 夸大画法。按实际尺寸难以画出的薄片零件、细丝弹簧、微小间隙等，可不按比例而适当夸大画出，或直接涂黑表示，见图 1-8-56 中垫片（件 7）的厚度画法。

⑤ 简化画法。在装配图中，零件的工艺结构（圆角、倒角、退刀槽等）可不画出，如图 1-8-58 所示。相同的零件组（如螺栓连接组件等）可详细画出一组或几组，其余的用点画线表示，如图 1-8-58 中下部的螺钉。

三、装配图上的标注

1. 装配图上的尺寸标注

装配图和零件图的功能不同，对尺寸标注的要求也不同。在装配图中，一般只需标注下列几种尺寸。

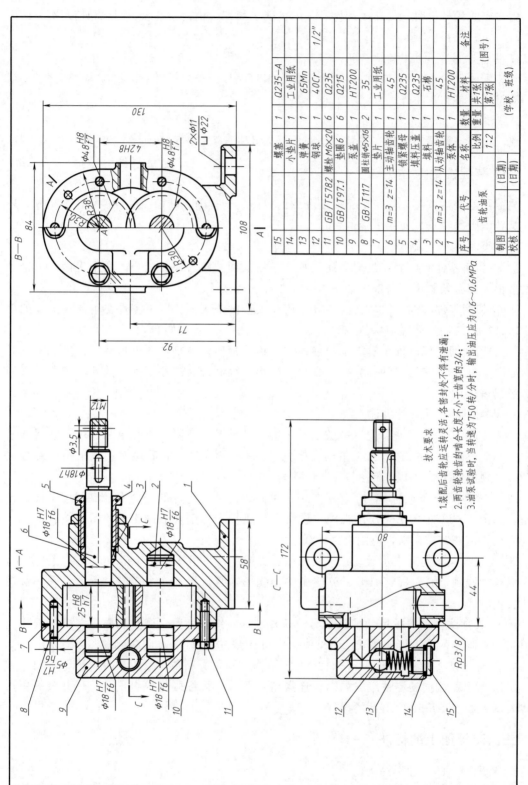

技术要求
1. 装配后齿轮应运转灵活，各密封处不得有泄漏；
2. 两齿轮齿的啮合长度不小于齿宽的3/4；
3. 油泵试验时，当转速为750转/分时，输出油压应为0.6～0.6MPa

序号	代号	名称	数量	材料	备注
15		螺塞片	1	Q235-A	
14		小垫片	1	工业用纸	
13		弹簧	1	65Mn	
12		钢球	1	40Cr	1/2"
11	GB/T5782	螺栓M6×20	6	Q235	
10	GB/T97.1	垫圈6	6	Q215	
9		泵盖	1	HT200	
8	GB/T117	圆柱销φ5×16	2	35	
7		垫片	1	工业用纸	
6	m=3 z=14	主动轴齿轮	1	45	
5		锁紧螺母	1	Q235	
4		填料压盖	1	Q235	
3		填料	1	石棉	
2	m=3 z=14	从动轴齿轮	1	45	
1		泵体	1	HT200	

齿轮油泵   比例 1:2   共1张   第1张

(制图) (日期)
(校核) (日期)

(学校、班级)   (图号)

图 1-8-56 齿轮油泵装配图

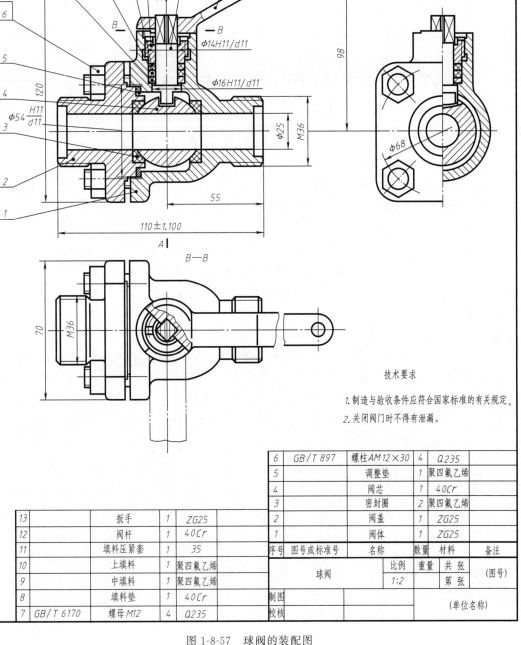

图 1-8-57　球阀的装配图

6	GB/T 897	螺柱AM12×30	4	Q235	
5		调整垫	1	聚四氟乙烯	
4		阀芯	1	40Cr	
3		密封圈	2	聚四氟乙烯	
2		阀盖	1	ZG25	
1		阀体	1	ZG25	
序号	图号或标准号	名称	数量	材料	备注

13		扳手	1	ZG25			
12		阀杆	1	40Cr			
11		填料压紧套	1	35			
10		上填料	1	聚四氟乙烯			
9		中填料	1	聚四氟乙烯			
8		填料垫	1	40Cr			
7	GB/T 6170	螺母M12	4	Q235			

球阀　比例 1:2　重量　共 张　第 张　(图号)

制图　校核　(单位名称)

技术要求

1. 制造与验收条件应符合国家标准的有关规定。

2. 关闭阀门时不得有泄漏。

① 规格尺寸。表明机器（或部件）的规格或性能的尺寸，是设计和用户选用该产品的主要依据，如图 1-8-57 中球阀孔径 $\phi 25$，由该尺寸可计算出球阀流量的大小。

② 装配尺寸。表明机器（或部件）中有关零件之间配合性质和主要相对位置的尺寸，如图 1-8-56 中齿轮轴与泵盖、泵体的配合尺寸 $\phi 18H7/f6$ 等。

③ 安装尺寸。机器（或部件）安装时所需要的尺寸，如图 1-8-56 中的 80、$2 \times \phi 11$ 等。

④ 外形尺寸。即机器（或部件）的总长、总宽、总高。它为包装、运输和安装所占空间的大小提供了依据，如图 1-8-56 中的尺寸 172、130、108。

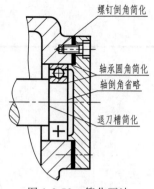

图 1-8-58 简化画法

⑤ 其他重要尺寸。在设计中计算或选定的一些重要尺寸，如图 1-8-56 中两齿轮的中心距 42H8。

需要说明的是，并不是每一张装配图都标注有上述五种尺寸，有的尺寸还可能同时具有多种作用。

2. 装配图中的序号和明细栏

为了便于看图，便于图样管理，对装配图中所有零、部件都必须编写序号，同时在标题栏上方的明细栏中与图中序号一一对应地予以列出。

（1）序号的编写方法

① 每种零件只编写一次序号（数量在明细栏内填明）。

② 编写序号的形式：指引线（细实线）应从零件的可见轮廓内画一圆点后引出，在指引线的另一端填写序号，也可画水平细实线或圆，如图 1-8-59 所示。

③ 零件序号应沿水平或垂直方向按顺时针（或逆时针）方向顺序排列整齐，并尽可能均匀分布，见图 1-8-57。

④ 指引线互相不能相交，当指引线通过剖面区域时，不得与剖面线平行；必要时，可将指引线画成一次折线，如图 1-8-59（d）所示。

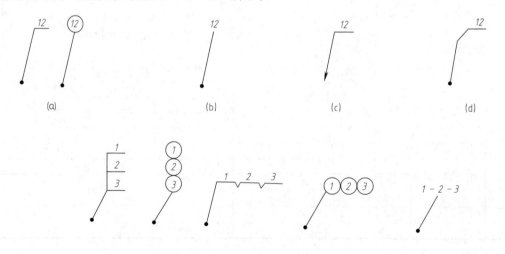

图 1-8-59 序号的编写方法

⑤ 一组紧固件或装配关系明显的零件组，可采用公共指引线，如图 1-8-59（e）所示。

（2）明细栏

明细栏中包括序号、代号、名称、数量、材料、重量、备注等内容。通常画在标题栏上方，应自下而上顺序填写。如位置不够时，可紧靠在标题栏的左边自下而上延续，见图 1-8-57。

四、装配图的阅读

1. 识读装配图要达到的要求

识读装配图总的要求是：通过看图了解各零件的相互位置，零件的连接和固定方法，哪些零件可以转动或移动，配合的松紧程度以及装拆顺序如何，装配时有些什么技术要求等。同时要结合读者的生产实践经验，全面了解机器或部件的性能、功用、工作原理、传动路线以及使用特点等。

2. 读装配图的方法和步骤

（1）概括了解

由标题栏可了解装配体的名称、大致用途；由外形尺寸可了解装配体的大小；由零件序号及明细栏可了解零件数量和标准件的数量，估计装配体的复杂程度。

（2）分析视图

了解视图的数量，弄清视图间的投影关系，以及各视图采用的表达方法，为进一步深入读图作准备。

（3）分析传动路线及工作原理

一般情况下可从图样上直接分析装配体的传动路线及工作原理，装配体比较复杂时，需参考产品说明书。

（4）分析装配关系

从工作原理入手，按装配干线逐个分析各零件的作用及相邻零件之间的相互关系，弄清其装配情况。

（5）分析零件结构形状

分析步骤如下：

① 分离视图。从表达某个零件最清晰的主视图入手，依据投影规律、序号、剖面线，借助尺规等在各个视图上区分出该零件的投影轮廓。

② 结合零件的功用及相邻零件的形状、加工和装配等因素，完善装配图上表达不完整的结构。

③ 依据视图，想象出零件完整的结构形状。

（6）归纳总结

通过分析，最后综合归纳，对装配体的工作原理、装配关系及主要零件的结构形状、尺寸、作用等形成一个完整、清晰的认识，想象出整个装配体的形状和结构。

任务指导

1. 看齿轮油泵装配图的步骤

（1）概括了解

由图 1-8-56 的标题栏可知该装配体为齿轮油泵，用于输送润滑油。齿轮油泵的外形尺寸是 172mm、130mm、108mm，据此可知它的体积大小。该油泵共有 15 种零件，其中有 3 种标准件，属于较简单的部件。

（2）分析视图

齿轮油泵采用三个视图，分别是主视图 A—A、俯视图 C—C 和左视图 B—B。主视图采用全剖视，轮齿啮合区采用局部剖视，表达齿轮油泵的主要装配关系；左视图采用半剖视，剖切面通过泵盖 9 和泵体 1 的结合面剖切，可清楚地反映出油泵的外形和一对齿轮的啮合情况；左视图还采用了局部剖视，表达进、出油孔的结构；俯视图采用局部剖视图，可看清泵盖内安全装置的管路通道。

（3）分析传动路线及工作原理

齿轮油泵的工作原理请参看项目一情境一中的内容。

（4）分析装配关系

从图 1-8-56 可以看出，齿轮油泵中件 6 和件 2 均为齿轮轴，其上的一对齿轮相互啮合，两轴的左端都装在泵盖 9 中，右端装在泵体 1 内，泵盖与泵体分别用两个圆柱销定位，6 个螺钉紧固连接在一起。

两齿轮轴与泵盖孔之间为间隙配合（$\phi 18 H7/f6$），为了防漏，在泵体与泵盖的结合面处垫入了垫片 7；主动轴齿轮 6 的伸出端用填料 3 密封，压紧力是由填料压盖施加给填料的。

（5）分析零件结构形状

以泵盖 9 为例，分析步骤如下：

① 分离并补充视图　从泵盖 9 的主视图入手，依据投影规律、序号、剖面线等，借助尺规在各个视图上区分出泵盖 9 的投影轮廓，如图 1-8-60（a）所示；结合相邻零件，对有些结构的轮廓线应作相应的补充，如图 1-8-60（b）所示。

② 分析并完善装配图上表达不完整的结构，如图 1-8-61 所示。

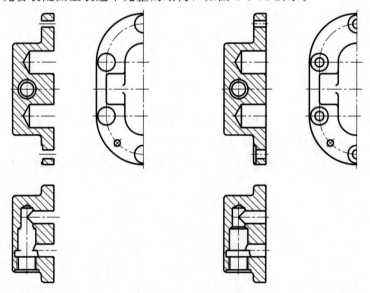

(a) 分离视图　　　　　　　　　　(b) 补充结构轮廓线

图 1-8-60　分离并补充视图

③ 依据视图，想象出零件完整的结构形状，参见图 1-8-1。

（6）归纳总结

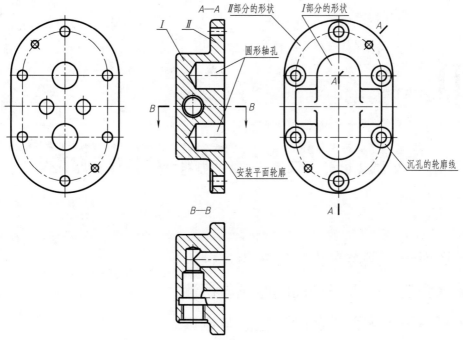

A—A　Ⅱ部分的形状　Ⅰ部分的形状

圆形轴孔

安装平面轮廓

沉孔的轮廓线

B—B

图 1-8-61　泵盖的结构分析

通过上述分析，对齿轮油泵形成一个完整的认识，油泵的结构参见图 1-1-2。

2. 注意事项

① 读装配图时，一定要先了解装配体的名称，从而大致了解其作用。

② 切记要看明细栏，并对照序号详细了解每个零件在装配体中的位置及有关信息。

③ 注意图中标有配合代号及尺寸公差的部位，分析其缘由。

项目二

氧化锌生产实训车间测绘

情境一 熟悉氧化锌的生产过程

任务 氧化锌的生产过程

【学习目标】

① 熟悉氧化锌生产工艺原理及工艺条件，了解生产过程。

② 熟悉氧化锌生产实训车间，了解各设备的功用，熟悉设备及管道布置情况。

③ 培养团队协作能力、语言表达能力；培养认真负责的工作态度。

工 作 任 务 单	
工作任务	熟悉氧化锌生产实训车间，了解生产过程
任务描述	① 了解氧化锌生产工艺原理及工艺条件。 ② 熟悉氧化锌生产实训车间，了解氧化锌生产的工艺流程、各设备的功用、设备及管道的布置情况。 ③ 掌握安全生产操作规程。
任务分析	本任务是通过氧化锌生产岗位，认识化工生产的一般过程，熟悉化工生产的常用设备、管道、管件、阀门等，从中了解化工厂设计和施工的主要内容，从而明确化工制图部分的学习内容。
成果展示与评价	各组成员相互配合，查找相关资料并进行讨论，对任务描述的各个问题写出报告分组汇报并上交。

知识链接

● 氧化锌生产的工艺原理及工艺条件

● 氧化锌的生产过程

一、氧化锌生产的工艺原理及工艺条件

氧化锌是用途十分广泛的功能材料，大量用于电子、涂料、催化等重要工业技术领域。氧化锌的生产方法有多种，结合生产实训车间的要求，采用湿法直接沉淀法。直接沉淀法是制备氧化锌的主要方法，其实质是在锌的可溶性盐溶液 [如 $ZnSO_4$、$ZnCl_2$、$Zn(NO_3)_2$ 等] 中加入一种沉淀剂 [如 Na_2CO_3、$NH_3 \cdot H_2O$、$(NH_4)_2C_2O_4$ 等]，首先制成另一种不溶于水的锌盐或锌的碱式盐、氢氧化锌等，然后再通过加热分解的方式制得氧化锌粉体。

1. 工艺原理

主要化学反应为：

$$5ZnSO_4 + 5Na_2CO_3 + 3H_2O \Longrightarrow Zn_5(CO_3)_2(OH)_6 + 3CO_2\uparrow + 5Na_2SO_4 \tag{1}$$

$$Zn_5(CO_3)_2(OH)_6 \Longrightarrow 5ZnO + 2CO_2\uparrow + 3H_2O\uparrow \tag{2}$$

2. 工艺条件

① 沉淀中和工艺过程。

反应温度 $70\sim80℃$，$ZnSO_4$ 11%，Na_2CO_3 10%；反应时间 2h。

② 干燥工艺过程。

进风温度 $160\sim180℃$，出风温度 $90\sim100℃$，进料电机频率 15Hz。

③ 煅烧工艺过程。

升温至 250℃，保温 30min，再升温至 550℃，保温 3h。

二、氧化锌的生产过程

氧化锌的生产过程分为六个步骤：制水、配料、反应、压滤和洗涤、干燥和煅烧。经过六个步骤的处理，可以得到氧化锌产品。

1. 制水

超纯水处理设备由反渗透纯水机和 EDI 水处理机两部分构成。制水分为预处理、二级膜处理和 EDI 处理三个步骤，通过这些处理，可将自来水中的泥沙、阴阳离子等杂质去掉，得到的超纯水进入超纯水储槽进行储存。

2. 配料

与配料相关的设备有：计量槽（1 号计量槽装超纯水；2 号计量槽装 $ZnSO_4$ 溶液；3 号计量槽装 Na_2CO_3 溶液）、配料釜、储罐（分别装超纯水、Na_2CO_3、$ZnSO_4$）、真空动力系统（水泵、喷射泵、水槽、缓冲槽）。

① 硫酸锌溶液的配制：将配料釜用清水冲洗干净，检查设备各零件部件是否完好，开启真空泵，将真空引入 1 号水计量高位槽中，打开水储罐出口阀和水高位计量槽的进水阀，将水抽入高位计量槽中，调节水的液位至标定刻度处（80kg），在配料釜中加入 80kg 超纯水，开启搅拌，缓慢加入称量好的七水硫酸锌晶体 20kg，加完后继续搅拌 20min，停止搅拌，将配置好的硫酸锌溶液放入硫酸锌储罐备用。

② 碳酸钠溶液的配制：将配料釜用清水冲洗干净，检查设备各零件部件是否完好，开启真空泵，将真空引入 1 号水计量高位槽中，打开水储罐出口阀和水高位计量槽的进水阀，将水抽入高位计量槽中，调节水的液位至标定刻度处（80kg），在配料釜中加入 80kg 超纯水，开启搅拌，缓慢加入称量好的碳酸钠粉末 9kg，加完后继续搅拌 20min，停止搅拌，将配置好的碳酸钠溶液放入碳酸钠储罐备用。

3. 反应（沉淀中和工艺过程）

反应在反应釜中进行。

① 检查准备：将反应釜用清水冲洗干净，检查设备各零件部件是否完好。

② 进料：开启真空泵，将真空引入 2、3 号计量槽，打开硫酸锌溶液和碳酸钠溶液计量槽进料阀，开启硫酸锌溶液和碳酸钠溶液储罐的出料阀，当物料液位达到标定刻度时立即关闭计量槽进料阀和储罐出料阀。关闭计量槽真空系统，打开放空阀。万一操作失误，进料超过液位，可打开计量槽的底部的旁通阀，将过量的溶液用桶收集倒入储槽中。

③ 中和沉淀：先在反应釜中加入计量好的 $ZnSO_4$ 溶液 100kg，启动搅拌，开启反应釜加热系统，缓慢将计量好的 Na_2CO_3 溶液 80kg 加入反应釜进行中和沉淀，注意加料速度，以免物料在气泡的作用下冒槽，加入速度通过加料的球阀的开关控制；加料过程控制反应温度为 $70\sim80℃$，继续反应 2h，反应完后 pH 为 $6.5\sim6.7$，混合液中 Zn^{2+} 浓度 1.0g/L 即为

终点。主要化学反应为：

$$5ZnSO_4 + 5Na_2CO_3 + 3H_2O =\!=\!= Zn_5(CO_3)_2(OH)_6 + 3CO_2\uparrow + 5Na_2SO_4$$

4. 压滤和洗涤

反应釜中反应好的混合沉淀物料由隔膜泵（以空气压缩机输送来的高压空气为动力）抽出，进入板框压滤机进行压滤，或者采用离心分离，滤渣加入反应釜中用200kg超纯水打浆洗涤，再压滤或离心分离，重复两次洗涤操作，至滤液用6%$BaCl_2$溶液检测，无白色沉淀即可，制得碱式碳酸锌湿饼。

5. 干燥

干燥是用来去除碱式碳酸锌湿饼中的水分。

碱式碳酸锌湿饼送入闪蒸干燥机，鼓风机鼓入100℃以上的热风，碱式碳酸锌湿饼中的水分被蒸发，水蒸气与部分粉尘固体进入旋风分离器进行气固分离（分离效率可达到90%），大部分碱式碳酸锌由旋风分离器底部的出料口收集。剩余的小部分碱式碳酸锌随气体进入袋式收集器，由袋式收集器底部的出料口收集，气体通过引风机引出排至室外。

6. 煅烧

煅烧在马福炉中进行，可通过微电脑调节实现自动恒温、自动升温、自动保温和自动关机。干燥后的碱式碳酸锌物料经200目的磨粉机粉碎后转入马福炉中，在550℃下焙烧3h。碱式碳酸锌煅烧后可分解成ZnO、CO_2和H_2O。ZnO冷却到40~50℃后即可出炉包装。出炉到包装在30min内完成。主要化学反应为：

$$Zn_5(CO_3)_2(OH)_6 =\!=\!= 5ZnO + 2CO_2\uparrow + 3H_2O\uparrow$$

任务指导

1. 主要步骤

① 理解氧化锌生产工艺原理及工艺条件。

② 在现场观察氧化锌的生产过程。

2. 注意事项

① 了解安全生产操作规程。

② 通过了解氧化锌生产的工艺流程、设备的功用、车间的设备及管道布置情况，熟悉化工生产的全过程；了解化工厂设计和施工的主要内容；明确化工制图部分的学习内容，为今后识读和绘制化工设备图、化工工艺图打下基础。

情境二　化工设备图的绘制与识读

任务一　由示意图拼画储槽的化工设备图

【学习目标】

① 了解化工设备的类型及结构特点。

② 掌握化工设备图的内容与要求。

③ 学会查阅化工设备标准化零部件的相关资料。

④ 掌握画化工设备图草图的步骤。

工 作 任 务 单

工作任务	由示意图拼画储槽的化工设备图

| 任务描述 | ① 从相关资料查出如图 2-2-1 所示储槽中标准件的尺寸。
② 按示意图拼画出该设备的装配图。
③ 标注必要的尺寸。 |

管口表

符号	公称 尺寸	连接尺寸标准	连接面 形式	用途或名称
a	50	JB/T 81	平面	出料口
b₁~₄	15	JB/T 81	平面	液面计口
c	50	JB/T 81	平面	进料口
d	40	JB/T 81	平面	放空口
e	50	JB/T 81	平面	备用口
f	500	JB/T 21515	平面	人孔

注：各接管口的伸出长度均为120mm。

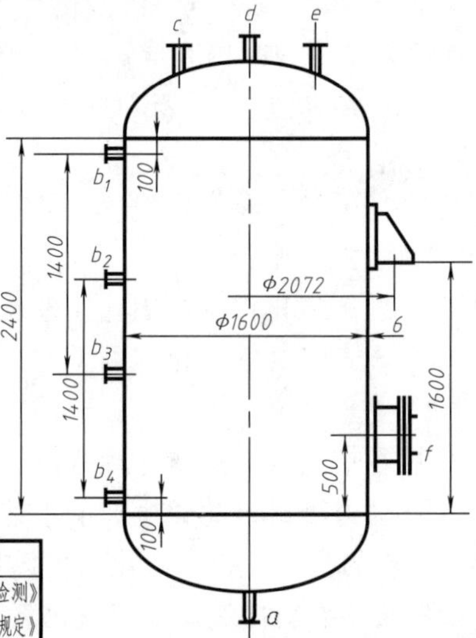

设计数据表

规范	《压力容器安全技术监察规程》2003年版　JB 4730—94《压力容器无损检测》 GB150—1998《钢制压力容器》HG 20583—1998《钢制化工容器结构设计规定》			
		压力容器类型		
介质	酸	焊条型号		J422
介质特性		焊接规程		按JB/T 4709规定
工作温度/℃		焊接结构		除注明外采用全焊透结构
工作压力/MPa		除注明外角焊缝腰高		
设计温度/℃	200℃	管法兰与接管焊接标准		按相应法兰标准
设计压力/MPa	0.25		焊接接头类型	方法-检测率 标准-级别
腐蚀裕量/mm	0.5	无损 探伤	A,B 容器	
焊接接头系数	0.85		C,D 容器	
热处理		全容积		6.3m³
水压试验压力卧式/立式/MPa	0.15	安装环境		
气密性试验压力/MPa		无图零件切割 表面粗糙度		√Ra 25
保温层厚度/防火层厚度/mm				
表面防腐要求		管口方位		管口方位按本图

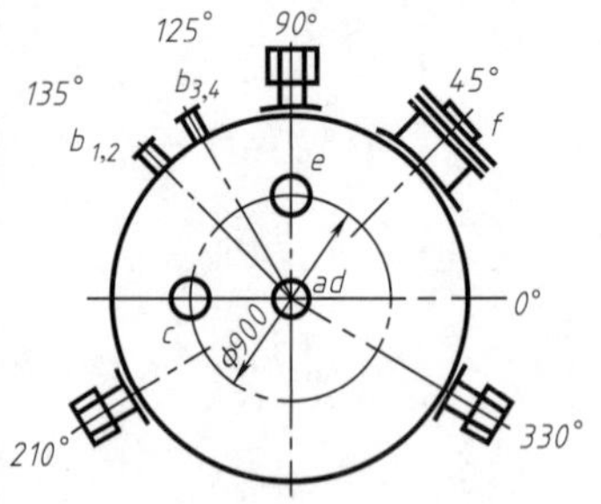

图 2-2-1　储槽示意图

任务分析	本任务中给定了示意图及管口表，没有给出相关零件图。由于化工设备的零部件大都已经标准化，因此，画图时要根据相关手册查阅这些零部件的具体结构和尺寸大小。另外，典型化工设备的表达方法及化工设备图图面的布局也相对较为固定，这些都是我们在完成本任务时应该注意和掌握的。
成果展示与评价	各组成员相互讨论，确定表达方案，分工查找储槽中标准件的结构尺寸，每人完成一张 A2 图纸，小组互评后上交。

知识链接

- 化工设备图的内容
- 化工设备图的表达特点
- 化工设备图中焊缝的表示法
- 化工设备常用的标准化零部件
- 化工设备图的画法

一、化工设备图的内容

表示化工设备的形状、结构、大小、性能和制造要求等内容的图样，称为化工设备图。化工设备图也按正投影原理和国家标准《技术制图》、《机械制图》的规定绘制，机械图的各种表达方法都适用于化工设备图。但化工设备有其自身的特点，因此，表达化工设备采用了一些特殊的表达方法。

图 2-2-2 是一台贮罐的化工设备图，包括以下内容。

1. 一组视图

用于表达化工设备的工作原理、各零部件间的装配关系和相对位置，以及主要零件的基本形状。

2. 必要的尺寸

化工设备图上的尺寸，是制造、装配、安装和检验设备的重要依据，主要包括以下几类尺寸。

① 特性尺寸。反映化工设备的主要性能、规格的尺寸，如图 2-2-2 中的筒体内径 $\phi 1400$、筒体长度 2000 等。

② 装配尺寸。表示零部件之间装配关系和相对位置的尺寸，如图 2-2-2 中 500。

③ 安装尺寸。表明设备安装所需的尺寸，如图 2-2-2 中的 1200、840 等。

④ 外形（总体）尺寸。表示设备总长、总高、总宽（或外径）的尺寸。如容器的总长 2805、总高 1820、总宽 1412。

⑤ 其他尺寸。包括标准零部件的规格尺寸（如人孔的尺寸 $\phi 480 \times 6$），经设计计算确定的尺寸（如筒体壁厚 6），焊缝结构形式尺寸等。

标注尺寸时应合理选择基准。化工设备图中常用的尺寸基准有下列几种（见图 2-2-3）。

① 设备筒体和封头的中心线；

② 设备筒体和封头焊接时的环焊缝；

③ 设备容器法兰的端面；

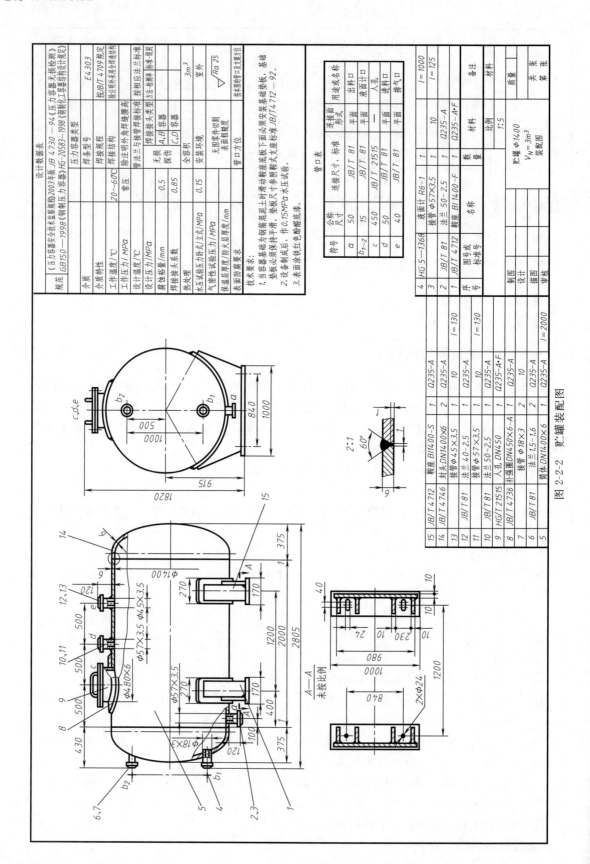

图 2-2-2 贮罐装配图

④ 设备支座的底面；

⑤ 管口的轴线与壳体表面的交线等。

在化工设备图中，允许将同方向（轴向）的尺寸注成封闭形式，并将这些尺寸数字加注圆括号"（ ）"或在数字前加"≈"，以示参考之意。

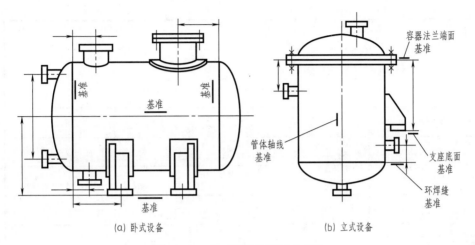

(a) 卧式设备   (b) 立式设备

图 2-2-3 化工设备常用尺寸基准

3. 管口表

管口表用于说明设备上所有管口的用途、规格、连接面形式等，其格式如图 2-2-4 所示。

填写管口表时应注意以下几点。

① "符号"栏内用小写字母（与图中管口符号对应）自上而下填写。当管口规格、用途及连接面形式完全相同时，可合并填写，如 $a_{1\sim2}$。

② "公称尺寸"栏内填写管口的公称直径。无公称直径的管口，则按管口实际内径填写。

③ "连接尺寸、标准"栏内填写对外连接管口的有关尺寸和标准；不对外连接的管口（如人孔、视镜等）不填写具体内容（参见图 2-2-2）；螺纹连接管口填写螺纹规格。

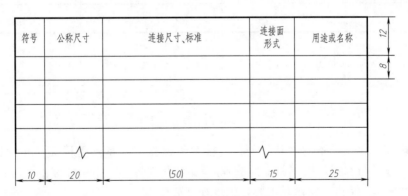

图 2-2-4 管口表的形式

4. 设计数据表

设计数据表是化工设备设计图样中重要的组成部分。该表把设备设计、制造与检验各环节的主要技术数据、标准规范、检验要求等汇于表中，主要包括工作压力、设计压力、工作温度、设计温度、焊缝系数、腐蚀裕度、容器类别、介质名称、设备的防腐、焊接、探伤、水压试验及设计规范等。根据化工设备的不同类别，可对填写内容进行相应的调整。如图2-2-5 所示为储槽的设计数据表。

设计数据表 DESIGN SPECIFICATION				
规范 CODE	(注写规范的标准号或代号，当规范、标准无代号时标全名)			
		压力容器类型 PRESS VESSEL CLASS		
介质 FLUID		焊条型号 WELDING ROD TYPE	按 JB/T 4709规定	
介质特性 FLUID PERFORMANCE		焊接规程 WELDING CODE	按 JB/T 4709规定	
工作温度/℃ WORKING TEMP IN/OUT		焊接结构 WELDING STRUCTURE	除注明外采用全焊透结构	
工作压力/MPaG WORKING PRESS		除注明外角焊缝腰高 THICKNESS OF FILLET WELD EXCEPT NOTED		
设计温度/℃ DESIGN TEMP		管法兰与接管焊接标准 WELDING BETW PIPE FLANCE AND PIPE	按相应法兰标准	
设计压力/MPaG DESIGN PRESS		无损 探伤 N.D.E 15	焊接接头类型 WELDED JOINT CATECORY	方法-检测率 EX.METHOD %	标准-级别 STD-CLASS
腐蚀裕量/mm CORR.ALLOW			A,B 容器 VESSEL		
焊接接头系数 JOINT EFF			C,D 容器 VESSEL	20	
热处理 PWHT		全容积 7.5 FULL CAPACITY		
水压试验压力 卧式/立式/MPaG HYDRO.TEST PRESS		安装环境 INSTALLATION ENVIROMENT		
气密性试验压力/MPaG GAS LEAKAGE TEST PRESS		无图零件切割表面粗糙度 ROUGHNESS OF THE CUTTING SURFACE OF PART WITHOUT DRAWING		
保温层厚度/防火层厚度/mm INSULA TION/FIRE PROTECTION				
表面防腐要求 REQUIREMENT FOR ANTI-CORROSION		管口方位 NOZZLE ORIENTATION		

图 2-2-5 储槽的设计数据表

目前，国家对化工设备的设计、制造、检验等建立了一系列的标准，在设计数据表中"规范"一栏可填写设备设计、制造、检验等遵循的相关标准。常用标准主要有：

HG/T 20582—2011《钢制化工容器强度计算规定》

GB 151—1999《管壳式换热器》

GB 713—2008《锅炉和压力容器用钢板》

HG/T 20584—2011《钢制化工容器制造技术要求》

JB/T 4736—2002 JB/T 4746—2002《补强圈　钢制压力容器用封头［合订本］》

NB/T 47015—2011《压力容器焊接规程》

GB/T 985.1—2008《气焊、焊条电弧焊、气体保护焊和高能束焊的推荐坡口》

GB/T 985.2—2008《埋弧焊的推荐坡口》

GB/T 324—2008《焊缝符号表示法》

JB/T 4730—2005《承压设备无损检测》

5. 技术要求

技术要求是用文字说明的设备在制造、试验和验收时应遵循的标准、规范或规定，以及对材料、表面处理及涂饰、润滑、包装、运输等方面的特殊要求，其基本内容包括以下几方面。

① 通用技术条件。通用技术条件是指同类化工设备在制造、装配和检验等方面的共同技术规范，已经标准化，可直接引用。

② 焊接要求。主要包括对焊接方法、焊条、焊剂等方面的要求。

③ 设备的检验。包括对设备主体的水压和气密性试验，对焊缝的探伤等。

④ 其他要求。设备在机械加工、装配、防腐、保温、运输、安装等方面的要求。

在设计数据表中未列出的技术要求，需以文字条款表示，以阿拉伯数字1、2、3、…顺序依次编号书写；当设计数据表中已表示清楚时，不需注写。

6. 零部件序号、明细栏和标题栏

零部件序号、明细栏和标题栏与机械装配图一致。

二、化工设备图的表达特点

（一）化工设备的基本结构及其特点

1. 化工设备的种类

① 容器。用于贮存原料、中间产品和成品等。其形状有圆柱形、球形等，图 2-2-6（a）为一圆柱形容器。

② 换热器。用于两种不同温度的物料进行热量交换，其基本形状如图 2-2-6（b）所示。

③ 反应器。用于物料进行化学反应，或者使物料进行搅拌、沉降等单元操作。图 2-2-6（c）为一常用的反应器。

④ 塔器。用于吸收、洗涤、精馏、萃取等化工单元操作。塔器多为立式设备，其基本形状如图 2-2-6（d）所示。

2. 化工设备的结构特点

① 设备的主体（壳体）一般由钢板卷制而成，如图 2-2-2 中贮罐的筒体。

② 设备的总体尺寸与某些局部结构（如壁厚、管口等）尺寸，往往相差很悬殊。如图 2-2-2 中贮罐的总长为"2805"，而筒体壁厚只有"6"。

③ 壳体上开孔和接管口较多。如图 2-2-2 所示的贮罐，就有一个人孔和五个接管口。

④ 零件间的连接常用焊接结构。如图 2-2-2 中鞍座（件1、件15）与筒体（件5）之间就采用了焊接。

⑤ 广泛采用标准化、系列化零部件。如图 2-2-2 中的法兰（件6）、人孔（件9）、液面计（件4）、鞍座（件1和件15）等，都是标准化的零部件。

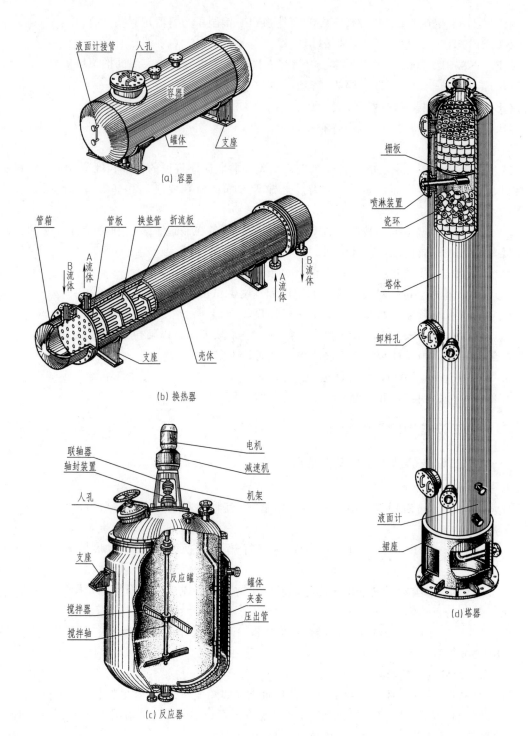

图 2-2-6 常见的化工设备

(二) 化工设备图的表达特点

1. 视图的配置比较灵活

化工设备图的俯 (左) 视图可以配置在图面上任何位置，但必须注明 "俯 (左) 视图" 的字样。

当视图较多时，允许将部分视图画在数张图纸上。但主视图及明细栏、管口表、设计数据表、技术要求应安排在第一张图样上。

化工设备图中允许将零件图与装配图画在同一张图纸上。在化工设备图中已经表达清楚的零件，可以不画零件图。

2. 多次旋转的表达方法

设备壳体四周分布的各种管口和零部件，在主视图中可绕轴旋转到平行于投影面后画出，以表达它们的轴向位置和装配关系，而它们的周向方位以管口方位图（或俯、左视图）为准。如图 2-2-7 中的人孔 b 和液面计接管口 $a_{1\sim2}$，在主视图中就是旋转后画出的，它们的周向方位在俯视图中可以看出。

3. 管口方位的表达方法

管口在设备上的分布方位可用管口方位图表示。管口方位图中以中心线表明管口的方位，用单线（粗实线）画出管口，并标注与主视图相同的小写字母，如图 2-2-8 所示。

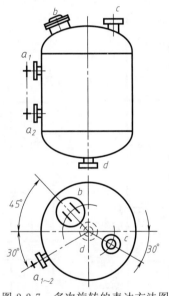 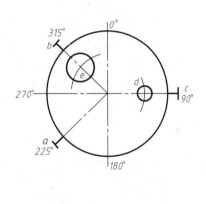

图 2-2-7　多次旋转的表达方法图　　　　　图 2-2-8　管口方位图

4. 局部结构的表达方法

设备上按选定比例无法表达清楚的细小结构，可采用局部放大图（又称节点图）画出。必要时，还可采用几个视图表达同一细部结构，如图 2-2-9 所示。

5. 夸大画法

尺寸过小的结构（如薄壁、垫片、折流板等），可不按比例、适当地夸大画出。如图 2-2-2 中的筒体壁厚，就是夸大画出的。

6. 断开和分段（层）画法

部分结构相同（或按规律变化），总体尺寸很大的设备，为便于布图，可断开画出，如图 2-2-10 所示。

某些设备（如塔器）形体较长，又不适合用断开画法，则可把整个设备分成若干段（层）画出，如图 2-2-11 所示。

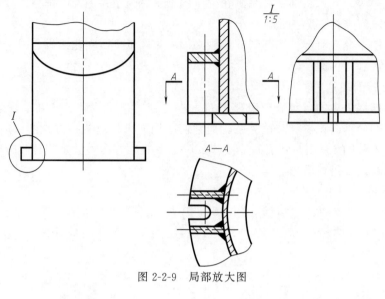

图 2-2-9 局部放大图

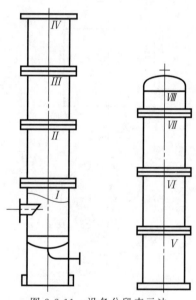

图 2-2-10 断开画法　　　　图 2-2-11 设备分段表示法

7. 简化画法

（1）示意画法

已有图样表示清楚的零部件，允许用单线（粗实线）在设备图中表示。如图 2-2-12 所示的换热器，指引线所指的零部件，均采用单线示意画出。

（2）管法兰的简化画法

不论管法兰的连接面型式（平面、凹凸面、榫槽面）是什么，均可简化画成如图 2-2-13 所示的形式。

（3）重复结构的简化画法

①螺栓孔和螺栓连接的简化画法。螺栓孔可用中心线和轴线表示，如图 2-2-14（a）所示。螺栓连接可用符号"×"（粗实线）表示，如图 2-2-14（b）所示。

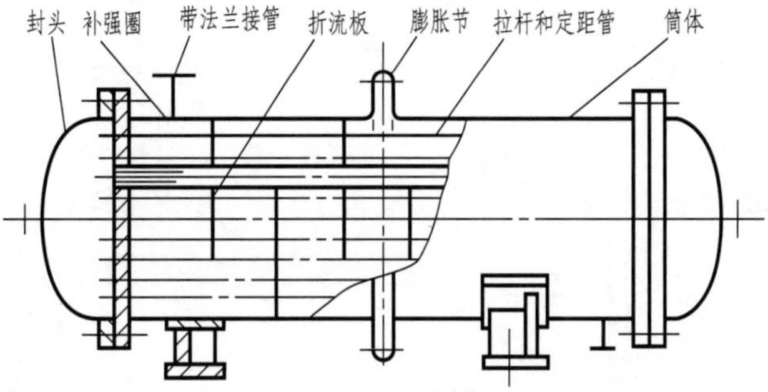

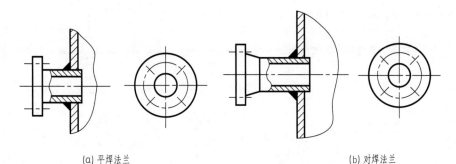

封头 补强圈 带法兰接管 折流板 膨胀节 拉杆和定距管 筒体

图 2-2-12　示意画法

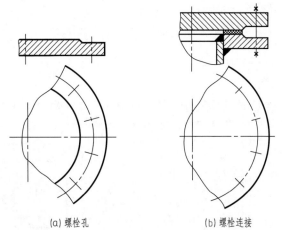

(a) 平焊法兰　　　　　　　　　　(b) 对焊法兰

图 2-2-13　管法兰的简化画法

(a) 螺栓孔　　　　　　(b) 螺栓连接

图 2-2-14　螺栓孔和螺栓连接的简化画法

　　② 填充物的表示法。设备中材料规格、堆放方法相同的填充物，在剖视图中，可用交叉的细实线表示，并用引出线作相关说明；材料规格或堆放方法不同的填充物，应分层表示，如图 2-2-15 所示。

　　③ 管束的表示法。设备中按一定规律排列或成束的密集管子，在设备图中可只画一根或几根，其余管子均用中心线表示，如图 2-2-16 所示。

　　④ 标准零部件和外购零部件的简化画法。标准零部件，在设备图中可按比例仅画出其特征外形简图，如图 2-2-17 所示。

　　外购零部件，在设备图中只需按比例用粗实线画出外形轮廓简图，在明细栏中应注写"外购"字样，如图 2-2-18 所示。

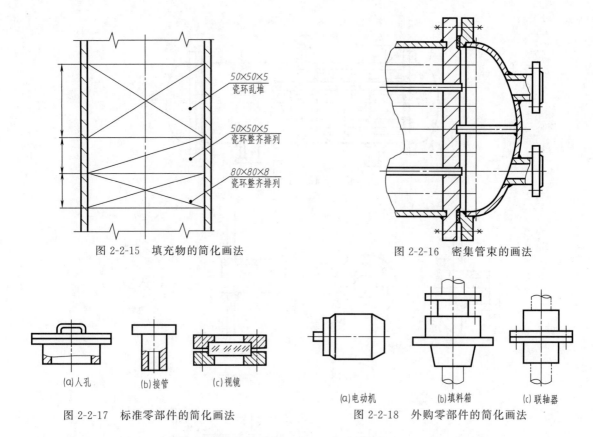

图 2-2-15 填充物的简化画法

图 2-2-16 密集管束的画法

(a)人孔 (b)接管 (c)视镜

图 2-2-17 标准零部件的简化画法

(a)电动机 (b)填料箱 (c)联轴器

图 2-2-18 外购零部件的简化画法

⑤ 液面计的简化画法。带有两个接管的玻璃管液面计，可用细点划线和符号"＋"（粗实线）简化表示，如图 2-2-19 所示。

8. 设备的整体示意画法

设备的完整形状和有关结构的相对位置，可按比例用单线（粗实线）示意画出，并标注设备的总体尺寸和相关结构的位置尺寸，如图 2-2-20 所示。

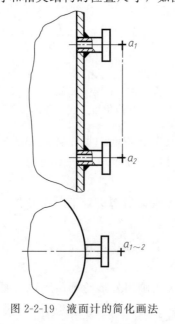

图 2-2-19 液面计的简化画法

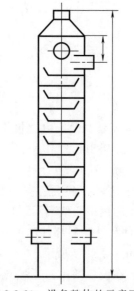

图 2-2-20 设备整体的示意画法

三、化工设备图中焊缝的表示法

（一）焊接方法与焊缝型式

焊接方法现已有几十种。国家标准 GB/T 5185—2005《焊接及相关工艺方法代号》规定：焊接及相关工艺方法一般采用三位数代号表示。其中，一位数代号表示工艺方法大类，两位数代号表示工艺方法分类，三位数代号表示某种工艺方法，如表 2-2-1 所示。

表 2-2-1　常见焊接工艺方法代号（摘自 GB/T 5185—2005）

大类代号		分类代号		具体焊接工艺方法代号	
代号	焊接方法	代号	焊接方法	代号	焊接方法
1	电弧焊	11	无气体保护的电弧焊	101	金属电弧焊
				111	焊条电弧焊
				112	重力焊
		12	埋弧焊	121	单丝埋弧焊
				122	带极埋弧焊
				123	多丝埋弧焊
		13	熔化极气体保护电弧焊	131	熔化极惰性气体保护电弧焊
				135	熔化极非惰性气体保护电弧焊
		15	等离子弧焊	151	等离子 MIG 焊
				152	等离子粉末堆焊
2	电阻焊	21	电焊	211	单面电焊
				212	双面电焊
		22	缝焊	221	搭接缝焊
				222	压平缝焊
3	气焊	31	氧燃气焊	311	氧乙炔焊
				312	氧丙烷焊
4	压力焊	41	超声波焊		
		42	摩擦焊		
		44	高机械能焊	441	爆炸焊

构件在焊接后形成的结合部分称为焊缝。常见的焊接接头型式有对接、角接、T 形和搭接接头。如图 2-2-21 所示。

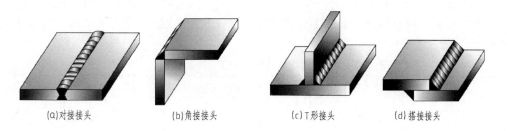

(a)对接接头　　　　　(b)角接接头　　　　　(c)T形接头　　　　　(d)搭接接头

图 2-2-21　焊接接头的形式

（二）焊缝的规定画法

国家标准 GB/T 12212—2012 规定，在画焊接图时，焊缝可用一系列细实线段表示，如图 2-2-22（a）所示，也可用加粗线（线宽 $2d\sim3d$，d 为粗实线线宽）表示，如图 2-2-22（b）所示，但在一张图样中只能采用同一种画法。焊缝的断面需涂黑，如图 2-2-22（c）所示。

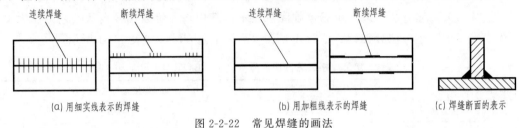

（a）用细实线表示的焊缝　　　　（b）用加粗线表示的焊缝　　　（c）焊缝断面的表示

图 2-2-22　常见焊缝的画法

对常压、低压设备，剖视图上的焊缝应画出焊缝的断面并涂黑；视图中的焊缝可省略不画，如图 2-2-23 所示。

对中、高压设备或其他设备上重要的焊缝，需用局部放大的剖视图表达其结构形状并标注尺寸，焊缝的横剖面填充交叉线或直接涂黑，如图 2-2-24 所示。其接头形式及尺寸可按 GB/T 985.1—2008《气焊、焊条电弧焊、气体保护焊和高能束焊的推荐坡口》、GB/T 985.2—2008《埋弧焊的推荐坡口》和 GB 150—1998《钢制压力容器》中的规定选用。

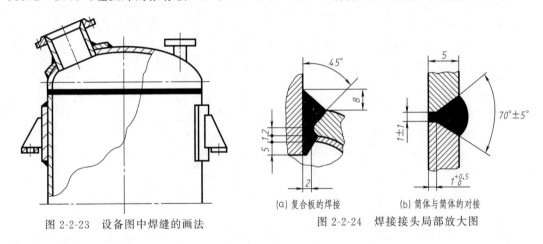

图 2-2-23　设备图中焊缝的画法　　　（a）复合板的焊接　　（b）筒体与筒体的对接

图 2-2-24　焊接接头局部放大图

（三）焊缝符号表示法

分布简单的焊缝通常在图样上用符号表示。焊缝符号一般由基本符号和指引线组成。必要时还可加上辅助符号、补充符号和焊缝尺寸符号。

1. 焊缝的基本符号

基本符号表示焊缝横断面的基本形状或特征。基本符号用粗实线绘制，常用焊缝的基本符号见表 2-2-2。

表 2-2-2　焊缝的基本符号（摘自 GB/T 324—2008）

序号	名　称	示意图	符号	序号	名　称	示意图	符号
1	I形焊缝		‖	3	V形焊缝		∨
2	卷边焊缝		八	4	单边V形焊缝	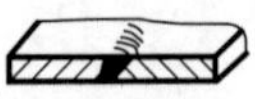	⊬

续表

序号	名 称	示意图	符号	序号	名 称	示意图	符号
5	带钝边V形焊缝		Y	8	封底焊缝		⌣
6	带钝边单边V形焊缝		Υ	9	角焊缝	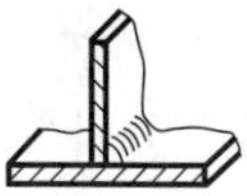	◺
7	带钝边U形焊缝		Υ				

2. 补充符号

补充符号用来补充说明有关焊缝或接头的某些特征（诸如表面形状、衬垫、焊缝分布、施焊地点等），参见表 2-2-3。

表 2-2-3　焊缝的补充符号（摘自 GB/T 324—2008）

名称	符号	说 明	名称	符号	说 明
平面	—	焊缝表面通常经过加工后平整	三面焊缝	⊏	三面带有焊缝
凹面	⌣	焊缝表面凹陷	周围焊缝	○	沿着工件周围施焊的焊缝
凸面	⌢	焊缝表面凸起	现场焊缝	 ◤	在现场焊接的焊缝
永久衬垫	[M]	衬垫永久保留			
临时衬垫	[MR]	衬垫在焊接完成后拆除	尾部	<	可以表示所需的信息

（四）焊缝的标注

1. 焊缝的指引线

指引线由箭头线和基准线（实线和虚线）组成，用细实线绘制，如图 2-2-25（a）所示。标注焊缝时，箭头指向焊缝，如有必要，可在实基准线的另一端面出尾部，如图 2-2-25（b）所示，以注明其他附加内容（如标注焊接方法代号）。

两条基准线，一条为实线；另一条为虚线，实线和虚线的位置可根据需要互换。当基本符号在实线侧时，表示焊缝在箭头侧；当基本符号在虚线侧时，表示焊缝在非箭头侧；对称焊缝允许省略虚线，在明确焊缝分布位置的情况下，有些双面焊缝也可省略虚线。

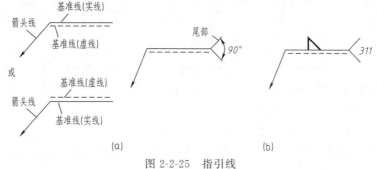

图 2-2-25　指引线

2. 焊缝的标注

图 2-2-26 所示焊缝标注图，共标注了三条焊缝，上面标注表示沿工件四周、焊角高度

为 5mm 的单面角焊缝，焊缝在箭头侧；中间标注同上面一样；下面标注表示焊角高度为 7mm 的双面对称角焊缝，省略虚线。图中焊缝均采用焊条电弧焊。

四、化工设备常用的标准化零部件

化工设备的零部件大都已经标准化，如筒体、封头、支座、各种法兰等，如图 2-2-27 所示。下面介绍几种常用的标准件。

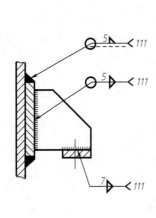

图 2-2-26　焊缝画法及标注

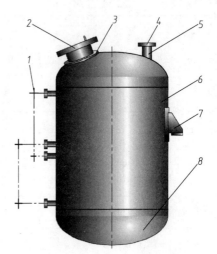

图 2-2-27　标准化零部件

1—液面计；2—人孔；3—补强圈；4—管法兰；

5—接管；6—筒体；7—支座；8—封头

（一）筒体

筒体是化工设备的主体部分，一般由钢板卷焊成形。其主要尺寸是直径、高度（或长度）和壁厚。卷焊成形的筒体，其公称直径为内径。直径小于 500mm 的筒体，采用无缝钢管制作，其公称直径指钢管的外径。压力容器筒体的直径系列见表 2-2-4。

表 2-2-4　压力容器筒体公称直径（摘自 GB/T 9019—2001）　　单位：mm

钢板卷焊（内径）											
300	350	400	450	500	550	600	650	700	750	800	900
1000	1100	1200	1300	1400	1500	1600	1700	1800	1900	2000	2100
2200	2300	2400	2500	2600	2800	3000	3200	3400	3500	3600	3800
4000	4200	4400	4500	4600	4800	5000	5200	5400	5500	5600	5800
6000	—	—	—	—	—	—	—	—	—	—	—
无缝钢管（外径）											
159		219		273		325		337		426	

筒体的壁厚有经验数据可供选用，见附表 19。

标记示例：公称直径为 1200 的容器筒体。

筒体　GB/T9019—2001　　DN 1200

在明细栏中，采用 "$DN1400 \times 6$，$H(L) = 2000$" 的形式来表示内径为 1400，壁厚 6，高（长）为 2000 的筒体。

（二）封头

封头安装在筒体的两端，与筒体一起构成设备的壳体，参见图 2-2-27。封头与筒体可直接焊接，形成不可拆卸连接，如储罐的筒体与封头；也可焊上容器法兰连接，形成可拆卸连接，如换热器的筒体与封头。

常见的封头有球形、椭圆形、碟形、带折边锥形及平板等形式，如图 2-2-28 所示。一般应用最为广泛的是标准椭圆形封头，其长轴为短轴的 2 倍。JB/T 4746—2002《钢制压力容器用封头》规定：以内径为基准的标准椭圆形封头代号为 EHA，以外径为基准的标准椭圆形封头代号为 EHB。

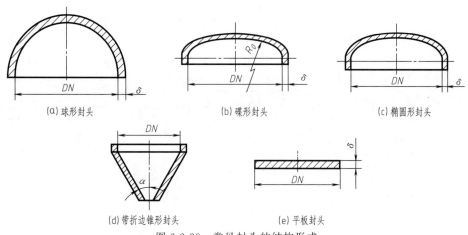

(a) 球形封头　　　　　　(b) 碟形封头　　　　　　(c) 椭圆形封头

(d) 带折边锥形封头　　　　　　(e) 平板封头

图 2-2-28　常见封头的结构形式

标记示例：

例 1　EHA 1000×12—16MnR　JB/T 4746

表示公称直径 1000mm、名义厚度 12mm、材质为 16MnR 的以内径为基准的标准椭圆形封头。

例 2　EHB 325×10—20R　JB/T 4746

表示公称直径 325mm、名义厚度 10mm、材质为 20R 的以外径为基准的标准椭圆形封头。

标准椭圆形封头的规格和尺寸系列，参见附表 20。

（三）法兰

化工用标准法兰有管法兰和压力容器法兰（又称设备法兰），如图 2-2-29 所示。

标准法兰选型的主要参数是公称直径（DN）、公称压力（PN）和密封面形式，管法兰的公称直径为所连接管子的公称直径，压力容器法兰的公称直径为所连接的筒体（或封头）的内径。

1. 管法兰

管法兰主要用于管道的连接。现行的管法兰标准有两个：一个是由国家质量技术监督局批准的管法兰国家标准 GB/T 9112～9124—

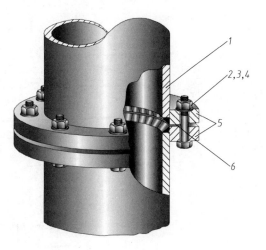

图 2-2-29　法兰连接

1—筒体（接管）；2—螺栓；3—螺母；

4—垫圈；5—法兰；6—垫片

2000；另一个是化工行业标准 HG 20592～20635—2009《钢制管法兰、垫片、紧固件》。HG 标准包括了国际通用的两大管法兰、垫片和紧固件标准系列：PN 系列（欧洲体系）和 Class 系列（美洲体系），其中 HG/T 20592～20614—2009 属 PN 系列标准，HG/T 20615～20635—2009 属 Class 系列标准。HG 标准 PN 系列管法兰共规定了 8 种不同类型的管法兰和两种法兰盖，如图 2-2-30 所示。

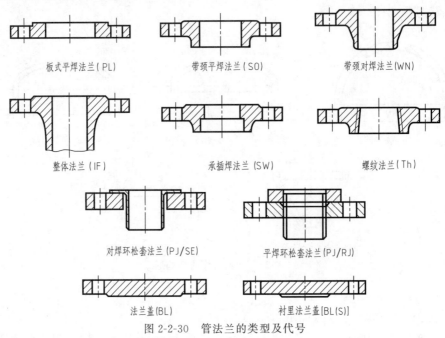

板式平焊法兰(PL)　　　　带颈平焊法兰(SO)　　　　带颈对焊法兰(WN)

整体法兰 (IF)　　　　承插焊法兰 (SW)　　　　螺纹法兰 (Th)

对焊环松套法兰 (PJ/SE)　　　　平焊环松套法兰 (PJ/RJ)

法兰盖(BL)　　　　衬里法兰盖[BL(S)]

图 2-2-30　管法兰的类型及代号

　　HG 标准 PN 系列管法兰的密封面形式主要有突面（RF）、凹凸面（MFM）、榫槽面（TG）、环连接面（RJ）和全平面（FF）5 种，如图 2-2-31 所示。通常突面和全平面密封的密封面为平面，常用于压力较低的场合；凹凸面密封的密封效果比平面密封好；榫槽面密封的密封效果比凹凸面密封好，但加工和更换较困难；环连密封常用于高压设备上。

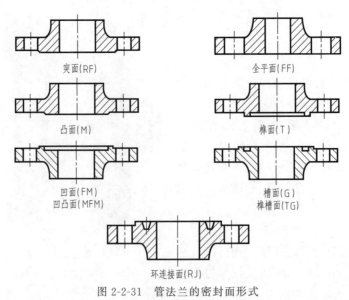

突面(RF)　　　　全平面(FF)

凸面(M)　　　　榫面(T)

凹面(FM)
凹凸面(MFM)　　　　槽面(G)
　　　　榫槽面(TG)

环连接面(RJ)

图 2-2-31　管法兰的密封面形式

管法兰的标记示例：

例1 HG/T 20592 法兰 PL 300 (B)-6 RF Q235A

表示公称通径 300mm、公称压力 0.6MPa，配用公制管的突面板式平焊钢制法兰，法兰的材料为 Q235A（注：B 系列表示公制管尺寸，A 系列表示英制管尺寸，英制可省略 A）。

例2 HG/T 20592 法兰 WN 40-63 G 316

表示公称通径 40mm、公称压力 6.3MPa，配用英制管的槽面带颈对焊钢制法兰，法兰的材料为 316 钢。

凸面板式平焊钢质法兰规格参见附表 21。

2. 压力容器法兰

压力容器法兰又称设备法兰，用于以内径为公称直径的筒体与封头或筒体与筒体的连接。压力容器法兰根据承载能力的不同，分为甲型平焊法兰、乙型平焊法兰和长颈对焊法兰，其密封面形式有平面型密封、凹凸面密封、榫槽面密封三种。其中，甲型平焊法兰只有平面型与凹凸面型，乙型与长颈法兰则三种密封面形式都有，如图 2-2-32 所示。

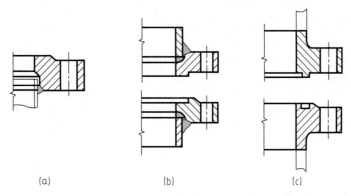

(a)　　　　　(b)　　　　　(c)

图 2-2-32　压力容器法兰的结构与密封面形式

压力容器法兰的主要性能参数有公称直径、公称压力、密封面形式、材料和法兰结构形式等。JB/T 4701～4703—2000《压力容器法兰》标准中规定了法兰的分类及代号，见表 2-2-5。

表 2-2-5　标准压力容器法兰的分类及代号

	法兰类别		标　准　号
法兰标准号	甲型平焊法兰		JB/T 4701—2000
	乙型平焊法兰		JB/T 4702—2000
	长颈对焊法兰		JB/T 4703—2000
	密封面形式		代号
密封面形式代号	平面密封面		RF
	凹凸密封面	凹密封面	FM
		凸密封面	M
	榫槽密封面	榫密封面	T
		槽密封面	G
	法兰类型		名称及代号
法兰名称及代号	一般法兰		法兰
	衬环法兰		法兰 C

压力容器法兰标记示例：

例 1　法兰 C—FM 800-1.0 JB/T 4701—2000

表示公称直径 800mm、公称压力 1.0MPa 的衬环凹凸密封面甲型平焊法兰的凹面法兰。

例 2　法兰 T 1000-4.0/94—195 JB/T 4703—2000

表示公称直径 1000mm、公称压力 4.0MPa 的榫槽密封面长颈对焊法兰的榫面法兰。其中法兰厚度改为 94mm（标准厚度为 84mm），法兰总高度保持不变，仍然是 195mm。

设备法兰尺寸规格参见附表 22。

（四）人孔和手孔

为了安装、检修或清洗设备内件，在设备上通常开设有人孔或手孔，如图 2-2-33 所示。

手孔大小应使工人戴上手套并握有工具的手能方便地通过，手孔直径标准有 DN150 和 DN250 两种。人孔的大小，应便于人的进出，同时要避免开孔过大影响器壁强度。人（手）孔的结构有多种形式，只是孔盖的开启方式和安装位置不同。常压人孔的有关尺寸见附表 23。

（五）支座

支座用来支承和固定设备，有多种形式。下面介绍两种较常用的支座。

1. 耳式支座（JB/T 4712.3—2007）

耳式支座简称耳座（悬挂式支座），适用于公称直径不大于 4000mm 的立式圆筒形设备，其结构形状如图 2-2-34 所示。

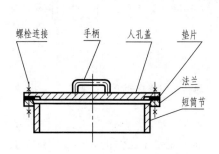

图 2-2-33　人（手）孔的基本结构

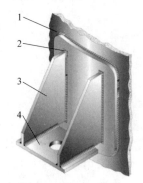

图 2-2-34　耳式支座
1—筒体；2—垫板；3—肋板；4—底板

耳式支座有 A 型（短臂）、B 型（长臂）、C 型（加长臂）三种类型。图 2-2-35 为 B 型耳式支座示意图。A 型用于不带保温层的设备，B 型和 C 型用于带保温层的设备。基本特征见表 2-2-6。

表 2-2-6　耳式支座的型式和特征（摘自 JB/T 4712.3—2007）

型　式		支座号	垫板	盖　板	通用公称直径 DN/mm
短臂	A	1～5	有	无	300～2600
		6～8		有	1500～4000
长臂	B	1～5	有	无	300～2600
		6～8		有	1500～4000
加长臂	C	1～3	有	有	300～1400
		4～8			1000～4000

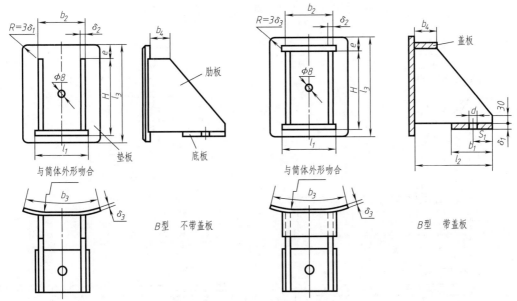

图 2-2-35　B 型耳式支座示意图

耳式支座由两块肋板、一块底板、一块垫板和一块盖板（有些类型无盖板）焊接而成，如图 2-2-34 所示。肋板与筒体之间加垫板是为了改善支承的局部应力状况；垫板上有螺栓孔，以便用螺栓固定设备。垫板材料一般应与容器材料相同，肋板和底板材料有 4 种，其代号见表 2-2-7。

表 2-2-7　材料代号（摘自 JB/T 4712.3—2007）

材料代号	I	II	III	IV
支座的肋板和底板材料	Q235A	16MnR	0Cr18Ni9	15CrMoR

耳式支座的结构尺寸见附表 24。

标记示例：

例 1　JB/T 4712.3—2007，耳式支座 A3-I

材料：Q235A

表示 A 型，3 号耳式支座，支座材料为 Q235A，垫板材料为 Q235A。

例 2　JB/T 4712.3—2007，耳式支座 B5-II，$\delta_3 = 12$

材料：16MnR/0Cr18Ni9

表示 B 型，5 号耳式支座，支座材料为 16MnR，垫板材料为 0Cr18Ni9，垫板厚度 12mm。

2. 鞍式支座（JB/T 4712.1—2007）

鞍式支座用于卧式设备，其结构如图 2-2-36 所示。

鞍式支座分为轻型（代号 A）、重型（代号 B）两种类型。重型鞍座又有五种型号，代号为 BI～BV。每种类型的鞍座又分为 F 型（固定式）和 S 型（活动式）。F 型与 S 型常配对使用，其区别在于地脚螺孔的形式，F 型是圆形孔，S 型是长圆形孔，如图 2-2-37 所示，当容器因温差膨胀或收缩时，S 型活动式支座可以在基础座上滑动以调节两支

图 2-2-36　鞍式支座

座间的距离，不致使容器受附加应力的作用。鞍式支座的结构尺寸，见附表 25。

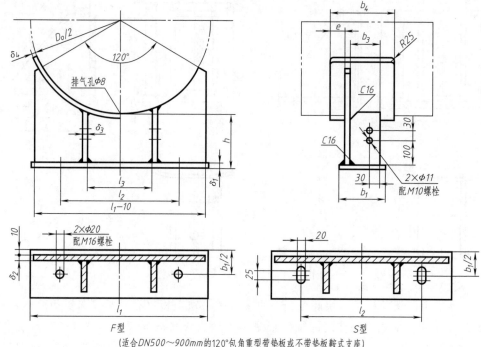

（适合DN500～900mm的120°包角重型带垫板或不带垫板鞍式支座）

图 2-2-37　BⅠ型焊制鞍式支座

鞍式支座标记示例：

例 1　JB/T 4712.1—2007，鞍座 BV 325-F

材料栏内注：Q235A

表示公称直径 325mm，120°包角，重型不带垫板的标准尺寸的弯制固定式鞍座，鞍座材料为 Q235A。

例 2　JB/T 4712.1—2007，鞍座 BⅡ 1600-S，$h=400$，$\delta_4=12$，$l=60$

材料栏内注：Q235A/0Cr18Ni9

表示公称直径 1600mm，150°包角，重型滑动式鞍座，鞍座材料为 Q235A，垫板材料为 0Cr18Ni9，鞍座高度为 400mm，垫板厚度为 12mm，滑动长孔长度为 60mm。

（六）补强圈

设备壳体开孔过大时用补强圈来增加强度。补强圈上有一个小螺纹孔，焊后通入压缩空气，以检查焊缝的气密性。JB/T 4736—2002《补强圈》规定了补强圈的规格、尺寸和内侧坡口的形式，基本结构如图 2-2-38 所示。补强圈的形状应与被补强部分壳体的形状相符合

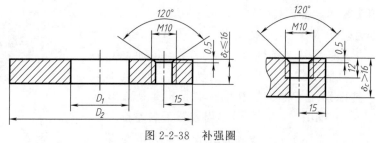

图 2-2-38　补强圈

（见图 2-2-39）。补强圈的结构尺寸见附表 26。

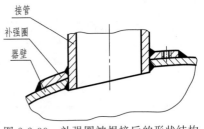

图 2-2-39　补强圈被焊接后的形状结构

五、化工设备图的画法

绘制化工设备图的步骤大致如下：

1. 复核资料

画图之前，为了减少画图时的错误，应联系设备的结构对化工工艺所提供的资料进行详细核对，以便对设备的结构做到心中有数。

2. 作图

（1）选定表达方案

通常对立式设备采用主、俯两个基本视图，而卧式设备采用主、左两个基本视图，来表达设备的主体结构和零部件间的装配关系。再配以适当的局部放大图，补充表达基本视图尚未表达清楚的部分。主视图一般采用全剖视（或者局部剖视），各接管用多次旋转的方法画出。

（2）确定视图比例，进行视图布局

按设备的总体尺寸确定基本视图的比例并选择好图纸的幅面。

化工设备图的视图布局较为固定，可参照有关立式设备和卧式设备的装配图进行。

（3）画视图底稿和标注尺寸

布局完成后，开始画视图的底稿。画图时，一般按照"先画主视后画俯视；先画外件后画内件；先定位后定形；先主体后零部件的顺序进行"。

视图的底稿完成后，即可标注尺寸。

（4）编写各种表格和技术要求

完成明细栏、管口表、设计数据表、技术要求和标题栏等内容。

（5）检查、描深图线

底稿完成后，应对图样进行仔细全面检查，无误后再描深图线。

任务指导

1. 绘图步骤

绘制图 2-2-1 所示的储槽的化工设备图，步骤如下。

（1）复核资料

由工艺人员提供的资料，须复核以下内容：

① 设备示意图，如图 2-2-1 所示。

② 设备容积：$V_g = 6.3 \text{m}^3$。

③ 设计压力：0.25MPa。

④ 设计温度：200℃。

⑤ 管口表：见表 2-2-8。

表 2-2-8　储槽管口表

符号	公称尺寸	连接面形式	公称压力	用途	备注
a	DN50	平面	PN0.25	出料口	
b_{1-4}	DN15	平面	PN0.25	液面计口	

续表

符号	公称尺寸	连接面形式	公称压力	用途	备注
c	DN50	平面	PN0.25	进料口	
d	DN40	平面	PN0.25	放空口	
e	DN50	平面	PN0.25	备用口	
f	DN 500	平面	PN0.25	人孔	

（2）具体作图

① 选择表达方案。根据储槽的结构，可选用两个基本视图（主、俯视图），并在主视图中作剖视以表达内部结构，俯视图表达外形及各管口的方位。此外，还用一个局部放大图详细表达人孔、补强圈和筒体间的焊缝结构及尺寸。

② 确定比例、进行视图布局。选用1∶5的比例，视图布局如图 2-2-40（a）所示。

③ 画视图底稿。画图时，从主视图开始，画出主体结构即筒体、封头，如图 2-2-40（b）所示。在完成壳体后，按装配关系依次画出接管口、支座（支座尺寸见图 2-2-41）等外件的投影，如图 2-2-40（c）所示。最后画局部放大图，如图 2-2-40（d）所示。

④ 检查校核，修正底稿，加深图线。

⑤ 标注尺寸，编写序号，画管口表、设计数据表、标题栏、明细栏、注写技术要求，完成全图，如图 2-2-42 所示。

2. 注意事项

① 画图前要根据相关资料查出标准件的尺寸并搞清零件的具体结构。

② 应选定合适的作图比例，并按一般规则进行图面的布局。

③ 作图时不得草率，必须完全按化工设备图的所有内容和要求作图，图线应符合国家标准。

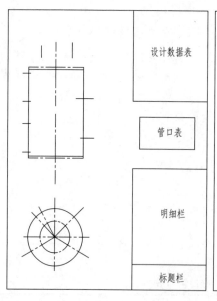
(a)

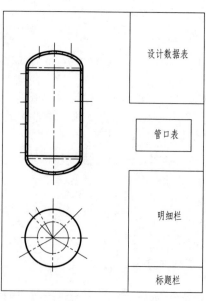
(b)

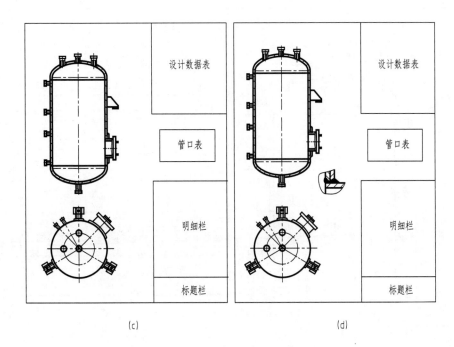

(c)   (d)

图 2-2-40   储槽装配图的作图步骤

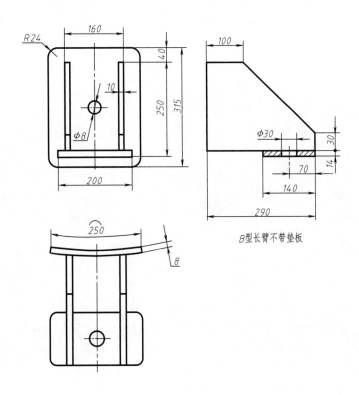

B型长臂不带垫板

图 2-2-41   耳式支座的尺寸

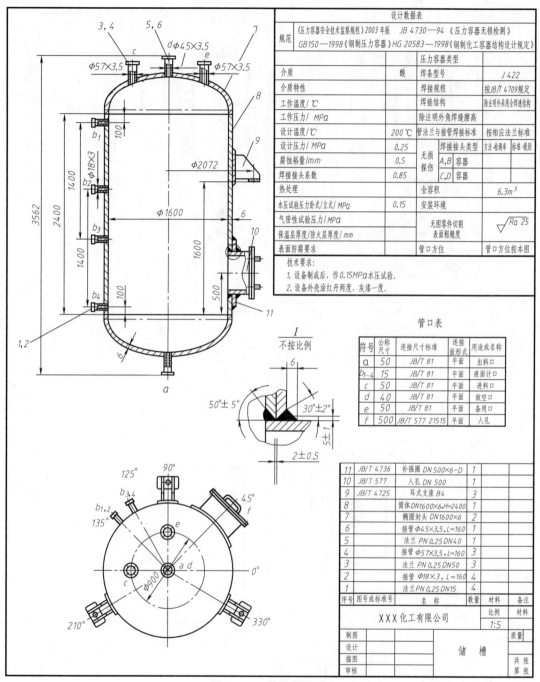

图 2-2-42 储槽装配图

任务二 读列管式固定管板换热器的化工设备图

【学习目标】

① 熟悉阅读化工设备图的基本要求和目的。

② 掌握阅读化工设备图的方法和步骤。

工 作 任 务 单	
工作任务	读列管式固定管板换热器的化工设备图。
任务描述	读如图 2-2-43 所示列管式固定管板换热器装配图。
任务分析	本任务是根据化工设备装配图，读懂图中所给出的所有相关信息，如零部件的装配连接关系，零件的形状结构，装配尺寸，技术要求等。因此要能够读懂给出的化工设备装配图，应熟悉读图的目的，掌握读图的要求和步骤。
成果展示与评价	各组成员对列管式固定管板换热器装配图进行详细分析、讨论，各组选派代表进行讲解，结果计入各组考核成绩。

知识链接

● 阅读化工设备装配图的基本要求
● 阅读化工设备装配图的方法和步骤

一、阅读化工设备装配图的基本要求

阅读化工设备装配图，应达到以下基本要求。
① 弄清设备的用途、工作原理、结构特点和技术特性。
② 搞清各零部之间的装配关系和有关尺寸。
③ 了解零部件的结构、形状、规格、材料及作用。
④ 搞清设备上的管口数量及方位。
⑤ 了解设备在制造、检验和安装等方面的标准和技术要求。

二、阅读化工设备装配图的方法和步骤

1. 概括了解
从标题栏了解设备名称、规格、绘图比例等内容；从明细栏和管口表了解各零部件和接管口的名称、数量等；从设计数据表及技术要求中了解设备的有关技术信息。

2. 详细分析
① 分析视图。分析设备图上有哪些视图，各视图采用了哪些表达方法，这些表达方法的目的是什么。
② 分析各零部件之间的装配连接关系。从主视图入手，结合其他视图分析各零部件之间的相对位置及装配连接关系。
③ 分析零部件结构。对照图样和明细栏中的序号，逐一分析各零部件的结构、形状和尺寸。标准化零部件的结构，可查阅有关标准。
有图样的零部件，则应查阅相关的零部件图，弄清楚其结构。
④ 分析技术要求。通过阅读技术要求，可了解设备在制造、检验、安装等方面的要求。

3. 归纳总结
通过详细分析后，将各部分内容综合归纳，从而得出设备完整的结构形状，进一步了解设备的结构特点、工作特性和操作原理等。

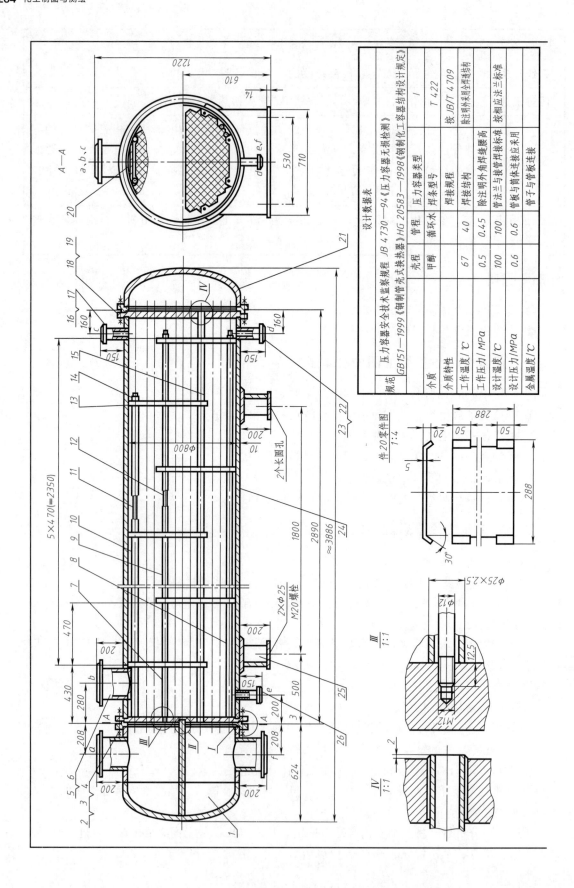

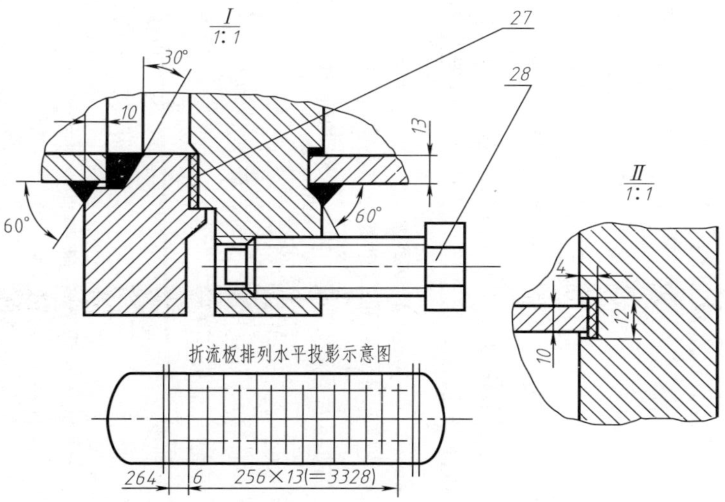

技术要求：
1. 焊接采用电焊。
2. 补强圈及接管焊接参考 GB 150—1998。
3. 壳体焊缝应进行无损探伤检查。
4. 设备制造完毕后，壳程及管程分别以 1MPa 进行水压试验。

腐蚀裕量/mm	2	1.5
焊接接头系数	0.85	0.85
程数	I	II
热处理		
水压试验压力 卧式/立式/MPa		
气密性试验压力/MPa	107.5	
保温层厚度 防火层厚度/mm		
换热面积 内径(外径)/m²		
表面防腐要求		

焊接接头类型	方法-检测标准-级别
A,B	无损探伤 I
C,D	无损探伤 II
管板密封面与壳体轴线/mm 垂直度公差	
无图样切割表面粗糙度	√Ra 25
管口方位	见管口方位图

管口表

符号	公称尺寸	连接尺寸，标准	连接面形式	用途或名称
a	200	PN1DN200JB/T81	平面	冷却水出口
b	200	PN1DN200JB/T81	凹面	甲醇蒸气入口
c	20	PN1DN20JB/T81	凹面	放气口
d	70	PN1DN70JB/T81	凸面	甲醇物料出口
e	20	PN1DN20JB/T81	凸面	排净口
f	200	PN1DN200JB/T81	平面	冷却水入口

设备总质量：3540kg

明细表

序号	图号或标准号	名称	数量	材料	备注
28	S20-056-3	顶丝 M20	8	Q235-A	
27	JB/T 4704	垫片 800-0.6	1	耐油橡胶石棉板	
26	JB/T 81	法兰 20-10	1	Q235-A	
25	JB/T 4712	鞍座 B1800-F·S	2	Q235-A-F	
24		筒体 φ800	1	16MnR	
23	JB/T 81	法兰 70-10	1	Q235-A	
22		接管 φ76×4	1	10	l=157
21	JB/T 4737	椭圆封头 DN800×10	1	Q235-A	
20	S20-056-1	防冲板	1	Q235-A	
19	JB/T 4704	垫片 800-0.6	1	耐油橡胶石棉板	
18	S20-056-2	后管板	1	16MnR	
17	JB/T 81	法兰 20-10	1	Q235-A	
16		接管 φ25×3	2	10	l=155
15		换热管 φ25×2.5	472	10	l=3000
14	GB/T 41	螺母 M12	16		
13	S20-056-3	折流板	14	Q235-A-F	t=10
12	S20-056-3	拉杆 φ12	6	10	l=2908
11	S20-056-3	拉杆 φ12	2	10	l=2320
10		定距管 φ25×2.5	8	10	l=930
9		定距管 φ25×2.5	20	10	l=460
8		定距管 φ25×2.5	2	10	l=856
7		定距管 φ25×2.5	6	10	l=386
6	JB/T 81	法兰 200-10	1	Q235-A	
5		接管 φ219×6	1	Q235-A	l=217
4	S20-056-2	简管板	1	16MnR	
3	GB/T 41	螺母 M20	4	8	
2	GB/T 5780	螺栓 M20×40	4	8	
1	S20-056-2	管箱	1		

(设计单位)

固定管板换热器
φ800×3000

比例 1:10　质量　S20-056-1

制图　设计　描图　审核　共 张 第 张

I
1:1

II
1:1

折流板排列水平投影示意图

264 6 256×13(=3328)

图 2-2-43 列管式固定管板换热器

任务指导

1. 读图步骤

读列管式固定管板换热器装配图（图 2-2-43）

（1）概括了解

从标题栏、明细栏、设计数据表等可知，该设备是列管式固定管板换热器，用于使两种不同温度的物料进行热量交换，壳体内径为 $DN800$，换热管长度为 3000，换热面积 $F = 107.5 m^2$，绘图比例 1：10，由 28 种零部件所组成，其中有 11 种标准件。

管程内的介质是水，工作压力为 0.45MPa，操作温度为 40℃，壳程内的介质是甲醇，工作压力为 0.5MPa，操作温度为 67℃。换热器共有 6 个接管，其用途、尺寸见管口表。

该设备采用了主视图、$A—A$ 剖视图、4 个局部放大图和 1 个示意图，另外画有件 20 的零件图。

（2）详细分析

① 视图分析。主视图采用局部剖视，表达了换热器的主要结构，各管口和零部件在轴线方向的位置和装配情况；为省略中间重复结构，主视图还采用了断开画法；管束仅画出了一根，其余均用中心线表示。

各管口的周向方位和换热管的排列方式用 $A—A$ 剖视图表达。

局部放大图Ⅰ、Ⅱ表达管板与有关零件之间的装配连接关系。为了表示出件 12 拉杆的投影，将件 9 定距管采用断裂画法。示意图表达了折流板在设备轴向的排列情况。

②装配连接关系分析。筒体（件 24）和管板（件 4、件 18），封头和容器法兰（两件组合为管箱件 1、件 21）采用焊接，具体结构见局部放大图Ⅰ；各接管与壳体的连接，补强圈与筒体及封头的连接均采用焊接；封头与管板采用法兰连接；法兰与管板之间放有垫片（件 27）形成密封，防止泄漏；换热管（件 15）与管板的连接采用胀接，见局部放大图Ⅳ。

拉杆（件 12）左端螺纹旋入管板，拉杆上套入定距管用以固定折流板之间的距离，见局部放大图Ⅲ；折流板间距等装配位置的尺寸见折流板排列示意图；管口轴向位置与周向方位可由主视图和 $A—A$ 剖视图读出。

③ 零部件结构形状分析。设备主体由筒体（件 24）、封头（件 1、件 21）组成。筒体内径为 800，壁厚为 10，材料为 16MnR，筒体两端与管板焊接成一体。左右两端封头（件 1、件 21）与设备法兰焊接，通过螺栓与筒体连接。

换热管（件 15）共有 472 根，固定在左、右管板上。筒体内部有弓形折流板（件 13）14 块，折流板间距由定距管（件 9）控制。所有折流板用拉杆（件 11、件 12）连接，左端固定在管板上（见放大图Ⅲ），右端用螺栓锁紧。折流板的结构形状需阅读折流板零件图。

鞍式支座和管法兰均为标准件，其结构、尺寸需查阅有关标准确定。

管板另有零件图，其他零部件的结构形状读者自行分析。

④ 了解技术要求。从技术要求可知，该设备按《钢制管壳式换热器设计规定》、《钢制管壳式换热器技术条件》进行设计、制造、试验和验收，采用电焊，焊条型号为 T422。制造完成后，要进行焊缝无损探伤检查和水压试验。

（3）归纳总结

由上面的分析可知，换热器的主体结构由筒体和封头构成，其内部有 472 根换热管和

14 块折流板。

设备工作时，冷却水从接管 f 进入换热管，由接管 a 流出；甲醇蒸气从接管 b 进入壳体，经折流板曲折流动，与管程内的冷却水进行热量交换后，由接管 d 流出。

2. 注意事项

① 看图时应根据读图的基本要求，着重分析化工设备的零部件装配连接关系、非标准零件的形状结构、尺寸关系以及技术要求。

② 化工设备中结构简单的非标准零件往往没有单独的零件图，而是将零件图与装配图画在一张图纸上。

③ 应联系实际分析技术要求。技术要求要从化工工艺、设备制造及使用等方面进行分析。

任务三　用 AutoCAD 绘制贮罐的化工设备图

【学习目标】
1. 掌握 AutoCAD 的块操作。
2. 能够灵活运用 AutoCAD 各种命令快捷地画出化工设备图。

工 作 任 务 单

工作任务	用 AutoCAD 绘制贮罐的化工设备图
任务描述	利用块、复制等功能，用 AutoCAD 绘制贮罐装配图（见图 2-2-2）。
任务分析	化工设备中标准化零部件较多，绘图时它们的大小多变，但视图却相对不变。要提高绘图速度，应避免重复绘制这些零件。另外，标题栏、明细栏等格式不变，但其中的填写内容有变化。在 AutoCAD 中使用块、块属性和复制命令等，正好能达到上述目的。因此，在完成本任务时，除了灵活运用前面所学过的相关命令外，还应着重掌握块的运用。
成果展示与评价	各组成员商讨如何灵活运用 CAD 的各种命令快捷作图，拟定绘图步骤，每人绘制完成贮罐的装配图，进行小组互评后上交。

知识链接

● 用块制作化工设备图中的表格
● 用 AutoCAD 绘制化工设备图的方法和步骤

一、用块制作化工设备图中的表格

化工设备图中的表格较多，在画图前，可把每一种表格用带属性块的方式存储在磁盘上，以便今后绘图时调用。

以管口表为例，创建带属性块的步骤如下。

（1）绘制一行表格

按尺寸绘制管口表的一行，如图 2-2-44 所示。

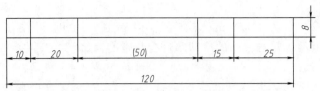

图 2-2-44 管口表的一行

（2）定义属性

以定义"符号"属性为例，操作如下。

单击菜单"绘图→块→定义属性✎"，弹出"属性定义"对话框。

设置内容如图 2-2-45 所示。

图 2-2-45 "符号"属性的定义

属性定义好的表如图 2-2-46 所示（左边第一列为"符号"属性）。

| （符号） | （公称尺寸） | （连接尺寸、标准） | （连接面形式） | （用途或名称） |

图 2-2-46 属性定义后的表

（3）定义块

输入命令"W"并回车，弹出"写块"对话框，设置如图 2-2-47 所示。注意捕捉左上角为基点。按"确定"完成块定义。

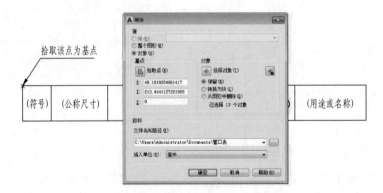

图 2-2-47 设置"写块"对话框

在使用该块时，每次可创建管口表的一行。表头应单独作一个块，不需要定义属性。

化工设备图中其他表格的定制可仿照上述方法进行。

二、用 AutoCAD 绘制化工设备图的方法和步骤

1. 准备化工设备标准零部件的相关资料

作图时，应准备好化工设备标准零部件的相关资料，以备随时查用。

2. 作图

由于化工设备的尺寸较大，为便于作图，画图时可先按 1∶1 绘图，画完后再按比例将图形缩小。在标注尺寸时，应在标注样式中将尺寸数字的测量单位比例加大相应的倍数，这样标注的尺寸数字不会因图形缩小而改变。

（1）设置图幅，图层

用 limits 命令设置图形界限为 841×1189（即 A0），图层设置如图 2-2-48 所示。

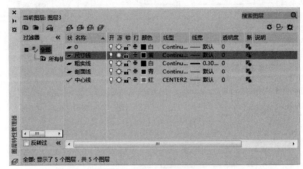

图 2-2-48　设置图层

（2）画作图基准线和筒体轮廓线

按给定尺寸绘制作图基准线和筒体轮廓线。平行的两线可使用"偏移"命令绘制，如图 2-2-49 所示。

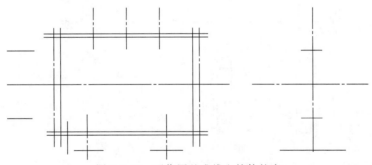

图 2-2-49　画作图基准线和筒体轮廓

（3）绘制封头

根据 $DN=1400$，查得封头总深度 $H=375$，由于标准椭圆形封头的长轴为短轴的 2 倍，可计算出其直边高度=25。先用偏移命令画出直边（偏移距离 25），再用椭圆命令绘制椭圆（使用"中心"选项），修剪图线后如图 2-2-50 所示。

（4）绘制接管和法兰、人孔及鞍式支座

接管和法兰可不按比例，适当夸大画出。

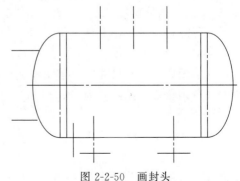

图 2-2-50　画封头

查出鞍式支座的有关尺寸，画出鞍式支座的视图。左视图中与水平成 30°角的两根点画线，可利用极轴追踪模式辅助画出（设置增量角 30°）。

画好的图形如图 2-2-51 所示。

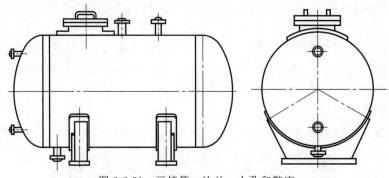

图 2-2-51　画接管、法兰、人孔和鞍座

（5）画其他细节，完善视图

画出主视图中的两个局部剖视，壁厚（6mm）夸大画出。波浪线用样条曲线画出后进行修剪得到，如图 2-2-52 所示。

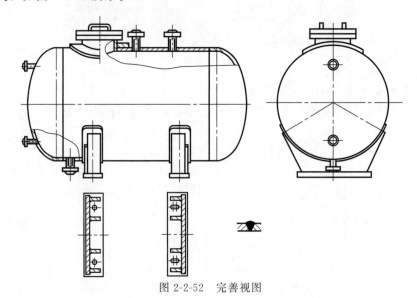

图 2-2-52　完善视图

（6）将图形缩小

按 1：5 的比例要求，用"修改→缩放"命令将所有图形缩小，比例因子设为 0.2。这样图形就可放置在 A0 图纸中。

3. 标注尺寸

按图中的要求标注尺寸，由于图样进行了缩放，因此要注意在标注样式"主单位"选项卡中设置"测量单位比例"为 5，这样在图中标注的尺寸数字与实际数字相符，如图 2-2-53 所示。

标注尺寸的步骤略，请读者自行完成。

4. 其他

最后画边框线、填写标题栏、管口表、设计数据表，写技术要求等。如果事先制作了块并存储在磁盘上，可直接插入，否则应全部从头制作。

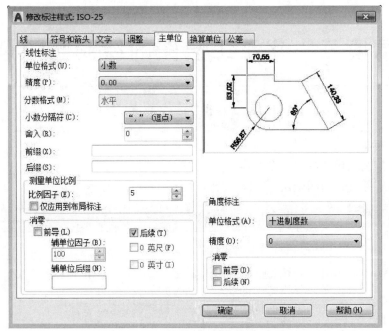

图 2-2-53　设置数字测量单位比例

任务指导

在绘图过程中，应该注意以下几点。

① 尽量利用块，以简化作图。

② 相互平行的线，特别是定位基准线，可利用"偏移"命令绘制，比较方便快捷。

③ 不方便定位的图线，可多利用辅助线作图。

④ 尺寸过小的结构，如壁厚、接管口等，可不按实际尺寸而用夸大的方法绘图。

⑤ 图形缩小后，用 AutoCAD 自动标注的尺寸数字会变小，可通过修改尺寸样式中数字测量单位的比例，来得到实际大小的尺寸数字。

情境三　化工工艺图的绘制与识读

任务一　画工艺流程图

【学习目标】
① 了解工艺流程图的类型及内容。
② 掌握工艺流程图的画法。

工 作 任 务 单

工作任务	画工艺流程图
任务描述	① 用 A3 图纸抄画出如图 2-3-1 所示的空压站工艺管道及仪表流程图。 ② 仔细分析图中的线型及线宽差异。 ③ 进行必要的标注，分析图中标注的内容。 ④ 分析讲解相关的工艺流程。 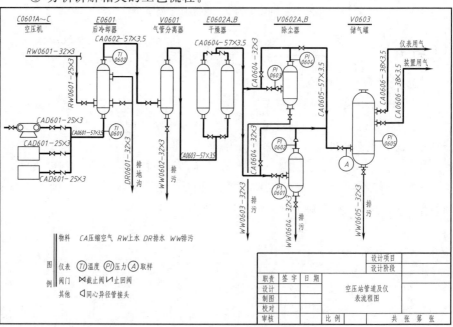 图 2-3-1　空压站工艺管道及仪表流程图
任务分析	图 2-3-1 为空压站工艺管道及仪表流程图，图中表达了化工生产从原料到成品的整个过程，如物料的来源和去向，采用了哪些生产设备，生产过程中的控制方式等。要完成本任务，必须搞清楚如何表示物料的来源与去向，如何表达流程图中的生产设备和仪表控制点等内容，达到能绘制和读懂工艺流程图的目的。
成果展示 与评价	各组成员每人完成一张 A3 图纸，小组互评后上交。各组成员相互讨论，选派代表讲解空压站的工艺流程，结果计入各组考核成绩。

知识链接

- 工艺方案流程图
- 工艺管道及仪表流程图

工艺流程图是用来表达化工生产过程与联系的图样。常见的工艺流程图有以下几种。

一、工艺方案流程图

工艺方案流程图（简称方案流程图），是表达化工生产过程的一种示意性图样。它以工艺装置的主项为单元进行绘制，按工艺流程顺序，将设备和工艺流程线从左至右展开画在同一平面上，并附以必要的标注和说明。

图 2-3-2 为脱硫系统方案流程图，从图中可知：来自配气站的天然气，经罗茨鼓风机（C0701）加压后送入脱硫塔（T0702），同时，来自氨水储罐（V0703）的稀氨水，经氨水泵（P0704A）打入脱硫塔中，在塔中气液两相逆流接触，经化学吸收，将天然气中有害物质硫化氢脱除。脱硫后的天然气进入除尘塔（T0707），经水洗除尘后去造气工段。从脱硫塔出来的废脱硫液经过氨水泵（P0704B）送入再生塔（T0706），与空气鼓风机（C0705）送入的空气逆向接触，空气吸收脱硫液中的硫化氢，产生的酸性气体送到回收工段的硫黄回收装置（图中未画）；由再生塔出来的再生脱硫液经氨水泵（P0704A）打入脱硫塔循环使用。

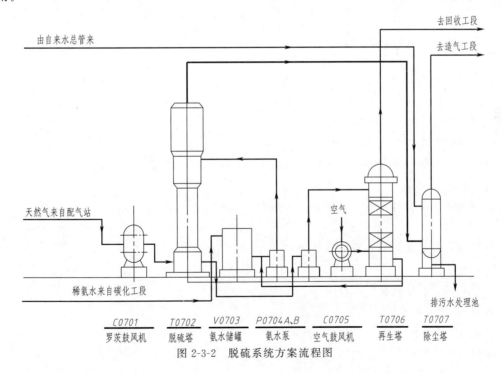

图 2-3-2　脱硫系统方案流程图

1. 方案流程图的画法

（1）设备的画法

方案流程图中的设备用轮廓示意图表示，采用细实线绘制。一般不按比例绘图，但要反映出设备的相对大小及高低位置。

设备上重要管口的位置，应大致符合实际情况。

作用相同的多台设备，可只画一套，备用设备可省略不画。常见设备示意图如附表 27 所示。

（2）流程线的画法

主要物料流程线用粗实线画出，辅助物料的流程线用中粗线画出。流程线一般画成水平线和垂直线，转弯一律画成直角。

流程线发生交错时，同一物料按"先不断后断"的原则断开其中一根；不同物料的流程交错，主物料线不断，辅物料线断，即"主不断辅断"。

在两设备之间的流程线上，至少应有一个流向箭头。

2. 方案流程图的标注

（1）设备的标注

设备应标注名称和位号，并在流程线的上方或下方靠近设备示意图的位置注成一排。如图 2-3-3 所示。

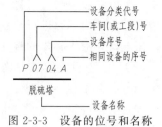

设备位号包括分类代号、车间或工段号、设备序号等，相同设备以尾号（字母）区别。设备的分类代号见表 2-3-1。

图 2-3-3　设备的位号和名称

（2）流程线的标注

在流程线的起点和终点，用文字说明介质名称、来源和去向。

表 2-3-1　设备的分类代号（摘自 HG/T 20519—2009）

设备类别	塔	泵	工业炉	换热器	反应器	起重设备	压缩机	火炬烟囱	容器	其他机械	其他设备	计量设备
代号	T	P	F	E	R	L	C	S	V	M	X	W

二、工艺管道及仪表流程图

工艺管道及仪表流程图又称施工流程图，是在方案流程图的基础上绘制的、内容更为详细的工艺流程图。如图 2-3-4 所示为脱硫系统工艺管道及仪表流程图。

1. 工艺管道及仪表流程图的内容

（1）图形

包括所有设备的示意图、物料的流程线和阀门、管件、仪表控制点的符号等。

（2）标注

标注设备的位号和名称、管段和仪表控制点编号及必要的说明等。

（3）图例

说明图中出现的阀门、管件、控制点符号和代号的意义。

（4）标题栏

注写图名、图号和责任人签字等。

2. 工艺管道及仪表流程图的画法

（1）设备和流程线的画法

设备与流程线的画法同方案流程图中的规定相同，但同类及备用设备应全部画出。

（2）阀门和管件的画法

阀门和管件用细实线按规定的图形符号（参见附表 28），在图中相应处画出。

（3）仪表控制点

仪表控制点在图中用一细实线圆（直径约为 10mm）画出，并用细实线连到设备或管道测量点上，如图 2-3-5 所示。仪表不同安装位置的表示如图 2-3-6 所示。

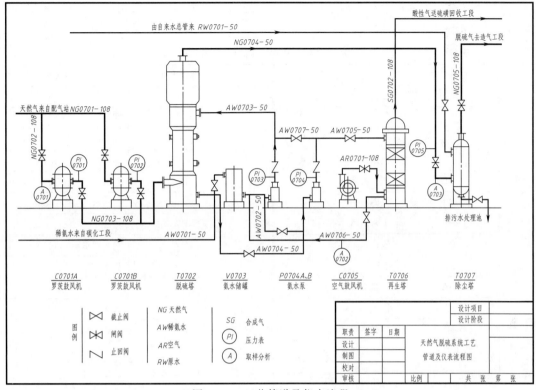

图 2-3-4　工艺管道及仪表流程

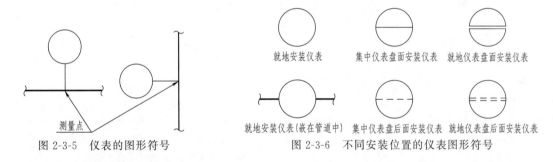

图 2-3-5　仪表的图形符号　　　　图 2-3-6　不同安装位置的仪表图形符号

3. 工艺管道及仪表流程图的标注

（1）设备的标注

设备的标注与方案流程图中的规定相同。

（2）流程线的标注

流程线除要标注与方案流程图相同的内容外，还应注写管路代号。管路的代号可用如图 2-3-7 所示的两种方法注写。水平管道的代号标注在管道的上方，垂直管道则标注在管道的左侧（字头向左）。

图 2-3-7　管道代号的标注

物料代号是由物料的名称和状态的英文名词的字头组成，一般采用 2～3 个大写字母来表示，常用物料代号见表 2-3-2。

表 2-3-2　物料名称及代号（摘自 HG 20519—2009）

分类	物料代号	物料名称	分类	物料代号	物料名称
工艺物料	PA	工艺空气	水	BW	锅炉给水
	PG	工艺气体		CSW	化学污水
	PGL	气液两相流工艺物料		CWR	循环冷却水回水
	PGS	气固两相流工艺物料		CWS	循环冷却水上水
	PL	工艺液体		DNW	脱盐水
	PLS	液固两相流工艺物料		DW	饮用水、生活用水
	PS	工艺固体		FW	消防水
	PW	工艺水		HWR	热水回水
空气	AR	空气		HWS	热水上水
	CA	压缩空气		RW	原水、新鲜水
	IA	仪表空气		SW	软水
蒸汽、冷凝水	HS	高压蒸汽		WW	生产废水
	HUS	高压过热蒸汽	燃料	FG	燃料气
	LS	低压蒸汽		FL	液体燃料
	LUS	低压过热蒸汽		FS	固体燃料
	MS	中压蒸汽		NG	天然气
	MUS	中压过热蒸汽	油	DO	污油
	SC	蒸汽冷凝水		FO	燃料油
	TS	伴热蒸汽		GO	填料油
制冷剂	AG	气氨		LO	润滑油
	AL	液氨		RO	原油
	RWR	冷冻盐水回水		SO	密封油
	RWS	冷冻盐水上水	其他	DR	排液、导淋
	FRG	氟利昂气体		FSL	熔盐
	FRL	氟利昂液体		H	氢
	ERG	气体乙烯或乙烷		O	氧
	ERL	液体乙烯或乙烷		IG	惰性气
	PRG	气体丙烯或丙烷		VE	真空排放气
	PRL	液体丙烯或丙烷		VT	放空

（3）仪表及仪表位号的标注

在工艺管道及仪表流程图中的仪表控制点应注写位号。位号由字母代号组合与阿拉伯数字编号组成，如图 2-3-8（a）所示。

仪表位号中的字母代号填写在圆圈的上半圆中，数字编号填写在圆圈的下半圆中，如图 2-3-8（b）所示。

被测变量及仪表功能的字母组合见表 2-3-3。

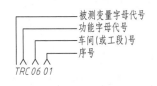 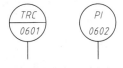

(a) 仪表位号的组成	(b) 仪表位号的标注

图 2-3-8　仪表位号及其标注

表 2-3-3　被测变量及仪表功能的字母组合

被测变量 / 仪表功能	温度	温差	压力或真空	压差	流量	流量比率	分析	密度
指示	TI	TdI	PI	PdI	FI	FfI	AI	DI
指示、控制	TIC	TdIC	PIC	PdIC	FIC	FfIC	AIC	DIC
指示、报警	TIA	TdIA	PIA	PdIA	FIA	FfIA	AIA	DIA
指示、开关	TIS	TdIS	PIS	PdIS	FIS	FfIS	AIS	DIS
记录	TR	TdR	PR	PdR	FR	FfR	AR	DR
记录、控制	TRC	TdRC	PRC	PdRC	FRC	FfRC	ARC	DRC
记录、报警	TRA	TdRA	PRA	PdRA	FRA	FfRA	ARA	DRA
记录、开关	TRS	TdRS	PRS	PdRS	FRS	FfRS	ARS	DRS
控制	TC	TdC	PC	PdC	FC	FfC	AC	DC
控制、变速	TCT	TdCT	PCT	PdCT	FCT	-	ACT	DCT

4. 工艺管道及仪表流程图的阅读

通过读图，要了解和掌握物料的流程，搞清所用设备的种类、数量、名称和位号，管路的编号和规格，阀门及仪表控制点的功能、类型和控制部位，掌握开、停工顺序等。

下面以脱硫系统工艺管道及仪表流程图为例，介绍读图的方法和步骤。

（1）掌握设备的名称、位号和数量

脱硫系统的工艺设备共有 9 台，它们分别是：罗茨鼓风机两台（C0701A、B），脱硫塔一台（T0702），氨水储罐一台（V0703），氨水泵两台（P0704A、B），空气鼓风机一台（C0705），再生塔一台（T0706），除尘塔一台（T0707）。

（2）分析主要物料的流程（粗线部分）

从配气站送来的天然气，经罗茨鼓风机从脱硫塔底部送入，在塔内与氨水逆流接触后，其中的硫化氢被氨水吸收脱除。之后天然气进入除尘塔，经水洗除尘后，由塔顶去造气工段。

（3）分析辅助物料流程（中粗线部分）

来自碳化工段的稀氨水进入氨水储罐，由氨水泵（P0704A）打入脱硫塔（T0702）上部。氨水泵（P0704B）从脱硫塔底部抽出废氨水，打入再生塔（T0706），在塔中与新鲜空气逆流接触吸收其中的硫化氢，产生的酸性气体送去硫黄回收工段；从再生塔底部出来的再生氨水由氨水泵打入脱硫塔后循环使用。

（4）了解动力或其他介质系统流程

整个系统中，介质的流动通过两台并联的罗茨鼓风机（一台备用）完成。从废氨水中除去含硫气体用的新鲜空气来自空气鼓风机，从再生塔的下部送入。由自来水总管提供除尘水源，从除尘塔上部进入塔中。

（5）了解仪表控制点情况

在两台罗茨鼓风机、两台氨水泵的出口和除尘塔下部物料入口处，共有五块就地安装的压力指示仪表。在天然气原料线、再生塔底出口和除尘塔料气入口处，共有三个取样分析点。

（6）了解阀门种类、作用、数量等

脱硫系统各管段共使用了三种阀门，截止阀 8 个，闸阀 7 个，止回阀 2 个。止回阀限制氨水可由氨水泵打出，不可逆向回流，以保证安全生产。

任务指导

1. 作图步骤。

① 先用细实线绘制地平线，再按流程顺序用细实线绘制设备基座及设备的简单外形。设备的主要管口要画出。

② 按物料走向用粗实线画出主要物料的流程线。

③ 用中粗线画出辅助物料的流程线。

④ 用细实线按规定的图形符号画出所有阀门。

⑤ 用细实线按规定的图形符号画出所有仪表及控制点。

⑥ 标注设备的位号、名称，流程线和仪表控制点的编号，物料的来源与去向。

⑦ 填写标题栏。

2. 注意事项

① 设备的大小不必按比例画出，但必须近似反映其相对大小和高低位置。

② 流程线的长短不反映管路的真实长短，但要近似反映出其高低位置，反映地下的管道应画在地平线之下。

③ 流程线一般不应相交，相交时应尽量断开。

④ 画图时应按流程顺序绘制。

⑤ 注意用粗实线和中粗线区分主要物料的流程线与辅助物料的流程线。

任务二　画设备布置图

【学习目标】
① 了解厂房建筑图的画法。
② 熟悉设备布置图内容及要求。
③ 掌握设备布置图的画法。

工 作 任 务 单	
工作任务	画设备布置图
任务描述	① 绘制如图 2-3-9 所示的空压站设备布置图。了解各设备的相对位置。 ② 分析讲解空压站的设备布置情况。

任务描述	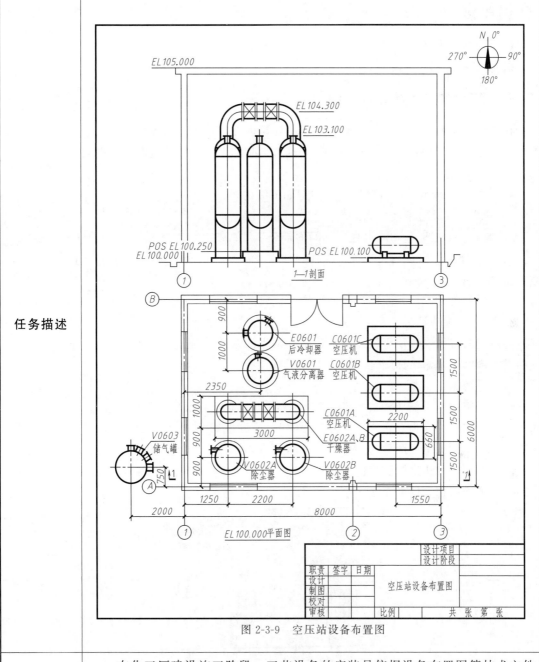
	图 2-3-9　空压站设备布置图
任务分析	在化工厂建设施工阶段，工艺设备的安装是依据设备布置图等技术文件进行的。设备布置图必须表明设备在厂房内外的布置情况及安装位置。因此，要完成本任务，必须熟悉厂房建筑的基本知识，掌握建筑图的画法；学会正确表达化工工艺过程中使用的设备在厂房内外的布置情况，达到能绘制和阅读设备布置图的目的。
成果展示与评价	各组成员每人完成一张 A3 图纸，小组互评后上交。各组成员相互讨论，选派代表讲解空压站的设备布置情况，结果计入各组考核成绩。

知识链接

● 厂房建筑图简介
● 设备布置图的画法与阅读

一、厂房建筑图简介

化工生产中所使用的设备，必须在厂房建筑内外合理布置。因此技术人员绘制设备布置图时，应该掌握厂房建筑的基本知识，并具备绘制和识读厂房建筑图的基本能力。

1. 厂房建筑的结构

如图 2-3-10 所示，厂房建筑常见的有如下结构。

① 地基。基础之下经加固的土层。

② 基础。介于地基和墙（柱）之间的部分。

③ 墙、墙垛、窗、门、楼梯、栏杆、散水坡。

④ 柱、梁、楼板、安装设备用的孔洞和屋盖。

厂房建筑常见的结构及配件图例见表 2-3-4。

2. 建筑图的视图

建筑图的视图同样用正投影原理绘制。常见的是建筑施工图，包括总平面图、平面图、立面图、剖面图和建筑详图等。

（1）平面图

用一假想的水平剖切面过门洞、窗台等剖切，画出的水平剖视图（俯视图）称为平面图。沿底层切开的称为"底（首）层平面图"，沿二层切开的称"二层平面图"，依次类推，相同楼层共用一个平面图称为"标准层平面图"。

平面图用于表达房屋的平面形状、大小、朝向及厂房结构的平面布置情况。如图 2-3-11中的一层平面图和二层平面图。

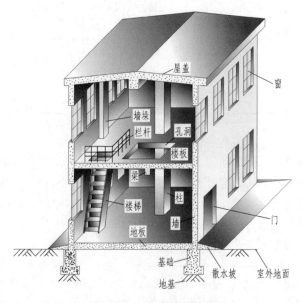

图 2-3-10　厂房建筑结构

表 2-3-4　常用建筑材料、建筑物构造及配件图例（摘自 GB/T 50001—2001）

名　称	图　例	名　称	图　例
自然土壤		混凝土	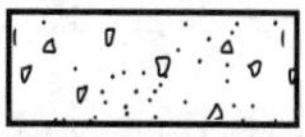
夯实土壤		钢筋混凝土	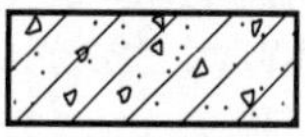
玻璃		砂、灰土	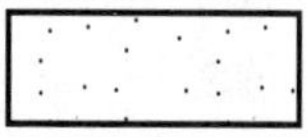
墙体	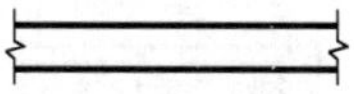	单扇门	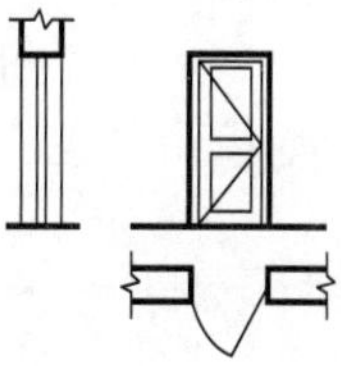
孔洞			
坑槽	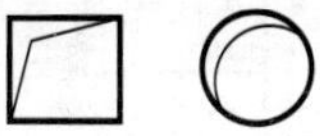		
空门洞	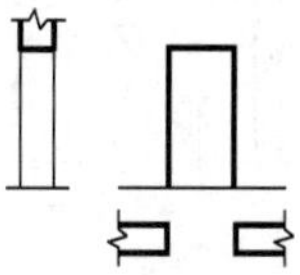	双扇门	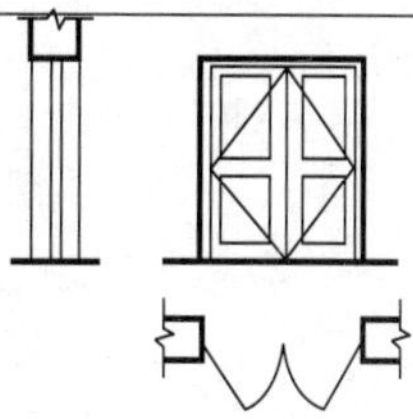
楼梯　底层	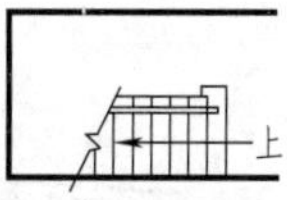	单层固定窗	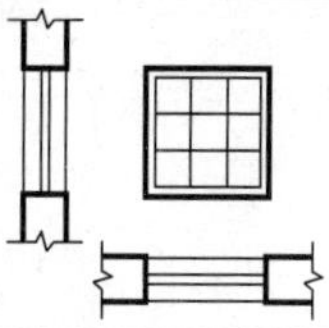
楼梯　中间层	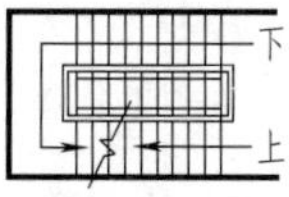		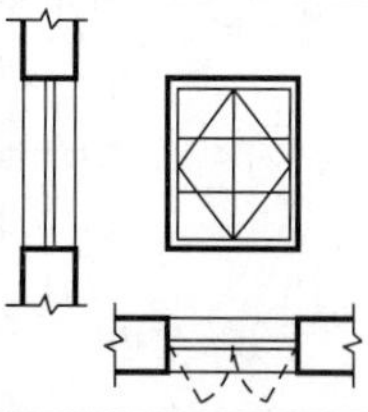
楼梯　顶层	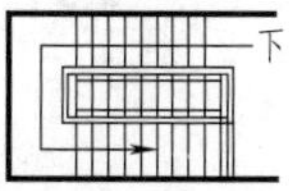	单层外开平开窗	

（2）立面图

向平行于房屋某一外墙面的投影面投射所画出的视图称为立面图。立面图可用定位轴线号来命名，如图 2-3-11 中①—③立面图；也可按方向来确定名称，如南立面图，北立面图。

（3）剖面图

假想用正平面或侧平面沿铅垂方向把房屋剖开后绘制的剖视图称为剖面图，如图 2-3-11 中的 1—1 剖面图和 2—2 剖面图。

（4）建筑详图

建筑详图是一种局部放大图，用以表达建筑物的细部结构。

3. 建筑图的标注

（1）定位轴线

定位轴线是在房屋的墙、柱等位置用细点画线画出，并加以编号。编号用带圆圈（直径 8mm）的阿拉伯数字（长度方向）或大写字母（宽度方向）表示。如图 2-3-11 所示。

（2）尺寸

建筑图的尺寸要注成封闭的，如图 2-3-12 所示。

平面图上的尺寸分三道标注：最外面标注总长和总宽，中间是定位轴线尺寸，最里一道是表示门窗、孔洞等结构的详细尺寸，其单位为 mm，只注数字不注尺寸单位。

剖面图上标注相对高度尺寸，称为标高尺寸。一般只标注地面、楼板面及屋顶面的标高尺寸。标高尺寸以 m 为单位（小数点后保留三位），只注数字不注尺寸单位。

（3）视图名称

视图的名称，注写在各视图的正下方，如二层平面图、1—1 剖面图、和①—③立面图等，见图 2-3-11。

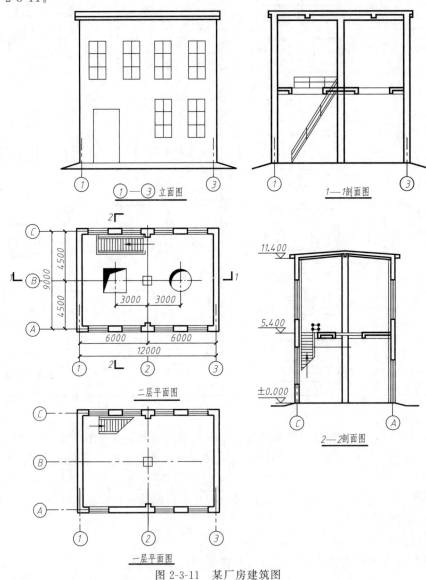

图 2-3-11　某厂房建筑图

二、设备布置图的画法与阅读

设备布置图是在厂房建筑图的基础上，增加了设备布置内容的图样，采用正投影法绘制。在工程施工时设备布置图可指导设备安装，它也是绘制管道布置图的依据。如图 2-3-13

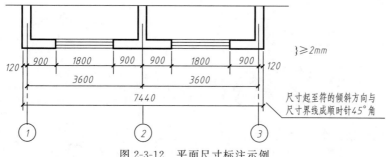

图 2-3-12　平面尺寸标注示例

所示为天然气脱硫系统设备布置图。

1. 设备布置图的内容

（1）一组视图

包括平面图和剖面图。

平面图用来表达厂房某层设备在水平方向的布置安装情况，是进行水平剖切后画出的俯视图。多层厂房应按楼层绘制平面图。

剖面图是在厂房建筑的适当位置上，垂直剖切后绘制的图样，用来表达设备沿高度方向的布置安装情况。

（2）尺寸及标注

主要标注与设备有关的建筑物尺寸，建筑物与设备、设备与设备之间的定位尺寸（不标注设备的定形尺寸），厂房建筑定位轴线的编号、设备的名称和位号，以及注写必要的说明等。

（3）安装方位标

安装方位标是确定设备安装方位的基准，一般画在图样右上方，如图 2-3-13 所示。

（4）标题栏

填写图名、图号、比例及签字等。

2. 设备布置图的画法与标注

平面图和剖视图上均应按比例画出的部分：厂房建筑的柱网、内部分隔、地面、楼板、平台、栏杆、安装孔洞、地沟、设备基础等。

平面图上画出，剖视图上不画的部分：与设备安装定位关系不大的构件。如门、窗等。

绘制设备布置图时，应以工艺施工流程图、厂房建筑图等原始资料为依据，一般可按下述步骤绘制。

（1）绘制设备布置平面图

① 用细点画线画出建筑物的定位轴线，再用细实线画出墙、柱、门、窗、楼梯等厂房建筑的平面图。

② 用细点画线画出设备的中心线，用粗实线画出设备的基本轮廓。用细实线画出设备的基础。对于机、泵类动设备用粗实线画出设备的基本轮廓及基础。规格相同的多台设备可只画出一台，其余则用粗实线简化画出其基础的轮廓投影，如图 2-3-13 所示罗茨鼓风机的画法。

③ 标注厂房定位轴线、定位轴线间的尺寸、设备基础的定形和定位尺寸、设备的位号和名称（同工艺流程图）。

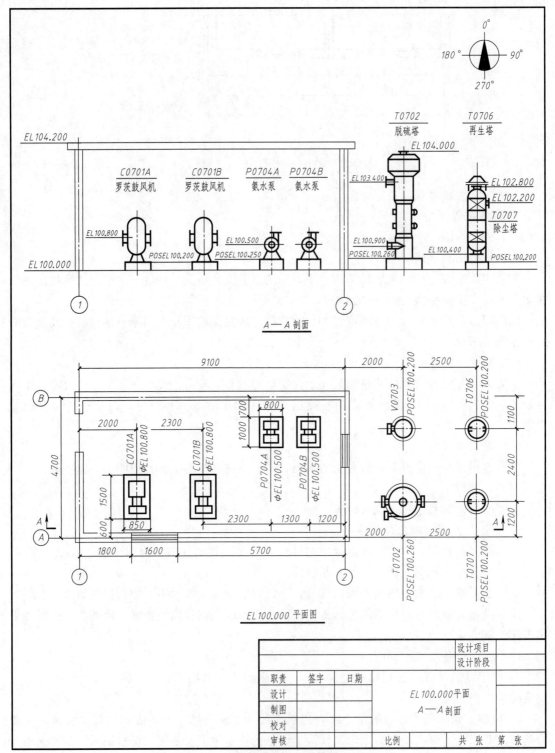

图 2-3-13 天然气脱硫系统设备布置图

（2）绘制剖面图

剖面图以表达清楚设备与厂房高度方向的位置关系为前提，其数量应尽可能少。

① 用细实线画出厂房剖面图。

② 用粗实线画出设备的立面图，剖视图中设备的钢筋混凝土基础与设备的外形轮廓组合在一起时，与设备同用粗实线画出，被遮挡的设备轮廓一般不画出。

③ 标注厂房定位轴线、定位轴线间的尺寸；厂房室内外地面标高、各层标高、设备基础标高；必要时标注各主要管口中心线、设备最高点标高等；最后注写设备位号和名称。

（3）绘制方位标

方位标用于确定设备及管口的安装方向。方位标用细实线画圆圈，直径为20mm，用细实线绘制水平、垂直两轴线，并分别注写0°、90°、180°、270°等字样，一般以建筑北向（N）为零度方位基准，画出箭头，如图2-3-13中右上角所示。

（4）其他内容

填写标题栏，检查、校核，完成图样。

3. 设备布置图的阅读

通过阅读设备布置图，可以了解设备在厂房中的具体布置情况，为管道的合理布置建立基础。现以如图2-3-13所示天然气脱硫系统设备布置图为例，介绍读图的方法和步骤。

（1）概括了解

该设备布置图有两个视图，一个为"EL100.000平面图"；另一个为"A—A剖面图"。共有八台设备，厂房外布置了四台静设备，分别是脱硫塔（T0702）、除尘塔（T0707）、氨水储罐（V0703）和再生塔（T0706）。厂房内共安装了四台动设备，其中有两台罗茨鼓风机（C0701A/B），两台氨水泵（P0704A/B）。

（2）了解厂房

厂房的横向定位轴线①、②间距为9.1m，纵向定位轴线Ⓐ、Ⓑ间距为4.7m，地面标高为EL100.000m，房顶标高为EL104.200m。

（3）分析设备布置情况

两台罗茨鼓风机的主轴线标高为EL100.800m，横向定位为2.0m，间距为2.3m，基础尺寸为1.5m×0.85m，支承点标高是POSEL100.200m。

脱硫塔横向定位是2.0m，纵向定位是1.2m，支承点标高是POSEL100.260m，塔顶高EL104.000m，料气入口管口标高是EL100.900m，稀氨水入口管口标高是EL103.400m。废稀氨水出口管口标高是EL100.400m。

氨水储罐（V0703）的支承点标高是POSEL100.200m，横向定位是2.0m，纵向定位是1.1m。

右上角的安装方位标指明了有关厂房和设备的安装方位基准。

任务指导

1. 绘图步骤

① 先用细实线绘制厂房的平面图和剖面图。

② 用粗实线绘制带接管口的设备。应按流程顺序逐一画出每台设备的平面布置图和立面布置图，管口应按实际方位绘制。

③ 标注。从如下几方面着手进行标注：

定位轴线编号；平面图中标定位轴线间距；设备的水平定位尺寸（平面图中）和高度定位尺寸（剖面图中）；其他必要尺寸；设备的位号和名称；视图名称。

④ 画方向标。

⑤ 填写标题栏。

2. 注意事项

① 设备要用粗实线绘制，并按实际方向画出接管口。

② 设备的定位尺寸应标注在设备的中心线、轴线或支座安装平面上。

③ 设备的位号和名称应与工艺流程图中的一致。

任务三　管路表达

【学习目标】

熟悉管道的各种空间位置，并学会用图形表达出来。

工作任务单

工作任务	管路表达
任务描述	① 绘制如图 2-3-14 所示管路的平面图和立面图。 ② 读懂如图 2-3-15 所示管路的平面图和剖面图，想象管路的空间走向。  图 2-3-14　一段管路的立体图 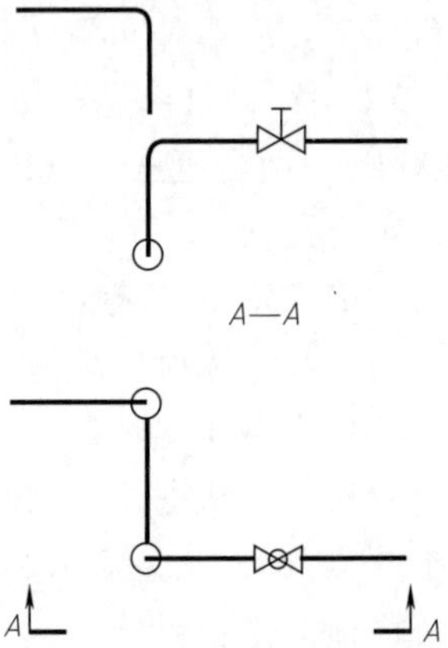　　图 2-3-15　一段管道的平面图和剖面图
任务分析	管道的图示方法也是按正投影的原理绘制的，但由于工厂中管道的空间位置及分布走向复杂多样，在用图样表达时，不能完全按照前面介绍的点和直线的投影方法，对管道的一些特殊位置和走向必须作出相关规定，以便将它们用图形清楚地表达出来。在完成本任务时，要着重学会用图样表达管道的特殊位置和走向，以便为后面学习更复杂的管道布置图打下坚实的基础。
成果展示与评价	各组成员相互讨论，确定表达方案，每人完成一张 A3 图纸，小组互评后上交。各组选派代表讲解图 2-3-15 所示管道的空间走向，结果计入各组考核成绩。

知识链接

● 管道的规定画法

● 管架的表示方法和编号

● 阀门及仪表控制元件的表示法

一、管道的规定画法

1. 管道的表示法

在管道布置图中，管道有单线和双线两种表示方法。公称通径（DN）大于或等于 400（或 16in）的管道，用双线表示，小于或等于 350mm（或 14in）的管道用单线表示。大口径的管道不多时，则公称通径（DN）大于或等于 250mm（或 10in）的管道用双线表示，小于或等于 200 mm（或 8in）的管道，用单线表示，如图 2-3-16 所示。

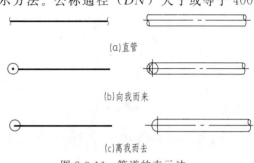

(a)直管

(b)向我而来

(c)离我而去

图 2-3-16　管道的表示法

2. 弯折管道的表示法

弯折管道的表示法如图 2-3-17 所示。

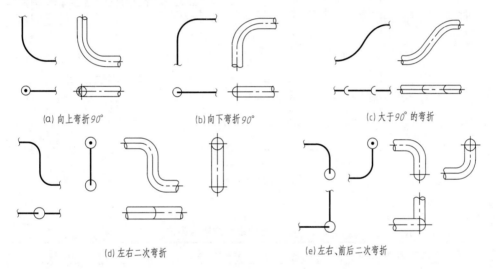

(a) 向上弯折90°　　(b)向下弯折90°　　(c)大于90°的弯折

(d)左右二次弯折　　　　(e)左右、前后二次弯折

图 2-3-17　管道弯折的表示法

3. 重叠管道的表示法

管道的投影重合时，可见管道的投影断裂表示，不可见管道的投影画至重影处（稍留间隙），如图 2-3-18 所示；多条管道的投影重合时，最上一条画双重断裂符号，如图 2-3-18（b）所示，也可用 a、a 和 b、b 等小写字母加以区分，如图 2-3-18（d）所示。当管道转折后投影重合时，则后面的管道画至重影处，并留出间隙，如图 2-3-18（c）所示。

4. 交叉管道的表示法

管道交叉时，一般按如图 2-3-19（a）所示的方法表示。需要表示相对位置的管道，应将下面（后面）被遮盖部分的投影断开，如图 2-3-19（b）所示，或可用虚线表示，如图 2-3-19（c）所示，也可将上面的管道投影断裂表示，如图 2-3-19（d）所示。三通或分叉管道的表示方法如图 2-3-19（e）、（f）所示。

5. 管道连接的表示法

两段直管相连接的形式常见有四种，其画法见表 2-3-5。

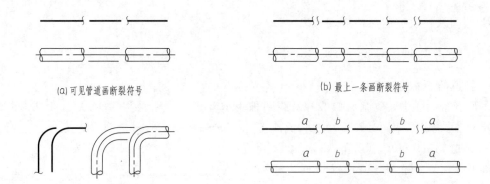

(a) 可见管道画断裂符号　　　　　　　　　　(b) 最上一条画断裂符号

(c) 前面管道完整画法　　　　　　　　　(d) 用对应字母加以区分

图 2-3-18　管道重叠的表示法

(a) 一般画法　　　　　　　　(b) 遮挡画法　　　　　　(c) 虚线画法

(d) 断开画法　　　　　(e) 三通管的单线画法　　　　(f) 三通管的双线画法

图 2-3-19　管道交叉的表示法

表 2-3-5　管道的连接方式与画法

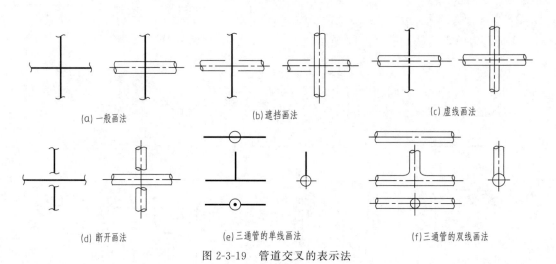

连接方式	轴测图	装配图	规定画法	
法兰连接			单线	
			双线	
承插连接			单线	
			双线	
螺纹连接			单线	
			双线	

连接方式	轴测图	装配图	规定画法
焊接	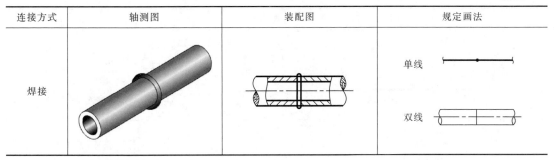		单线 双线

二、管架的表示方法和编号

管架用于安装固定管道，在平面图上用符号表示，如图 2-3-20（a）所示。

管架的编号由五部分内容组成，如图 2-3-20（b）所示。管架类别和管架生根部位的结构，用大写英文字母表示，见表 2-3-6。

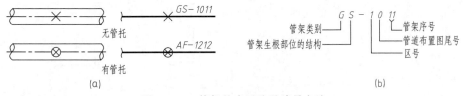

图 2-3-20　管架的表示法及编号方法

表 2-3-6　管架类别和管架生根部位的结构代号（摘自 HG 20519—2009）

管架类别					
代号	类别	代号	类别	代号	类别
A	固 定 架	H	吊 架	E	特 殊 架
G	导 向 架	S	弹 性 吊 架	T	轴 向 限 位 架
R	滑 动 架	P	弹 簧 支 架	—	—
管架生根部位的结构					
代号	结 构	代号	结 构	代号	结 构
C	混 凝 土 结 构	S	钢 结 构	W	墙
F	地 面 基 础	V	设 备	—	—

三、阀门及仪表控制元件的表示法

阀门有规定的图形符号，见附表 28。阀门在管道布置图中的表示方法和在管道中的连接方式见表 2-3-7。阀门常见的传动控制机构如图 2-3-21 所示。

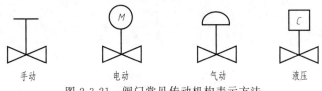

图 2-3-21　阀门常见传动机构表示方法

表 2-3-7　管道布置图中阀门及其连接方法及图例（摘自 HG 20519—2009）

	螺纹或承插焊连接	对焊连接	法兰连接(三视图)	
截止阀				
闸阀				

【例题 1】　已知某段管路的平面图如图 2-3-22（a）所示，分析其空间走向。

　　分析　由平面图和管路表达方法可知，从左边起，该段管路的空间走向为：自下向上→向右→向后→向左→向上。其正立面图和左立面图如图 2-3-22（b）所示。

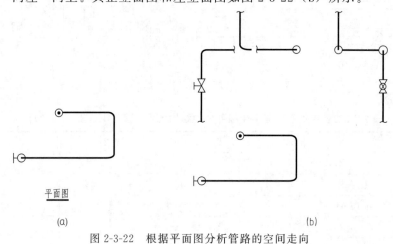

平面图

　　　　　　(a)　　　　　　　　　　　　　　　　　　(b)

图 2-3-22　根据平面图分析管路的空间走向

【例题 2】　如图 2-3-23（a）所示为某段管路的平面图和立面图，试画出左立面图。

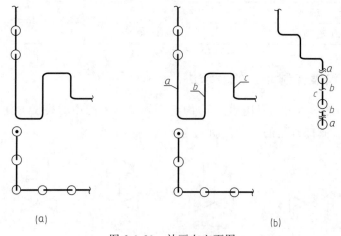

　　　　　　(a)　　　　　　　　　　　　　　　　　　(b)

图 2-3-23　补画左立面图

分析　由平面图、立面图和管路表达方法可分析得出，从左边起，该段管路的空间走向为：自上向下→向前→向下→向前→向下→向右→向上→向右→向下→向右。在左立面图，有三段管道重叠，应采用断开的表达方法，如图 2-3-23（b）所示。

任务指导

1. 绘图和看图指导

画图时，要从主要管道画起，应逐段画出，最后画出分支管道。图 2-3-14 所示管道的平面图和立面图如图 2-3-24 所示。

读图时，可从管道的一个起点看起，逐段弄懂各段管道的空间走向，从而看懂整个管路的空间布置情况。图 2-3-15 表示的管道，其轴测图如图 2-3-25 所示。该段管道的走向是：左起向右→向下→向前→向上→向右。

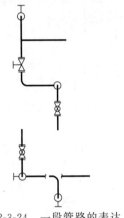

图 2-3-24　一段管路的表达

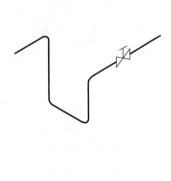

图 2-3-25　一段管路的轴测图

2. 注意事项

① 画图时，可先用数字或字母标记每一段管道，然后按顺序逐段绘制管道的平面图和立面图。

② 左立面图与右立面图基本成对称关系，画出左立面图后，可按对称关系画出右立面图，但朝向观察者而来的管道应变为离观察者而去，反之离观察者而去的管道应变为朝向观察者而来。

③ 阀门控制元件的方位应按实际位置画出。

④ 注意相交、交叉管道在画法上的差异，相交的管道不得断开，而交叉管道应断开其中一根。

任务四　画管道布置图

【学习目标】
① 熟悉管道布置图内容及要求。
② 掌握管道布置图的画法。

工 作 任 务 单		
工作任务	画管道布置图	

绘制如图 2-3-26 所示的管道布置图,按图弄清各段管道的空间位置和走向。

任务描述

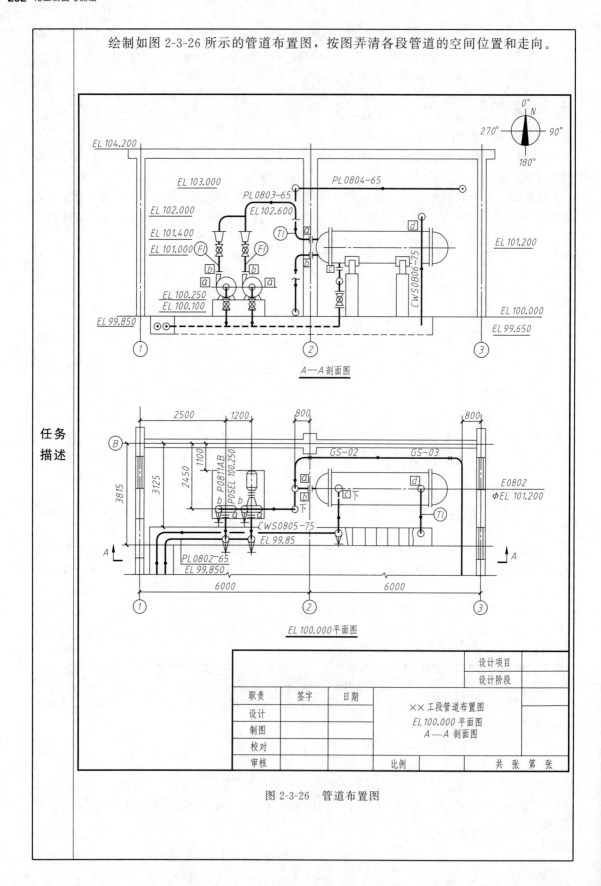

图 2-3-26　管道布置图

任务分析	在化工厂建设施工阶段，复杂的管道安装是依据管道布置图等技术文件进行的。管道布置图必须表明管道在厂房内外的布置情况。因此，要完成本任务，除了必须熟练掌握任务三中一段管路的表达方法外，还必须学会如何清楚地表达整个工艺过程中全部管道的方法。
成果展示与评价	各组成员每人完成一张 A3 图纸，小组互评后上交。各组选派代表讲解图 2-3-26 所示管道的空间位置和走向，结果计入各组考核成绩。

知识链接

● 管道布置图的内容
● 管道布置图的画法
● 管道布置图的标注
● 管道布置图的阅读
● 管道轴测图

一、管道布置图的内容

管道布置图包括以下内容，（如图 2-3-26 所示）。

① 视图。用于表达管道在厂房内外的布置，以及与设备的连接情况。

② 尺寸标注。建筑物应标注定位轴线和轴线间的尺寸，地面、楼板、平台面、梁顶应有标高尺寸；设备应标注位号和名称（与流程图一致），以及支承点的标高；管道上方标注与流程图一致的管道代号，下方标注管道标高。

③ 方位标。表示管道安置的方位基准（与设备布置图中一致）。

④ 标题栏。注写图名、图号、比例、责任人签字等。

二、管道布置图的画法

1. 确定表达方案

管道布置图的绘制应以管道及仪表流程图和设备布置图为依据。一般仅画出平面布置图。当平面布置图中管道的局部表达不清楚时，可在平面布置图边界线以外的空白处，绘制剖面图或轴测图。

对多层建筑物、构筑物应按层依次绘制管道平面布置图，并注写视图名称"EL100.000平面"、"EL×××.×××平面"等。

2. 确定比例、选择图幅、合理布图

表达方案确定以后，根据尺寸大小及管道的复杂程度，选择恰当的比例和图幅，便可进行视图的布局。

3. 绘制视图

画管道布置图的步骤如下。

① 用细实线画出厂房平面图和剖面图。

② 用细实线按比例画出带管口的设备示意图（包括设备的机座）。

③ 用粗实线按规定画出管道。

④ 用细实线按规定符号画出管道上的阀门（带控制元件）、仪表控制点、管件、管道附件等。

三、管道布置图的标注

在管道布置图中，一般从如下几个方面进行标注。

1. 标注厂房建筑的定位轴线和轴线间的尺寸

地面、楼板、平台面、梁、屋顶应标注标高尺寸。

2. 标注设备的位号和定位尺寸

设备的位号与工艺流程图中的一致，注写在设备中心线的上方，而设备支承点的标高注写在下方。

设备支承点的标高注写形式是"POS EL×××.××××"；设备主轴中心线的标高注写形式是"ΦEL×××.×××"的形式。

3. 管道

管道上方标注与流程图一致的管道代号，在下方标注管道标高。

以管道中心线为基准的标高注写为"EL×××.×××"，以管底为基准的标高注写为"BOP EL×××.×××"。

四、管道布置图的阅读

阅读管道布置图的目的，是读懂管道在厂房内外的布置情况。由于管道布置设计是在工艺管道及仪表流程图和设备布置图的基础上进行的，因此在读图前，应该首先读懂相应的工艺管道及仪表流程图和设备布置图。现以图 2-3-26 所示某工段的局部管道布置图为例，说明阅读管道布置图的大致步骤。

1. 概括了解

图中包括 EL100.00 平面图和 A—A 剖面图，剖面图与平面图按投影关系配置。

2. 详细分析

① 了解厂房及设备布置情况。图中厂房横向定位轴线①、②、③，其间距为 4.5m，纵向定位轴线为⑧，离心泵基础标高 EL100.250m，冷却器中心线标高 EL101.200m。

② 分析管道走向。图中离心泵有进出两部分管道，一段是从地沟中出来的原料管道，编号为 PL0802-65，分别进入两台离心泵；另一段从泵出口出来后汇集在一起，经过编号为 PL0803-65 的管道，从冷凝器左端下部进入管程，由左上部出来后，向上在标高为 EL103.200m 处向后拐，再向右至冷凝器右上方，最后向前离去。编号为 CWS0805-75 的循环上水管道从地沟向上出来，再向后、向上进入冷凝器底部入口。编号为 CWR0806-75 的循环回水管道，从冷凝器上部出来向前，再向下进入地沟。

③ 了解管道上的阀门、管件、管架安装情况。两台离心泵的入口和出口，分别安装有四个阀门，在泵出口阀门后的管道上，还有同心异径管接头。在冷凝器上水入口处，装有一个阀门。在冷凝器物料出口编号为 PL0804-65 的管道两端，有编号为 GS-02，GS-03 的通用型托架。

④ 了解仪表、取样口、分析点的安装情况。

在离心泵出口处，装有流量指示仪表。在冷凝器物料出口及循环回水出口处，分别装有

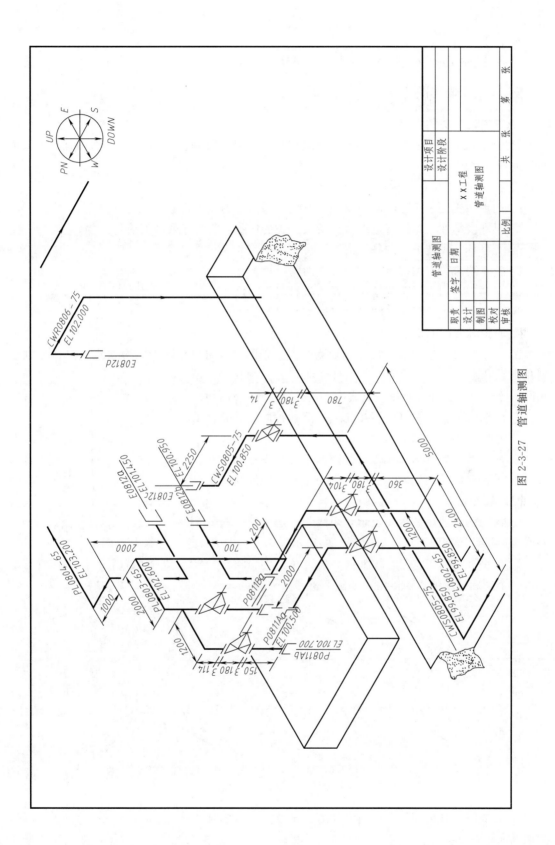

图 2-3-27　管道轴测图

温度指示仪表。

3. 归纳总结

对上述分析进行综合归纳，建立一个完整的空间概念。

五、管道轴测图

1. 管道轴测图的内容

管道轴测图又称管段图、空视图，是按轴测投影原理绘制的，能全面、清晰地反映管道布置的设计和施工细节，如图 2-3-27 所示。

管道轴测图包括以下内容。

① 图形。管道按正等轴测图绘制，管件、阀门等的图形符号按规定画出。

② 尺寸及标注。标注管道编号、所接设备的位号、管口序号和安装尺寸等。

③ 方位标。安装方位的基准。

④ 技术要求。有关焊接、试压等方面的要求。

⑤ 材料表。列表说明管道所需要的材料名称、尺寸、规格、数量等。

⑥ 标题栏。填写图名、图号、责任人签字等。

2. 管道轴测图的表示方法

① 一个管段号通常画一张管道轴测图。复杂的管段可利用法兰或焊接点断开，分别绘制几张管道轴测图，但需用一个图号注明页数。物料、材质相同的几个简单管段可画在一张图样上，并分别注出管段号。

② 绘制管道轴测图可以不按比例，但各种阀门、管件的大小及在管道中的位置、比例要协调。

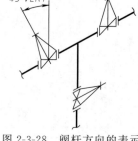

③ 所有管道用粗实线画出，管件（弯头、三通除外）、阀门、控制点用细实线绘制图形符号。管道与管件的连接画法，见附表 29。

④ 阀门的手轮用一短线表示，短线与管道平行，阀杆中心线按所设计的方向画出，如图 2-3-28 所示。

图 2-3-28　阀杆方向的表示

⑤ 在平面内的偏置管，按如图 2-3-29（a）所示绘制；对于立体偏置管，则将偏置管绘在由三个坐标组成的六面体内，如图 2-3-29（b）所示。

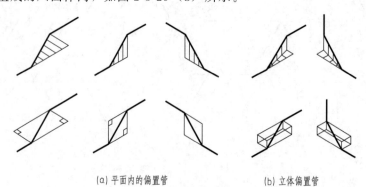

(a) 平面内的偏置管　　　　(b) 立体偏置管

图 2-3-29　偏置管表示法

⑥ 必要时，画出阀门上控制元件图示符号。传动结构、型式应适合于各种类型的阀门，如图 2-3-30 所示。

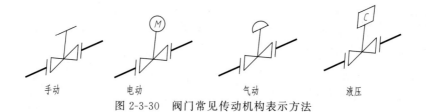

手动　　　　　　电动　　　　　　气动　　　　　　液压

图 2-3-30　阀门常见传动机构表示方法

3. 管道轴测图的尺寸与标注

① 每级管道应标注表示流向的箭头，并在流向箭头附近注出管段编号。

② 垂直管道不注高度尺寸，而以水平管道的标高"EL×××.×××"表示，水平管道的标高写在管道的下方。

③ 标高尺寸的单位为 m，其余尺寸均以 mm 为单位时，可不注写单位。

④ 应注出管道所连接的设备位号及管口序号。

【例题】　已知一段管道的平、立面图，绘制管道轴测图并标注尺寸，如图 2-3-31 所示。

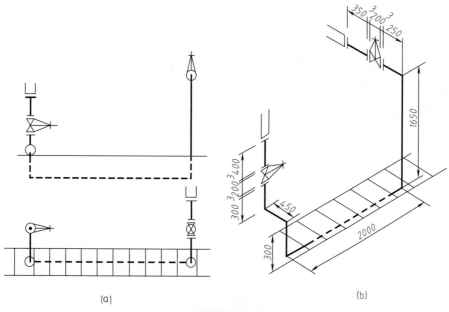

(a)　　　　　　　　　　　　　　(b)

图 2-3-31　绘制管段图并标注尺寸

4. 管道轴测图的方位标

管道轴测图的方位标按正等测绘制，画在图样的右上方，如图 2-3-32 所示。

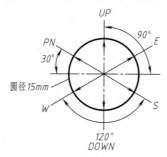

图 2-3-32　管道轴测图方位标

任务指导

1. 绘图步骤

（1）分析并确定表达方案。

（2）确定比例、选择图幅、合理布局。

（3）绘制视图：

① 用细实线画出厂房平面图和剖面图。

② 用细实线画出设备的平面布置图和立面布置图。

③ 按流程顺序及管道线型的规定，画出管道平面布置图和剖面图。

④ 画出管道上的阀门、管件、管道附件等。

⑤ 用直径为10mm的细实线圆圈，画出管道上的检测元件（压力、温度、取样等），圆圈内按管道及仪表流程图中的符号和编号填写。

（4）标注建筑物、设备、管道等。

（5）画方位标。

（6）填写标题栏。

2. 注意事项

① 为了突出管道，管路应用粗实线绘制，特殊管道用双线（双细实线）表示。

② 图中应着重表达出管道的空间走向和位置，并由此确定视图的数量。

③ 阀门的控制元件符号应按实际安装方位画出。

④ 重叠的管道较多时，应断开画出，但断开的管道数一般不超过两根，以便于看图。

情境四 测绘氧化锌生产实训车间的化工工艺图

任务一 现场测绘氧化锌生产实训车间的化工工艺图

【学习目标】

① 掌握现场测绘方法。

② 进一步熟练掌握工艺流程图、设备布置图及管道布置图的画法。

工 作 任 务 单

工作任务	现场测绘，绘制氧化锌生产实训车间的化工工艺图
任务描述	① 用 A2 图纸绘制氧化锌生产的工艺管道及仪表流程图。 ② 现场了解各设备的相对位置，用 A2 图纸绘制氧化锌生产实训车间的设备布置图。 ③ 弄清各段管道的空间位置和走向，用 A2 图纸绘制氧化锌生产的部分管道布置图。
任务分析	这是一个现场测绘任务，要求绘制氧化锌生产实训车间的化工工艺图，这种图样是化工生产过程中最常用的技术文件，是化工工程技术人员必须掌握的交流工具。要完成本任务，在掌握前面学习过的测绘知识、化工工艺图知识的基础上，还必须掌握测量工具的现场使用、现场测绘方法，掌握现场测绘的基本步骤。
成果展示与评价	各组成员搜集相关资料、国家标准及行业标准，分工协作，现场测量相关尺寸，相互讨论，确定表达方案，分组画出草图；每人完成三张 A2 图纸，小组互评后上交进行答辩。

知识链接

● 准备工作

● 现场测绘草图

● 画工作图

● 答辩

化工制图测绘是通过对现场现有化工操作装置的工艺流程、仪表控制设备及管道布置情况进行了解、测量、并画出草图，再经过整理绘制成工作图的过程，是化工制图与测绘课程的重要环节。通过现场测绘工作的全过程，提高学生在图样表达、管路空间走向分析和计算机绘图等多方面的技能；培养学生综合运用所学知识分析问题、解决问题的能力，为学好后续专业课程打下基础。

测绘"氧化锌生产实训车间"的化工工艺图，其步骤可以参照下面测绘"原料加热系统"的化工工艺图来完成。

下面以原料加热系统为例讲解现场测绘的基本步骤。

一、准备工作

1. 确定测绘对象

选定一个单元装置进行测绘，制定相应的测绘计划书，以便根据要求与现场相应的工程技术人员（工艺、设备、仪表）及管理人员联系，确定现场讲解等事宜。

2. 收集相关资料

在力所能及范围内，收集一些操作手册、设备图纸、工艺图册、规范等，以便作为参考。

3. 了解测绘内容

联系所学过的专业知识，大致了解工艺过程及测绘的内容、目的、方法、步骤，并准备相应的测绘工具，如：皮尺、卷尺、绳索、铅坠、指南针、胶带纸、粉笔、空白标签卡。

4. 安全教育

为了使测绘顺利进行，事先要进行安全教育，既保护测绘人员的安全，也保证不影响操作单位的正常工作。

二、现场测绘草图

1. 工艺方案流程草图

请现场工程技术人员讲解工艺流程。以原料加热系统为例：燃料油通过蒸汽加热到一定温度后，由齿轮泵送到加热炉火嘴燃烧，剩余部分油通过回线返回燃料油罐。绘制的工艺方案流程草图如图 2-4-1 所示。

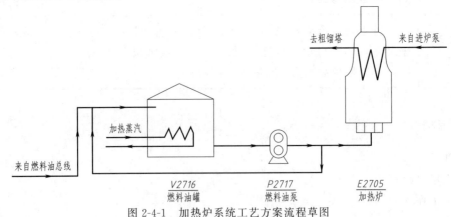

图 2-4-1　加热炉系统工艺方案流程草图

2. 设备及管口轴测草图

在操作人员配合下，根据工艺方案流程草图，对设备的名称、数量进行识别。工厂的设备一般都标有设备位号，对于没有标注位号的设备，可在设备上贴标签，现场填写，或暂用粉笔编写在设备上，填写内容为"设备类别字母、设备编号、设备名称"。

在原料加热系统中，燃料油罐有两个，一个收油、加热、备用，一个正常使用，每个罐有四个管口：一个进料口，一个出料口，另外两个为蒸汽加热盘管的进出口。齿轮泵有两台，圆筒炉一座，有八个火嘴。

绘制设备及管口轴测图。用细实线绘出设备轮廓及管口，并标明管口名称及用途。绘制的原料加热系统各设备及管口测绘轴测草图如图 2-4-2 所示。

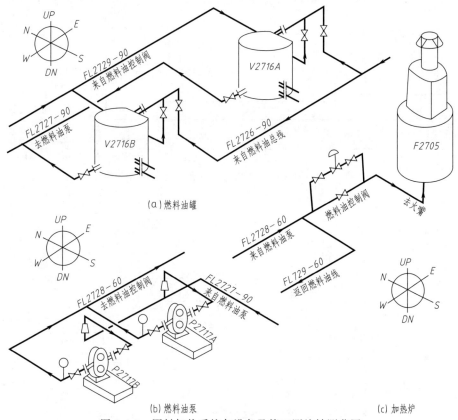

图 2-4-2　原料加热系统各设备及管口测绘轴测草图

3. 工艺管道及仪表流程图

在熟悉设备及管口的基础上，现场查看工艺流程管道及仪表的数量、参量、功能、安装位置（测点）及控制方法。

燃料油罐有两个温度指示仪表，在现场直接读取数据。

两个齿轮泵出口，各有一个就地安装压力指示仪表，其测量参数传送至泵房仪表盘集中显示。

加热炉有三个热电偶，分别测原料进炉温度、炉膛燃烧温度和原料被加热后出口温度，此温度信号还被传送到操作室进行控制，并反馈到炉前燃料油压力控制阀上。炉前燃料油压力控制是旁路形式，既可通过炉出口温度进行自动调节控制，也可改为旁路手动控制。

绘制的原料加热系统工艺管道及仪表流程草图如图 2-4-3 所示。

4. 设备布置草图

参照单元装置的区域编号，燃料油罐属 12 区，加热炉属 23 区，齿轮泵属热油泵房 22 区。确定设备的位置，测其安装方向，绘出设备位置并标注尺寸。绘制的原料加热系统设备布置草图如图 2-4-4 所示。

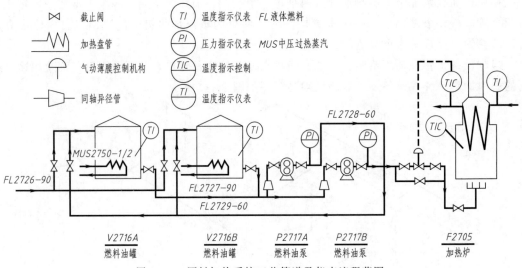

图 2-4-3　原料加热系统工艺管道及仪表流程草图

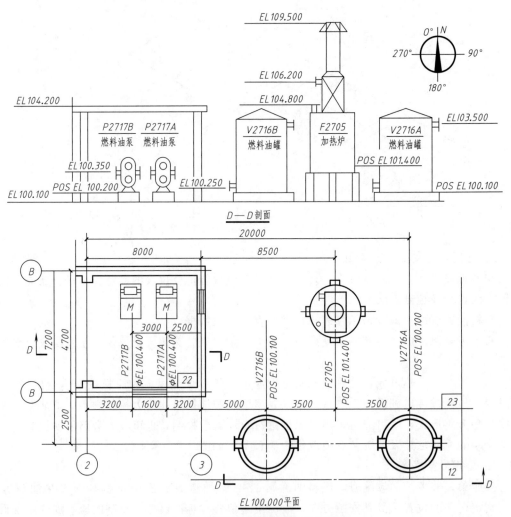

图 2-4-4　原料加热系统设备布置草图

5. 管道布置草图

管道是两设备之间的联系通道，要较为细致地了解管道及其管件的数量、位置、公称直径等。为了区别设备上的不同管口及各种各样的管线，要对各管道进行编号，并贴标签和记录其详细情况。标签的内容有："管内物料流向箭头、物料名称代号、管道序号、公称通径、标高"。

根据标签和设备及管口轴测草图上画出的空间走向，填写管道编号、物料代号和实际流向箭头。管道公称通径与标高尺寸只绘制尺寸线，待测量后填写。图 2-4-5 是自燃料油罐出口到燃料油泵之间的一段管道布置草图。

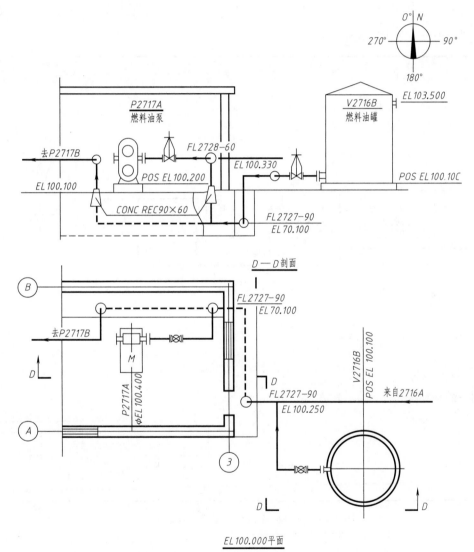

图 2-4-5　燃料油罐出口系统管道布置草图

6. 测量并填写尺寸

绘制完草图后，先认真检查，核对草图上的设备位号、管道代号、仪表符号、建筑轴线编号、安装方位是否相一致，物料流向箭头是否正确，然后按所需尺寸，对设备和管道逐个进行测量，并及时填写在已绘制好的尺寸线上。对不好测量的设备管线，可以几个人配合进行，以免遗漏或出错。

三、画工作图

1. 修改、校正、补充

在画工作图之前，先整理测绘资料，仔细对草图进行修改、校正，并利用规范、手册进行对照、核实，使相关代号、数据保持一致，避免前后矛盾。若有遗漏，还需二次下现场，有针对性地进行补充测绘。

2. 绘制化工工艺图

在检查、校核无误后，便可绘制工作图。加热炉系统的工艺管道及仪表流程图、设备布置图及部分管道布置图如图 2-4-6、图 2-4-7、图 2-4-8 所示。

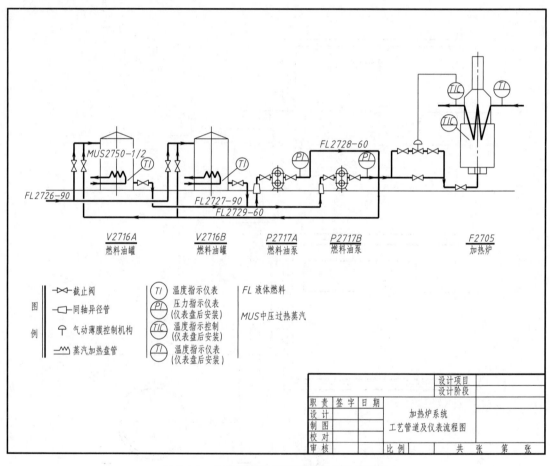

图 2-4-6　加热炉系统工艺管道及仪表流程图

四、答辩

1. 上交图纸

经老师检查认可后，上交图纸，装订成册。

2. 课程答辩

化工制图测绘必须进行答辩，问题可针对工艺流程、设备、管道布置、仪表控制点、绘

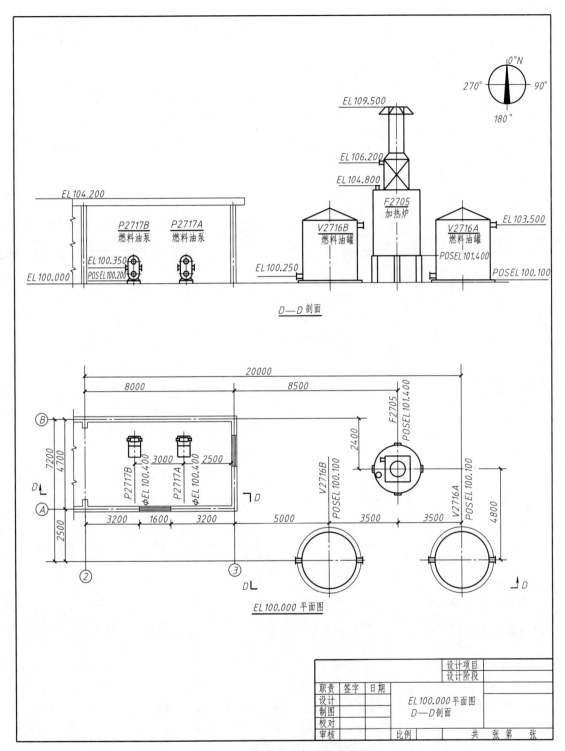

图 2-4-7　加热炉系统设备布置图

图等各环节。

　　3. 成绩评定

　　经答辩后进行成绩评定，化工制图测绘成绩单独考核，按考查课评定等级（优、良、

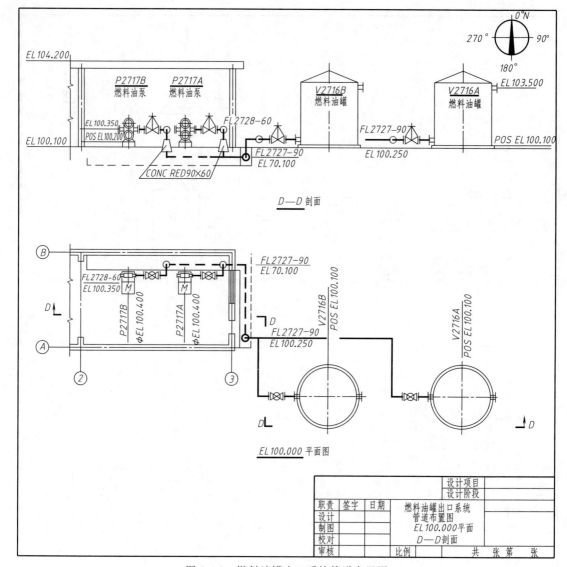

图 2-4-8　燃料油罐出口系统管道布置图

中、及格、不及格）。

任务指导

1. 测绘步骤

（1）明确测绘的内容、目的、方法和步骤

在完成项目二情境一任务的基础上，进一步熟悉氧化锌生产的工艺原理及工艺条件，明确其生产过程，制定相应的测绘计划书；收集相关资料；准备测绘工具，如：皮尺、卷尺、绳索、铅坠、指南针、胶带纸、粉笔、空白标签卡等。

（2）现场测绘草图

① 通过现场工程技术人员的讲解，明确氧化锌生产的工艺流程，绘制出工艺方案流程草图。

② 根据工艺方案流程草图，在操作人员配合下，对设备的名称、数量进行识别、标注；

熟悉设备及管口；现场查看工艺流程管道及仪表的数量、参量、功能、安装位置（测点）及控制方法，绘制出氧化锌生产的工艺管道及仪表流程草图。

③ 测量厂房的尺寸，绘制厂房的平面图和剖面图；确定设备在厂房内外的位置，测其安装方向，画出设备位置，绘制出氧化锌生产的设备布置草图。

④ 较为细致地了解管道及其管件的数量、位置、公称直径等，以工艺管道及仪表流程图和设备布置图为依据，绘制出氧化锌生产的部分管道布置草图。

⑤ 测量并填写尺寸。认真检查、核对草图上的设备位号、管道代号、仪表符号、建筑轴线编号、安装方位是否相一致，物料流向箭头是否正确，然后按所需尺寸，对设备和管道逐个进行测量，并及时填写在相应草图已绘制好的尺寸线上。

（3）画工作图

仔细对草图进行修改、校正、补充，检查、校核无误后，绘制出氧化锌生产的工艺管道及仪表流程图、设备布置图和管道布置图。

（4）输出图形、答辩。

2. 注意事项

① 在测绘现场一定要注意安全，不要随意扳动阀门、手柄和电气开关等。

② 以小组为单位进行测绘，注意发挥团队协作精神，既有分工又有协作。

③ 设备的大小不必按比例画出，但必须近似反映其相对大小和高低位置。

④ 流程线的长短不反映管路的真实长短，但要近似反映出其高低位置，反映地下的管道应画在地平线之下。

⑤ 在工艺管道及仪表流程图、设备布置图、管道布置图中，设备的位号和名称应保持一致。

任务二　用 AutoCAD 绘制氧化锌生产的化工工艺图

【学习目标】
① 掌握 AutoCAD 的块操作。
② 能灵活运用 AutoCAD 各种命令快捷地画出化工工艺图。

工 作 任 务 单	
工作任务	用 AutoCAD 绘制氧化锌生产的化工工艺图
任务描述	利用块操作、复制等快速作图方法，用 AutoCAD 绘制氧化锌生产的化工工艺图。
任务分析	化工工艺图中国家标准的规定画法较多，绘图时它们的大小多变，但视图却相对不变。要提高绘图速度，应避免重复绘制这些设备、阀门、管件。另外，标题栏、明细栏等格式不变，但其中的填写内容有变化。在 AutoCAD 中使用块、块属性和复制命令等，正好能达到上述目的。因此，在完成本任务时，应灵活运用前面所学过的相关命令快速作图。
成果展示与评价	各组成员相互讨论，每人完成三张 A2 图纸，小组互评后上交。

知识链接

用 AutoCAD 绘制化工工艺图的方法和步骤

以加热炉系统工艺管道及仪表流程图为例，其绘图步骤如下：

一、设置绘图环境

1. 图纸幅面的设置

选择菜单"格式→图形界限"菜单或执行"Limits"命令，根据命令行提示进行图纸幅面的设置。化工工艺图的幅面一般采用 A1 或 A2 图纸，本例采用 A2 图纸。

2. 图形单位的设置

选择菜单"格式→单位"，在弹出的"图形单位"对话框中，设置长度、角度的单位及精度。

3. 设置图层及线型

① 单击主窗口左上角的图层特性管理器图标 ▤，打开"图形特性管理器"对话框，创建并设置如图 2-4-9 所示的图层及线型。其中"粗实线"的线宽为 0.3mm，"辅助物料管道"的线宽为 0.25mm，"主要物料"的线宽为 0.4mm，其余图层的线宽为默认值。

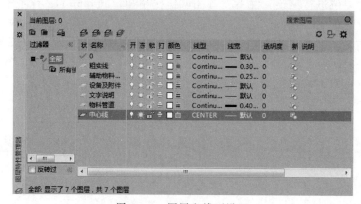

图 2-4-9　图层和线型设置

② 在命令行中键入"lts"后回车，直接输入比例，设置"全局比例因子"。调整图形中所有非连续线型（虚线、点划线、中心线等）的外观。

4. 绘制图框、标题栏

① 在"0"层利用"矩形"命令绘制 A2 图幅的外边框，再选择"偏移"命令，将外边框向内偏移 10 得内框线，再将内框线置换到粗实线层。

② 利用偏移和修剪命令绘制出标题栏。

5. 设置文字样式

选择"格式"→"文字样式"命令，在弹出的"文字样式"对话框中设置"汉字"文字样式，如图 2-4-10 所示。

6. 设置尺寸标注样式

二、布置图面

选择"直线"命令分别在"0"层和"中心线"层，绘制主要设备的定位线及标题栏的轮廓线，如图 2-4-11 所示。

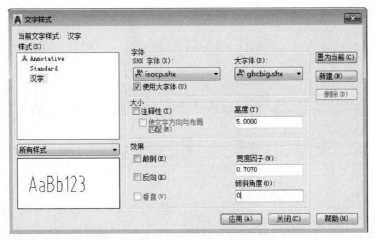

图 2-4-10　文字样式的设置

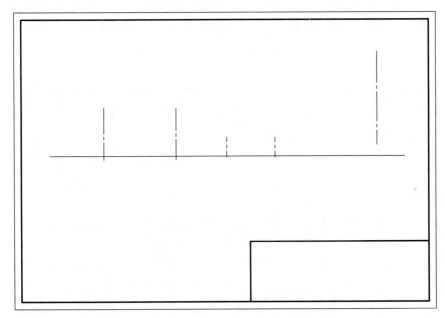

图 2-4-11　布置图面

三、绘制主要设备的示意图

将"设备及附件"图层作为当前图层，选择"直线"、"镜像"、"修剪"、"复制"、"拉长"等命令，从左向右，按流程顺序画出反应设备大致轮廓的示意图，一般不按比例，注意保持设备的相对大小及位置高低关系，如图 2-4-12 所示。

四、绘制物料流程线

分别将"主要物料管道"、"辅助物料管道"图层作为当前层，选择"绘制"→"直线"命令，利用"正交"或"极轴"功能，绘制主要物料和辅助物料流程线，如图 2-4-13 所示。

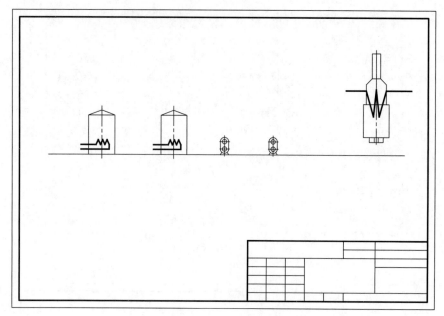

图 2-4-12　设备示意图

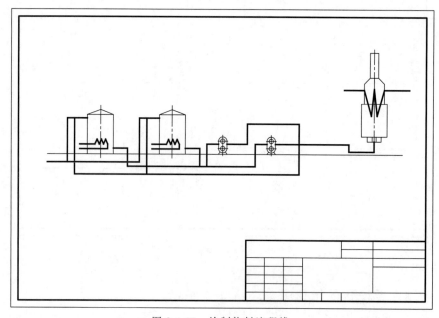

图 2-4-13　绘制物料流程线

五、绘制管件、阀门、仪表控制点

在 0 层将阀门、管件等的规定画法创建成块，然后将"设备及附件"图层作为当前层，利用插入块的命令，将国标规定的设备、阀门、管件等插入，如图 2-4-14 所示。

六、绘制并复制流向箭头

1. 绘制箭头

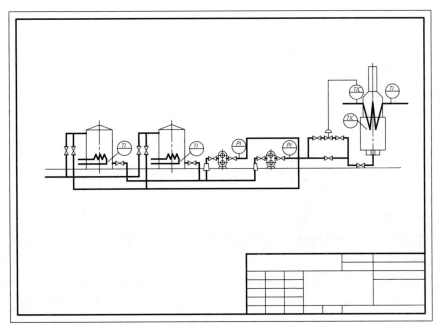

图 2-4-14　绘制管件、阀门、仪表控制点

　　选择"绘制"→"多段线"命令，制定"起点线宽"为 3，"端点宽度"为 0，长度为 7，在图纸空白位置，绘制箭头，选择"修改"→"复制"命令，将绘制的箭头复制 3 个，再利用"旋转"命令使箭头旋转，4 个箭头分别指向四个方向。

　　2. 复制箭头

　　选择"修改"→"复制"命令，根据流程线的走向，分别将不同方向的箭头复制到物料流程线上，同一方向的箭头可连续复制，这样可加快绘图速度，如图 2-4-15 所示。

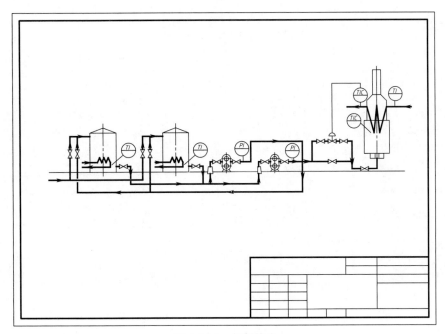

图 2-4-15　复制箭头

七、文本标注

将"文字说明"图层作为当前层,标注文本。

1. 设备位号和名称的标注

① 标注设备位号。

② 选择"绘图"→"文字"→"多行文字"命令,选用"汉字"样式,"字高"设为 5,在设备位号下划线下面注写设备名称。

2. 流程线上方文字说明的标注

选择"绘图"→"文字"→"多行文字"命令,选用"汉字"样式,"字高"设为 5,在流程线上方注写文字说明。

3. 标注标题栏

可创建带属性的块作为标题栏(操作步骤略)。

注意事项

① 作图时,应查找化工工艺图中设备、阀门、管件等的相关资料、规定画法,并将它们创建成块;尽量利用插入块的命令,将国标规定的设备、阀门、管件等插入,以简化作图。

② 相互平行的线,特别是定位基准线,可利用"偏移"命令绘制,比较方便快捷。

③ 不方便定位的图线,可多利用辅助线作图。

④ 注意化工工艺图中各类图线线型的设置。

⑤ 设备的位号和名称、流程线编号这些形式一样,只有文字内容不同的多个对象,可以先绘制好一个,再复制放置到需要的位置后双击修改文字,这样可以显著提高绘图速度。

附　　　录

一、螺纹

附表 1　普通螺纹的直径与螺距（摘自 GB/T 193—2003）　　　　　单位：mm

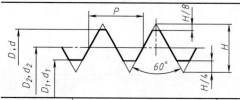

标记示例
M24（公称直径为 24mm，螺距为 3mm 的粗牙右旋普通螺纹）
M24×1.5LH（公称直径为 24mm，螺距为 1.5mm 的细牙左旋普通螺纹）

公称直径 D、d		螺距 P		粗牙小径 D_1、d_1	公称直径 D、d		螺距 P		粗牙小径 D_1、d_1
第一系列	第二系列	粗牙	细牙		第一系列	第二系列	粗牙	细牙	
3		0.5	0.35	2.459		22	2.5	2、1.5、1、(0.75)、(0.5)	19.294
	3.5	(0.6)		2.850	24		3	2、1.5、1、(0.75)	20.752
4		0.7		3.242		27	3	2、1.5、1、(0.75)	23.752
	4.5	(0.75)	0.5	3.688	30		3.5	(3)、2、1.5、1、(0.75)	26.211
5		0.8		4.134					
6		1	0.75、(0.5)	4.917		33	3.5	(3)、2、1.5、(1)、(0.75)	29.211
8		1.25	1、0.75、(0.5)	6.647					
10		1.5	1.25、1、0.75、(0.5)	8.376	36		4	3、2、1.5、(1)	31.670
12		1.75	1.5、1.25、1、(0.75)、(0.5)	10.106		39	4		34.670
					42		4.5		37.129
	14	2	1.5、1.25、1、(0.75)、(0.5)	11.835	45		4.5	(4)、3、2、1.5、(1)	40.129
						48	5		42.578
16		2	1.5、1、(0.75)、(0.5)	13.835		52	5		46.578
	18	2.5	2、1.5、1、(0.75)、(0.5)	15.294	56		5.5	4、3、2、1.5、(1)	50.046
20		2.5		17.294					

注：1. 优先选用第一系列，括号内尺寸尽量不用。第三系列未列入。

2. M14×1.25 仅用于火花塞；M35×1.5 仅用于滚动轴承锁紧螺母。

附表 2　管螺纹

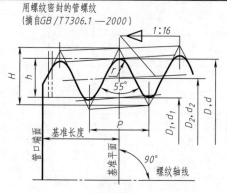

用螺纹密封的管螺纹
（摘自 GB/T 7306.1—2000）

标记示例：
R1/2（尺寸代号 1/2，右旋圆锥外螺纹）
R_C1/2-LH（尺寸代号 1/2，左旋圆锥内螺纹）
R_P1/2（尺寸代号 1/2，右旋圆柱内螺纹）

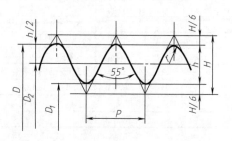

非螺纹密封的管螺纹
（摘自 GB/T 7307.1—2001）

标记示例：
G1/2-LH（尺寸代号 1/2，左旋内螺纹）
G1/2A（尺寸代号 1/2，A 级右旋外螺纹）
G1/2-LH（尺寸代号 1/2，B 级左旋外螺纹）

续表

尺寸代号	基面上的直径(GB/T 7306)基本直径(GB/T 7307)			螺距 P/mm	牙高 h/mm	圆弧半径 r/mm	每25.4mm内的有效牙数 n	有效螺纹长度/mm (GB/T 7306)	基准的基本长度/mm (GB/T 7306)
	大径 $d=D$ mm	中径 $d_2=D_2$ mm	小径 $d_1=D_1$ mm						
1/16	7.723	7.142	6.561	0.907	0.581	0.125	28	6.5	4.0
1/8	9.728	9.147	8.566					6.5	4.0
1/4	13.157	12.301	11.445	1.337	0.856	0.184	19	9.7	6.0
3/8	16.662	15.806	14.950					10.1	6.4
1/2	20.955	19.793	18.631	1.814	1.162	0.249	14	13.2	8.2
3/4	26.441	25.279	24.117					14.5	9.5
1	33.249	31.770	30.291					16.8	10.4
1¼	41.910	40.431	28.952					19.1	12.7
1½	47.803	46.324	44.845					19.1	12.7
2	59.614	58.135	56.656					23.4	15.9
2½	75.184	73.705	72.226	2.309	1.479	0.317	11	26.7	17.5
3	87.884	86.405	84.926					29.8	20.6
4	113.030	111.551	110.072					35.8	25.4
5	138.430	136.951	135.472					40.1	28.6
6	163.830	162.351	160.872					40.1	28.6

二、常用标准件

附表3　六角头螺栓　　　　　　　　　　　　　　　单位：mm

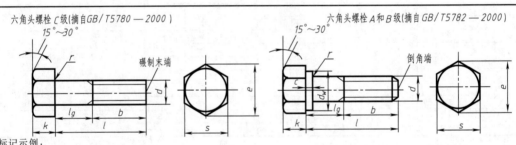

六角头螺栓 C 级(摘自 GB/T 5780—2000)　　　　　　六角头螺栓 A 和 B 级(摘自 GB/T 5782—2000)

标记示例：

螺栓 GB/T 5782—2000 M20×100(螺纹规格 d=M20, l=100mm，A 级的六角头螺栓)

螺纹规格 d		M5	M6	M8	M10	M12	M16	M20	M24	M30	M36
b 参考	$l \leqslant 125$	16	18	22	26	30	38	46	54	66	78
	$125 < l \leqslant 200$	—	—	28	32	36	44	52	60	72	84
	$l > 200$	—	—	—	—	—	57	65	73	85	97
c		0.5	0.5	0.6	0.6	0.6	0.8	0.8	0.8	0.8	0.8
d_w	A	6.9	8.9	11.6	14.6	16.6	22.5	28.2	33.6	—	—
	B	6.7	8.7	11.4	14.4	16.4	22	27.7	33.2	42.7	51.1
k		3.5	4	5.3	6.4	7.5	10	12.5	15	18.7	22.5
r		0.2	0.25	0.4	0.4	0.6	0.6	0.8	0.8	1	1
e	A	8.79	11.05	14.38	17.77	20.03	26.75	33.53	39.98	—	—
	B	8.63	10.89	14.20	17.59	19.85	26.17	32.95	39.55	50.85	60.79
s		8	10	13	16	18	24	30	36	46	55
l		25~50	30~60	35~80	40~100	45~120	50~160	65~200	80~240	90~300	110~360
l(系列)		25,30,35,40,45,50,(55),60,(65),70,80,90,100,110,120,130,140,150,160,180,200,220,240,260,280,300,320,340,360									

注：1. 括号内的规格尽可能不采用。末端按 GB/T 2 的规定。

2. A 级用于 $d \leqslant 24$ 和 $l \leqslant 10d$ 或 $\leqslant 150$mm（按较小值）的螺栓；B 级用于 $d > 24$ 和 $l > 10d$ 或 > 150mm（按较小值）的螺栓。

附表 4　双头螺柱　　　　　　　　　　　　　　　　　　　单位：mm

$b_m=1d$(GB/T 897—1988)　　　$b_m=1.25d$(GB/T 898—1988)　　　$b_m=1.5d$(GB/T 899—1988)　　　$b_m=2d$(GB/T 900—1988)

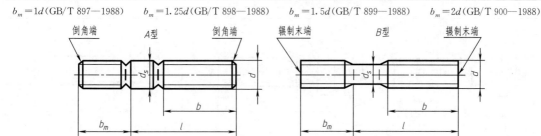

标记示例：

螺柱　GB/T 900　M10×50(两端均为粗牙普通螺纹、d＝M10、l＝50mm、性能等级为 4.8 级、不经表面处理、B 型、b_m＝ $2d$ 的双头螺柱)

螺柱　GB/T 900　AM10-10×1×50(旋入机体一端为粗牙普通螺纹、旋螺母端为螺距 P＝1 的细牙普通螺纹、d＝M10、 l＝50mm、性能等级为 4.8 级、不经表面处理、A 型、b_m＝$2d$ 的双头螺柱)

螺纹规格 d	b_m(旋入机体端长度)				l/b				
	GB/T 897	GB/T 898	GB/T 899	GB/T 900					
M4	—	—	6	8	$\frac{16\sim22}{8}$	$\frac{25\sim40}{14}$			
M5	5	6	8	10	$\frac{16\sim22}{10}$	$\frac{25\sim50}{16}$			
M6	6	8	10	12	$\frac{20\sim22}{10}$	$\frac{25\sim30}{14}$	$\frac{32\sim75}{18}$		
M8	8	10	12	16	$\frac{20\sim22}{12}$	$\frac{25\sim30}{16}$	$\frac{32\sim90}{22}$		
M10	10	12	15	20	$\frac{25\sim28}{14}$	$\frac{30\sim38}{16}$	$\frac{40\sim120}{26}$	$\frac{130}{32}$	
M12	12	15	18	24	$\frac{25\sim30}{14}$	$\frac{32\sim40}{16}$	$\frac{45\sim120}{26}$	$\frac{130\sim180}{32}$	
M16	16	20	24	32	$\frac{30\sim38}{16}$	$\frac{40\sim55}{20}$	$\frac{60\sim120}{30}$	$\frac{130\sim200}{36}$	
M20	20	25	30	40	$\frac{35\sim40}{20}$	$\frac{45\sim65}{30}$	$\frac{70\sim120}{38}$	$\frac{130\sim200}{44}$	
(M24)	24	30	36	48	$\frac{45\sim50}{25}$	$\frac{55\sim75}{35}$	$\frac{80\sim120}{46}$	$\frac{130\sim200}{52}$	
(M30)	30	38	45	60	$\frac{60\sim65}{40}$	$\frac{70\sim90}{50}$	$\frac{95\sim120}{66}$	$\frac{130\sim200}{72}$	$\frac{210\sim250}{85}$
M36	36	45	54	72	$\frac{65\sim75}{45}$	$\frac{80\sim110}{60}$	$\frac{120}{78}$	$\frac{130\sim200}{84}$	$\frac{210\sim300}{97}$
M42	42	52	63	84	$\frac{70\sim80}{50}$	$\frac{85\sim110}{70}$	$\frac{120}{90}$	$\frac{130\sim200}{96}$	$\frac{210\sim300}{109}$
M48	48	60	72	96	$\frac{80\sim90}{60}$	$\frac{95\sim110}{80}$	$\frac{120}{102}$	$\frac{130\sim200}{108}$	$\frac{210\sim300}{121}$
l 系列	12、(14)、16、(18)、20、(22)、25、(28)、30、(32)、35、(38)、40、45、50、55、60、(65)、70、75、80、(85)、90、(95)、 100～260(10 进位)、280、300								

注：1. 尽可能不用括号内的规格。末端按 GB/T 2 的规定。

2. $b_m=d$ 一般用于钢，$b_m=(1.25\sim1.5d)$ 一般用于钢对铸铁，$b_m=2d$ 一般用于钢对铝合金的连接。

附表5 开槽圆柱头螺钉 (GB/T 65—2000)、开槽盘头螺钉 (GB/T 67—2008)、

开槽沉头螺钉 (GB/T 68—2000) 单位：mm

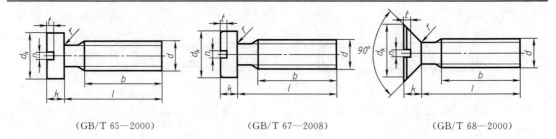

(GB/T 65—2000)   (GB/T 67—2008)   (GB/T 68—2000)

标记示例：

螺钉 GB/T 65 M5×20(螺纹规格 $d=$M5,公称长度 $l=20$,性能等级为4.8级,不经表面处理的 A 级开槽圆柱头螺钉)

螺纹规格 d		M1.6	M2	M2.5	M3	M4	M5	M6	M8	M10
GB/T 65—2000	d_k	3	3.8	4.5	5.5	7	8.5	10	13	16
	k	1.1	1.4	1.8	2	2.6	3.3	3.9	5	6
	t_{min}	0.45	0.6	0.7	0.85	1.1	1.3	1.6	2	2.4
	l	2~16	3~20	3~25	3~35	5~40	6~50	8~60	10~80	12~80
	全螺纹时最大长度	全螺纹				40				
GB/T 67—2008	d_k	3.2	4	5	5.6	8	9.5	12	16	23
	k	1	1.3	1.5	1.8	2.4	3	3.6	4.8	6
	t_{min}	0.35	0.5	0.6	0.7	1	1.2	1.4	1.9	2.4
	l	2~16	2.5~20	3~25	4~30	5~40	6~50	8~60	10~80	12~80
	全螺纹时最大长度	30				40				
GB/T 68—2000	d_k	3	3.8	4.7	5.5	8.4	9.3	11.3	15.8	18.5
	k	1	1.2	1.5	1.65	2.7	2.7	3.3	4.65	5
	t_{min}	0.32	0.4	0.5	0.6	1	1.1	1.2	1.8	2
	l	2.5~16	3~20	4~25	5~30	6~40	8~50	8~60	10~80	12~80
	全螺纹时最大长度	30				45				
n		0.4	0.5	0.6	0.8	1.2	1.6	1.8	2	2.5
b_{min}		25				38				
l 系列		2、2.5、3、4、5、6、8、10、12、(14)、16、20、25、30、35、40、45、50、(55)、60、(65)、70、(75)、80								

注：l 尽可能不用括号内的规格。

附表6 紧钉螺钉 单位：mm

开槽锥端紧钉螺钉 (GB/T 71—2000)　　开槽平端紧钉螺钉 (GB/T 73—2000)　　开槽长圆柱端紧钉螺钉 (GB/T 75—2000)

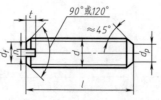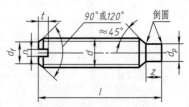

标记示例：

螺钉 GB/T 71 M5×20(螺纹规格 $d=$M5,公称长度 $l=20$,性能等级为 14H 级,表面氧化的开槽锥端紧钉螺钉)

续表

螺纹规格 d	P	d_f	d_{tmax}	d_{pmax}	$n_{公称}$	t_{max}	Z_{max}	$L_{范围}$ GB/T 71	$L_{范围}$ GB/T 73	$L_{范围}$ GB/T 75
M2	0.4	螺纹小径	0.2	1	0.25	0.84	1.25	3～10	2～10	3～10
M3	0.5		0.3	2	0.4	1.05	1.75	4～16	3～16	5～16
M4	0.7		0.4	2.5	0.6	1.42	2.25	6～20	4～20	6～20
M5	0.8		0.5	3.5	0.8	1.63	2.75	8～25	5～25	8～25
M6	1		1.5	4	1	2	3.25	8～30	6～30	8～30
M8	1.25		2	5.5	1.2	2.5	4.3	10～40	8～40	10～40
M10	1.5		2.5	7	1.6	3	5.3	12～50	10～50	12～50
M12	1.75		3	8.5	2	3.6	6.3	14～60	12～60	14～60
$l_{系列}$	2,2.5,3,4,5,6,8,10,12,(14),16,20,25,30,35,40,45,50,(55)									

注：l 尽可能不用括号内的规格。

附表 7　六角螺母 C 级（摘自 GB/T 41—2000）　　　　单位：mm

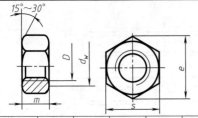

标记示例：

螺母　GB/T 41　M12

（螺纹规格 D＝M12、性能等级为 5 级、不经表面处理、产品等级为 C 级的六角螺母）

螺纹规格 D	M4	M5	M6	M8	M10	M12	M16	M20	M24	M30	M36	M42	M48
s_{max}	7	8	10	13	16	18	24	30	36	46	55	65	75
e_{min}	—	8.63	10.9	14.2	17.6	19.9	26.2	33.0	39.6	50.9	60.8	72.0	82.6
m_{max}	—	5.6	6.1	7.9	9.5	12.2	15.9	18.7	22.3	26.4	31.5	34.9	38.9
d_w	—	6.9	8.7	11.5	14.5	16.5	22.0	27.7	33.2	42.7	51.1	60.6	69.4

附表 8　垫圈　　　　　　　　　　　　　　　　　单位：mm

平垫圈　A 级（摘自 GB/T 97.1—2002）　　　　平垫圈　C 级（摘自 GB/T 95—2002）

平垫圈　倒角型 A 级（摘自 GB/T 97.2—2002）　　标准型弹簧垫圈（摘自 GB/T 93—1987）

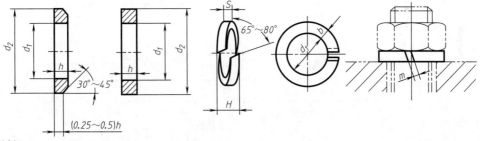

标记示例：

垫圈　GB/T 97.1　8（标准系列、规格 8mm、性能等级为 140HV、不经表面处理、产品等级为 A 级的平垫圈）

垫圈　GB/T 93　16（规格 16mm、材料为 65Mn、表面氧化的标准型弹簧垫圈）

公称尺寸 d（螺纹规格）		4	5	6	8	10	12	14	16	20	24	30	36	42	48
GB/T 97.1（A 级）	d_1	4.3	5.3	6.4	8.4	10.5	13.0	15	17	21	25	31	37	—	—
	d_2	9	10	12	16	20	24	28	30	37	44	56	66	—	—
	h	0.8	1	1.6	1.6	2	2.5	2.5	3	3	4	4	5	—	—
GB/T 97.2（A 级）	d_1	—	5.3	6.4	8.4	10.5	13	15	17	21	25	31	37	—	—
	d_2	—	10	12	16	20	24	28	30	37	44	56	66	—	—
	h	—	1	1.6	1.6	2	2.5	2.5	3	3	4	4	5	—	—
GB/T 95（C 级）	d_1	—	5.5	6.6	9	11	13.5	15.5	17.5	22	26	33	39	45	52
	d_2	—	10	12	16	20	24	28	30	37	44	56	66	78	92
	h	—	1	1.6	1.6	2	2.5	2.5	3	3	4	4	5	8	8
GB/T 93	d_1	4.1	5.1	6.1	8.1	10.2	12.2	—	16.2	20.2	24.5	30.5	36.5	42.5	48.5
	$S＝b$	1.1	1.3	1.6	2.1	2.6	3.1	—	4.1	5	6	7.5	9	10.5	12
	H	2.8	3.3	4	5.3	6.5	7.8	—	10.3	12.5	15	18.6	22.5	26.3	30

注：1. A 级适用于精装配系列，C 级适用于中等装配系列。

2. C 级垫圈没有 $Ra3.2$ 和去毛刺的要求。

附表9 普通平键及键槽的断面尺寸（摘自 GB/T 1095～1096—2003）　单位：mm

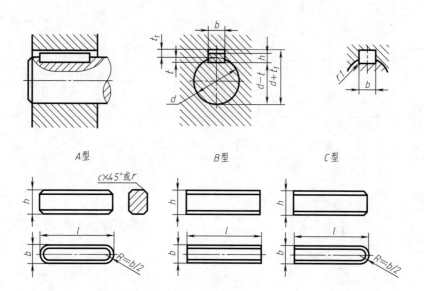

标记示例：
键 16×100　GB/T 1096（圆头普通平键、b＝16mm、h＝10mm、l＝100mm）
键 B16×100　GB/T 1096（平头普通平键、b＝16mm、h＝10mm、l＝100mm）

轴径 d	键的公称尺寸			键　槽										
				宽　度　b					深度				C 或半径 r	
				b	偏差				轴		毂			
					较松键连接		一般键连接		较紧键连接					
	b	h	l		轴 H9	毂 D10	轴 N9	毂 JS9	轴和毂 P9	t	偏差	t_1	偏差	最小	最大
6～8	2	2	6～20	2	+0.025 0	+0.060 +0.020	−0.004 −0.029	±0.0125	−0.006 −0.031	2		1		0.08	0.16
＞8～10	3	3	6～36	3						1.8	+0.10	1.4	+0.10	0.08	0.16
＞10～12	4	4	8～45	4	+0.030 0	+0.078 +0.030	0 −0.030	±0.015	−0.012 −0.042	2.5		1.8			
＞12～17	5	5	10～56	5						3		2.3		0.16	0.25
＞17～22	6	6	14～70	6						3.5		2.8		0.16	0.25
＞22～30	8	7	18～90	8	+0.036 0	+0.098 +0.040	0 −0.036	±0.018	−0.015 −0.051	4.0		3.3			
＞30～38	10	8	22～110	10						5.0		3.3			
＞38～44	12	8	28～140	12						5.0		3.3	+0.20		
＞44～50	14	9	36～160	14	+0.043 0	+0.120 +0.050	0 −0.043	±0.0215	−0.018 −0.061	5.5		3.8		0.25	0.40
＞50～58	16	10	45～180	16						6.0		4.3			
＞58～65	18	11	50～200	18						7.0		4.4			
l 系列	6、8、10、12、14、16、18、20、22、25、28、32、36、40、45、50、56、63、70、80、90、100、110、125、140、160、180、200														

注：1.（d−t）和（d＋t_1）的偏差按相应的 t 和 t_1 的偏差选取，但（d−t）的偏差值应取负号。
　　2.键 b 的极限偏差为 h9，h 的极限偏差为 h11，l 的极限偏差为 h14。

附表 10 圆柱销 不淬硬钢和奥氏体不锈钢（GB/T 119.1—2000） 单位：mm

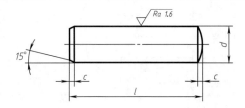

标记示例：

销 GB/T 119.1 10×100（公称直径 $d=10$mm、长度 $l=100$mm、材料为钢、不经淬火、不经表面处理的圆柱销）

销 GB/T 119.1 10×100-A1（公称直径 $d=10$mm、长度 $l=100$mm、材料为 A1 组奥氏体不锈钢、表面简单处理的圆柱销）

d公称	2	3	4	5	6	8	10	12	16	20	25
$a\approx$	0.25	0.4	0.5	0.63	0.8	1.0	1.2	1.6	2.0	2.5	3.0
$c\approx$	0.35	0.5	0.63	0.8	1.2	1.6	2.0	2.5	3.0	3.5	4.0
l范围	6～20	8～30	8～40	10～50	12～60	14～80	18～95	22～140	26～180	35～200	50～200
l系列	2、3、4、5、6～32（2 进位）、35～100（5 进位）、120～200（20 进位）										

附表 11 圆锥销（GB/T 117—2000） 单位：mm

A 型（磨削）   B 型（切削或冷镦）

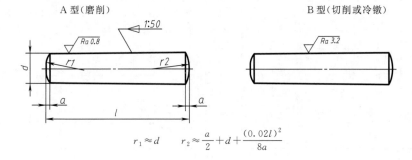

$$r_1 \approx d \qquad r_2 \approx \frac{a}{2}+d+\frac{(0.02l)^2}{8a}$$

标记示例：

销 GB/T 117 10×60（公称直径 $d=10$mm、公称长度 $l=60$mm、材料为 35 钢、热处理硬度 28～38HRC、表面氧化处理的 A 型圆锥销）

d	2	2.5	3	4	5	6	8	10	12	16	20
$a\approx$	0.25	0.3	0.4	0.5	0.63	0.8	1.0	1.2	1.6	2.0	2.5
l范围	10～35	10～35	12～45	14～55	18～60	22～90	22～120	26～160	32～180	40～200	45～200
l系列	2、3、4、5、6～32（2 进位）、35～100（5 进位）、120～200（20 进位）										

附表 12 滚动轴承

深沟球轴承
（摘自 GB/T 276—1994）

圆锥滚子轴承
（摘自 GB/T 297—1994）

单向推力球轴承
（摘自 GB/T 301—1995）

 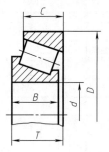 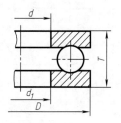

标记示例：
滚动轴承 6310 GB/T 276

标记示例：
滚动轴承 30212 GB/T 297

标记示例：
滚动轴承 51308 GB/T 301

轴承型号	尺寸/mm			轴承型号	尺寸/mm					轴承型号	尺寸/mm			
	d	D	B		d	D	B	C	T		d	D	H	d_1
尺寸系列[(0)2]				尺寸系列[02]						尺寸系列[12]				
6202	15	35	11	30203	17	40	12	11	13.25	51202	15	32	12	17
6203	17	40	12	30204	20	47	14	12	15.25	51203	17	35	12	19
6204	20	47	14	30205	25	52	15	13	16.25	51204	20	40	14	22
6205	25	52	15	30206	30	62	16	14	17.25	51205	25	47	15	27
6206	30	62	16	30207	35	72	17	15	18.25	51206	30	52	16	32
6207	35	72	17	30208	40	80	18	16	19.75	51207	35	62	18	37
6208	40	80	18	30209	45	85	19	16	20.75	51208	40	68	19	42
6209	45	85	19	30210	50	90	20	17	21.75	51209	45	73	20	47
6210	50	90	20	30211	55	100	21	18	22.75	51210	50	78	22	52
6211	55	100	21	30212	60	110	22	19	23.75	51211	55	90	25	57
6212	60	110	22	30213	65	120	23	20	24.75	51212	60	95	26	62
尺寸系列[(0)3]				尺寸系列[03]						尺寸系列[13]				
6302	15	42	13	30302	15	42	13	11	14.25	51304	20	47	18	22
6303	17	47	14	30303	17	47	14	12	15.25	51305	25	52	18	27
6304	20	52	15	30304	20	52	15	13	16.25	51306	30	60	21	32
6305	25	62	17	30305	25	62	17	15	18.25	51307	35	68	24	37
6306	30	72	19	30306	30	72	19	16	20.75	51308	40	78	26	42
6307	35	80	21	30307	35	80	21	18	22.75	51309	45	85	28	47
6308	40	90	23	30308	40	90	23	20	25.25	51310	50	95	31	52
6309	45	100	25	30309	45	100	25	22	27.25	51311	55	105	35	57
6310	50	110	27	30310	50	110	27	23	29.25	51312	60	110	35	62
6311	55	120	29	30311	55	120	29	25	30.50	51313	65	115	36	67
6312	60	130	31	30312	60	130	31	26	33.50	51314	70	125	40	72

三、极限与配合

附表 13 标准公差数值（摘自 GB/T 1800.1—2009）

公称尺寸 /mm		标准公差等级																	
大于	至	IT1	IT2	IT3	IT4	IT5	IT6	IT7	IT8	IT9	IT10	IT11	IT12	IT13	IT14	IT15	IT16	IT17	IT18
		μm											mm						
—	3	0.8	1.2	2	3	4	6	10	14	25	40	60	0.1	0.14	0.25	0.4	0.6	1	1.4
3	6	1	1.5	2.5	4	5	8	12	18	30	48	75	0.12	0.18	0.3	0.45	0.75	1.2	1.8
6	10	1	1.5	2.5	4	6	9	15	22	36	58	90	0.15	0.22	0.36	0.58	0.9	1.5	2.2
10	18	1.2	2	3	5	8	11	18	27	43	70	110	0.18	0.27	0.43	0.7	1.1	1.8	2.7
18	30	1.5	2.5	4	6	9	13	21	33	52	84	130	0.21	0.33	0.52	0.84	1.3	2.1	3.3
30	50	1.5	2.5	4	7	11	16	25	39	62	100	160	0.25	0.39	0.62	1	1.6	2.5	3.9
50	80	2	3	5	8	13	19	30	46	74	120	190	0.3	0.46	0.74	1.2	1.9	3	4.6
80	120	2.5	4	6	10	15	22	35	54	87	140	220	0.35	0.54	0.87	1.4	2.2	3.5	5.4
120	180	3.5	5	8	12	18	25	40	63	100	160	250	0.4	0.63	1	1.6	2.5	4	6.3
180	250	4.5	7	10	14	20	29	46	72	115	185	290	0.46	0.72	1.15	1.85	2.6	4.6	7.2
250	315	6	8	12	16	23	32	52	81	130	210	320	0.52	0.81	1.3	2.1	3.2	5.2	8.1
315	400	7	9	13	18	25	36	57	89	140	230	360	0.57	0.89	1.4	2.3	3.6	5.7	8.9
400	500	8	10	15	20	27	40	63	97	155	250	400	0.63	0.97	1.55	2.5	4	6.3	9.7

附表 14　轴的极限偏差（摘自 GB/T 1800.2—2009）　　　　单位：μm

公称尺寸/mm		常用公差带/μm												
		a	b		c			d				e		
大于	至	11	11	12	9	10	11	8	9	10	11	7	8	9
—	3	−270 −330	−140 −200	−140 −240	−60 −85	−60 −100	−60 −120	−20 −34	−20 −45	−20 −60	−20 −80	−14 −24	−14 −28	−14 −39
3	6	−270 −345	−140 −215	−140 −260	−70 −100	−70 −118	−70 −145	−30 −48	−30 −60	−30 −78	−30 −108	−20 −32	−20 −38	−20 −50
6	10	−280 −370	−150 −240	−150 −300	−80 −116	−80 −138	−80 −170	−40 −62	−40 −76	−40 −98	−40 −130	−25 −40	−25 −47	−25 −61
10	14	−290 −400	−150 −260	−150 −330	−95 −165	−95 −165	−95 −205	−50 −77	−50 −93	−50 −120	−50 −160	−32 −50	−32 −59	−32 −75
14	18	−290 −400	−150 −260	−150 −330	−95 −165	−95 −165	−95 −205	−50 −77	−50 −93	−50 −120	−50 −160	−32 −50	−32 −59	−32 −75
18	24	−300 −430	−160 −290	−160 −370	−110 −162	−110 −194	−110 −240	−65 −98	−65 −117	−65 −149	−65 −195	−40 −61	−40 −73	−40 −92
24	30	−300 −430	−160 −290	−160 −370	−110 −162	−110 −194	−110 −240	−65 −98	−65 −117	−65 −149	−65 −195	−40 −61	−40 −73	−40 −92
30	40	−310 −470	−170 −330	−170 −420	−120 −182	−120 −220	−120 −280	−80 −119	−80 −142	−80 −180	−80 −240	−50 −75	−50 −89	−50 −112
40	50	−320 −480	−180 −340	−180 −430	−130 −192	−130 −230	−130 −290	−80 −119	−80 −142	−80 −180	−80 −240	−50 −75	−50 −89	−50 −112
50	65	−340 −530	−190 −380	−190 −490	−140 −214	−140 −260	−140 −330	−100 −146	−100 −174	−100 −220	−100 −290	−60 −90	−60 −106	−60 −134
65	80	−360 −550	−200 −390	−200 −500	−150 −224	−150 −270	−150 −340	−100 −146	−100 −174	−100 −220	−100 −290	−60 −90	−60 −106	−60 −134
80	100	−380 −600	−200 −440	−220 −570	−170 −257	−170 −310	−170 −399	−120 −174	−120 −207	−120 −260	−120 −340	−72 −107	−72 −126	−72 −159
100	120	−410 −630	−240 −460	−240 −590	−180 −267	−180 −320	−180 −400	−120 −174	−120 −207	−120 −260	−120 −340	−72 −107	−72 −126	−72 −159
120	140	−520 −710	−260 −510	−260 −660	−200 −300	−200 −360	−200 −450	−145 −208	−145 −245	−145 −305	−145 −395	−85 −125	−85 −148	−85 −185
140	160	−460 −770	−280 −530	−280 −680	−210 −310	−210 −370	−210 −460	−145 −208	−145 −245	−145 −305	−145 −395	−85 −125	−85 −148	−85 −185
160	180	−580 −830	−310 −560	−310 −710	−230 −330	−230 −390	−230 −480	−145 −208	−145 −245	−145 −305	−145 −395	−85 −125	−85 −148	−85 −185
180	200	−660 −950	−340 −630	−340 −800	−240 −355	−240 −425	−240 −530	−170 −242	−170 −285	−170 −355	−170 −460	−100 −146	−100 −172	−100 −215
200	225	−740 −1030	−380 −670	−380 −840	−260 −375	−260 −445	−260 −550	−170 −242	−170 −285	−170 −355	−170 −460	−100 −146	−100 −172	−100 −215
225	250	−820 −1110	−420 −710	−420 −880	−280 −395	−280 −465	−280 −570	−170 −242	−170 −285	−170 −355	−170 −460	−100 −146	−100 −172	−100 −215
250	280	−920 −1240	−480 −800	−480 −1000	−300 −430	−300 −510	−300 −620	−190 −271	−190 −320	−190 −400	−190 −510	−110 −162	−110 −191	−110 −240
280	315	−1050 −1370	−540 −860	−540 −1060	−330 −460	−330 −540	−330 −650	−190 −271	−190 −320	−190 −400	−190 −510	−110 −162	−110 −191	−110 −240
315	355	−1200 −1560	−600 −960	−800 −1170	−360 −500	−360 −590	−360 −720	−210 −299	−210 −350	−210 −440	−210 −570	−125 −182	−125 −214	−125 −265
355	400	−1350 −1710	−680 −1040	−680 −1250	−400 −540	−400 −630	−400 −760	−210 −299	−210 −350	−210 −440	−210 −570	−125 −182	−125 −214	−125 −265

续表

公称尺寸/mm		常用公差带/μm															
		f					g			h							
大于	至	5	6	7	8	9	5	6	7	5	6	7	8	9	10	11	12
—	3	-6 / -10	-6 / -12	-6 / -16	-6 / -20	-6 / -31	-2 / -6	-2 / -8	-2 / -12	0 / -4	0 / -6	0 / -10	0 / -14	0 / -25	0 / -40	0 / -60	0 / -100
3	6	-10 / -15	-10 / -18	-10 / -22	-10 / -28	-10 / -40	-4 / -9	-4 / -12	-4 / -16	0 / -5	0 / -8	0 / -12	0 / -18	0 / -30	0 / -48	0 / -75	0 / -120
6	10	-13 / -19	-13 / -22	-13 / -28	-13 / -35	-13 / -49	-5 / -11	-5 / -14	-5 / -20	0 / -6	0 / -9	0 / -15	0 / -22	0 / -36	0 / -58	0 / -90	0 / -150
10	14	-16 / -24	-16 / -27	-16 / -34	-16 / -43	-16 / -59	-6 / -14	-6 / -17	-6 / -24	0 / -8	0 / -11	0 / -18	0 / -27	0 / -43	0 / -70	0 / -110	0 / -180
14	18																
18	24	-20 / -29	-20 / -33	-20 / -41	-20 / -53	-20 / -72	-7 / -16	-7 / -20	-7 / -28	0 / -9	0 / -13	0 / -21	0 / -33	0 / -52	0 / -84	0 / -130	0 / -210
24	30																
30	40	-25 / -36	-25 / -41	-25 / -50	-25 / -64	-25 / -87	-9 / -20	-20 / -25	-9 / -34	0 / -11	0 / -16	0 / -25	0 / -39	0 / -62	0 / -100	0 / -160	0 / -250
40	50																
50	65	-30 / -43	-30 / -49	-30 / -60	-30 / -76	-30 / -104	-10 / -23	-10 / -29	-10 / -40	0 / -13	0 / -19	0 / -30	0 / -46	0 / -74	0 / -120	0 / -190	0 / -300
65	80																
80	100	-36 / -51	-36 / -58	-36 / -71	-36 / -90	-36 / -123	-12 / -27	-12 / -34	-12 / -47	0 / -15	0 / -22	0 / -35	0 / -54	0 / -87	0 / -140	0 / -220	0 / -350
100	120																
120	140	-43 / -61	-43 / -68	-43 / -83	-43 / -106	-43 / -143	-14 / -32	-14 / -39	-14 / -54	0 / -18	0 / -25	0 / -40	0 / -63	0 / -100	0 / -160	0 / -250	0 / -400
140	160																
160	180																
180	200	-50 / -70	-50 / -79	-50 / -96	-50 / -122	-50 / -165	-15 / -35	-15 / -44	-15 / -61	0 / -20	0 / -29	0 / -46	0 / -72	0 / -115	0 / -185	0 / -290	0 / -460
200	225																
225	250																
250	280	-56 / -79	-56 / -88	-56 / -108	-56 / -137	-56 / -186	-17 / -40	-17 / -49	-17 / -69	0 / -23	0 / -32	0 / -52	0 / -81	0 / -130	0 / -210	0 / -320	0 / -520
280	315																
315	355	-62 / -87	-62 / -98	-62 / -119	-62 / -151	-62 / -202	-18 / -43	-18 / -54	-18 / -75	0 / -25	0 / -36	0 / -57	0 / -89	0 / -140	0 / -230	0 / -360	0 / -570
355	400																

续表

公称尺寸/mm		常用公差带/μm														
		j_s			k			m			n			p		
大于	至	5	6	7	5	6	7	5	6	7	5	6	7	5	6	7
—	3	±2	±3	±5	+4 / 0	+6 / 0	+10 / 0	+6 / +2	+8 / +2	+12 / +2	+8 / +4	+10 / +4	+14 / +4	+10 / +6	+12 / +6	+16 / +6
3	6	2.5	±4	±6	+6 / +1	+9 / +1	+13 / +1	+9 / +4	+12 / +4	+16 / +4	+13 / +8	+16 / +8	+20 / +8	+17 / +12	+20 / +12	+24 / +12
6	10	3	±4.5	±7	+7 / +1	+10 / +1	+16 / +1	+12 / +6	+15 / +6	+21 / +6	+16 / +10	+19 / +10	+25 / +10	+21 / +15	+24 / +15	+30 / +15
10	14	±4	±5.5	±9	+9 / +1	+12 / +1	+19 / +1	+15 / +7	+18 / +7	+25 / +7	+20 / +12	+23 / +12	+30 / +12	+26 / +18	+29 / +18	+38 / +18
14	18	±4	±5.5	±9	+9 / +1	+12 / +1	+19 / +1	+15 / +7	+18 / +7	+25 / +7	+20 / +12	+23 / +12	+30 / +12	+26 / +18	+29 / +18	+38 / +18
18	24	±4.5	±6.5	±10	+11 / +2	+15 / +2	+23 / +2	+17 / +8	+21 / +8	+29 / +8	+24 / +15	+28 / +15	+36 / +15	+31 / +22	+35 / +22	+43 / +22
24	30	±4.5	±6.5	±10	+11 / +2	+15 / +2	+23 / +2	+17 / +8	+21 / +8	+29 / +8	+24 / +15	+28 / +15	+36 / +15	+31 / +22	+35 / +22	+43 / +22
30	40	±5.5	±8	±12	+13 / +2	+18 / +2	+27 / +2	+20 / +9	+25 / +9	+34 / +9	+28 / +17	+33 / +17	+42 / +17	+37 / +26	+42 / +26	+51 / +26
40	50	±5.5	±8	±12	+13 / +2	+18 / +2	+27 / +2	+20 / +9	+25 / +9	+34 / +9	+28 / +17	+33 / +17	+42 / +17	+37 / +26	+42 / +26	+51 / +26
50	65	±6.5	±9.5	±15	+15 / +2	+21 / +2	+32 / +2	+24 / +11	+30 / +11	+41 / +11	+33 / +20	+39 / +20	+50 / +20	+45 / +32	+51 / +32	+62 / +32
65	80	±6.5	±9.5	±15	+15 / +2	+21 / +2	+32 / +2	+24 / +11	+30 / +11	+41 / +11	+33 / +20	+39 / +20	+50 / +20	+45 / +32	+51 / +32	+62 / +32
80	100	±7.5	±11	±17	+18 / +3	+25 / +3	+38 / +3	+28 / +13	+35 / +13	+48 / +13	+38 / +23	+45 / +23	+58 / +23	+52 / +37	+59 / +37	+72 / +37
100	120	±7.5	±11	±17	+18 / +3	+25 / +3	+38 / +3	+28 / +13	+35 / +13	+48 / +13	+38 / +23	+45 / +23	+58 / +23	+52 / +37	+59 / +37	+72 / +37
120	140	±9	±12.5	±20	+21 / +3	+28 / +3	+43 / +3	+33 / +15	+40 / +15	+55 / +15	+45 / +27	+52 / +27	+67 / +27	+61 / +43	+68 / +43	+83 / +43
140	160	±9	±12.5	±20	+21 / +3	+28 / +3	+43 / +3	+33 / +15	+40 / +15	+55 / +15	+45 / +27	+52 / +27	+67 / +27	+61 / +43	+68 / +43	+83 / +43
160	180	±9	±12.5	±20	+21 / +3	+28 / +3	+43 / +3	+33 / +15	+40 / +15	+55 / +15	+45 / +27	+52 / +27	+67 / +27	+61 / +43	+68 / +43	+83 / +43
180	200	±10	±14.5	±23	+24 / +4	+33 / +4	+50 / +4	+37 / +17	+46 / +17	+63 / +17	+51 / +31	+60 / +31	+77 / +31	+70 / +50	+79 / +50	+96 / +50
200	225	±10	±14.5	±23	+24 / +4	+33 / +4	+50 / +4	+37 / +17	+46 / +17	+63 / +17	+51 / +31	+60 / +31	+77 / +31	+70 / +50	+79 / +50	+96 / +50
225	250	±10	±14.5	±23	+24 / +4	+33 / +4	+50 / +4	+37 / +17	+46 / +17	+63 / +17	+51 / +31	+60 / +31	+77 / +31	+70 / +50	+79 / +50	+96 / +50
250	280	±11.5	±16	±26	+27 / +4	+36 / +4	+56 / +4	+43 / +20	+52 / +20	+72 / +20	+57 / +34	+66 / +34	+86 / +34	+79 / +56	+88 / +56	+108 / +56
280	315	±11.5	±16	±26	+27 / +4	+36 / +4	+56 / +4	+43 / +20	+52 / +20	+72 / +20	+57 / +34	+66 / +34	+86 / +34	+79 / +56	+88 / +56	+108 / +56
315	355	±12.5	±18	±28	+29 / +4	+40 / +4	+61 / +4	+46 / +21	+57 / +21	+78 / +21	+62 / +37	+73 / +37	+94 / +37	+87 / +62	+98 / +62	+119 / +62
355	400	±12.5	±18	±28	+29 / +4	+40 / +4	+61 / +4	+46 / +21	+57 / +21	+78 / +21	+62 / +37	+73 / +37	+94 / +37	+87 / +62	+98 / +62	+119 / +62

续表

公称尺寸/mm		常用公差带/μm														
		r			s			t			u		v	x	y	z
大于	至	5	6	7	5	6	7	5	6	7	6	7	6	6	6	6
—	3	+14 +10	+16 +10	+20 +10	+18 +14	+20 +14	+24 +14	—	—	—	+24 +18	+28 +18	—	+26 +22	—	+32 +26
3	6	+20 +15	+23 +15	+27 +15	+24 +19	+27 +19	+31 +19	—	—	—	+31 +23	+35 +23	—	+36 +28	—	+43 +35
6	10	+25 +19	+28 +19	+34 +19	+29 +23	+32 +23	+28 +23	—	—	—	+37 +28	+43 +28	—	+43 +34	—	+51 +42
10	14	+31 +23	+34 +23	+41 +23	+36 +28	+39 +28	+46 +28	—	—	—	+44 +33	+51 +33	—	+51 +40	—	+61 +50
14	18	+31 +23	+34 +23	+41 +23	+36 +28	+39 +28	+46 +28	—	—	—	+44 +33	+51 +33	+50 +39	+56 +45	—	+71 +60
18	24	+37 +28	+41 +28	+49 +28	+44 +35	+48 +35	+56 +35	—	—	—	+54 +41	+62 +41	+60 +47	+67 +54	+76 +63	+86 +73
24	30	+37 +28	+41 +28	+49 +28	+44 +35	+48 +35	+56 +35	+50 +41	+54 +41	+62 +41	+61 +48	+69 +48	+68 +55	+77 +64	+88 +75	+101 +88
30	40	+45 +34	+50 +34	+59 +34	+54 +43	+59 +43	+68 +43	+59 +48	+64 +48	+73 +48	+76 +60	+85 +60	+84 +68	+96 +80	+110 +94	+128 +112
40	50	+45 +34	+50 +34	+59 +34	+54 +43	+59 +43	+68 +43	+65 +54	+70 +54	+79 +54	+86 +70	+95 +70	+97 +81	+113 +97	+130 +114	+152 +136
50	65	+54 +41	+60 +41	+71 +41	+66 +53	+72 +53	+83 +53	+79 +66	+85 +66	+96 +66	+106 +87	+117 +87	+121 +102	+141 +122	+163 +144	+191 +172
65	80	+56 +43	+62 +43	+73 +43	+72 +59	+78 +59	+89 +59	+88 +75	+94 +75	+105 +75	+121 +102	+132 +102	+139 +120	+165 +146	+193 +174	+229 +210
80	100	+66 +51	+73 +51	+86 +51	+86 +71	+93 +71	+106 +71	+106 +91	+113 +91	+126 +91	+146 +124	+159 +124	+168 +146	+200 +178	+236 +214	+280 +258
100	120	+69 +54	+76 +54	+89 +54	+94 +79	+101 +79	+114 +79	+110 +104	+126 +104	+136 +104	+166 +144	+179 +144	+194 +172	+232 +210	+276 +254	+332 +310
120	140	+81 +63	+88 +63	+103 +63	+110 +92	+117 +92	+132 +92	+140 +122	+147 +122	+162 +122	+195 +170	+210 +170	+227 +202	+273 +248	+325 +300	+390 +365
140	160	+83 +65	+90 +65	+105 +65	+119 +100	125 +100	140 +100	+152 +134	+159 +134	+174 +134	+215 +190	+230 +190	+253 +228	+305 +280	+365 +340	+440 +415
160	180	+86 +68	+93 +68	+108 +68	+126 +108	+133 +108	+148 +108	+164 +146	+171 +146	+186 +146	+235 +210	+250 +210	+227 +252	+335 +310	+405 +380	+490 +465
180	200	+97 +77	+106 +77	+123 +77	+142 +122	+151 +122	+168 +122	+185 +166	+195 +166	+212 +166	+265 +236	+282 +236	+313 +284	+379 +350	+454 +425	+549 +520
200	225	+100 +80	+109 +80	+126 +80	+150 +130	+159 +130	+176 +130	+200 +180	+209 +180	+226 +180	+287 +258	+304 +258	+339 +310	+414 +385	+499 +470	+604 +575
225	250	+104 +84	+113 +84	+130 +84	+160 +140	+169 +140	+186 +140	+216 +196	+225 +196	+242 +196	+313 +284	+330 +284	+369 +340	+454 +425	+549 +520	+669 +640
250	280	+117 +94	+126 +94	+146 +94	+181 +158	+290 +158	+210 +158	+241 +218	+250 +218	+270 +218	+347 +315	+367 +315	+417 +385	+507 +475	+612 +580	+742 +710
280	315	+121 +98	+130 +98	+150 +98	+193 +170	+202 +170	+222 +170	+263 +240	+272 +240	+292 +240	+382 +350	+402 +350	+457 +425	+557 +525	+682 +650	+822 +790
315	355	+133 +108	+144 +108	+165 +108	+215 +190	+226 +190	+247 +190	+293 +268	+304 +268	+325 +268	+426 +390	+447 +390	+511 +475	+626 +590	+766 +730	+936 +900
355	400	+139 +114	+150 +114	+171 +114	+233 +208	+200 +208	+265 +208	+319 +294	+330 +294	+351 +294	+471 +435	+492 +435	+566 +530	+696 +660	+856 +820	+1036 +1000

附表 15　孔的极限偏差（摘自 GB/T 1800.2—2009）　　　　单位：μm

公称尺寸/mm 大于	至	A 11	B 11	C 12	C 11	D 8	D 9	D 10	D 11	E 8	E 9	F 6	F 7	F 8	F 9
—	3	+330 +270	+200 +140	+240 +140	+120 +60	+34 +20	+45 +20	+60 +20	+80 +20	+28 +14	+39 +14	+12 +6	+16 +6	+20 +6	+31 +6
3	6	+345 +270	+215 +140	+260 +140	+145 +70	+30 +48	+30 +60	+30 +78	+30 +108	+20 +38	+20 +50	+18 +10	+22 +10	+28 +10	+40 +10
6	10	+370 +280	+240 +150	+300 +150	+170 +80	+62 +40	+76 +40	+98 +40	+130 +40	+47 +25	+61 +25	+22 +13	+28 +13	+35 +13	+49 +13
10	14	+400 +290	+260 +150	+330 +150	+205 +95	+77 +50	+93 +50	+120 +50	+160 +50	+59 +32	+75 +32	+27 +16	+34 +16	+43 +16	+59 +16
14	18														
18	24	+300 +430	+290 +160	+370 +160	+240 +110	+98 +65	+117 +65	+149 +65	+195 +65	+73 +40	+92 +40	+33 +20	+41 +20	+53 +20	+72 +20
24	30														
30	40	+470 +310	+330 +170	+420 +170	+280 +120	+119 +80	+142 +80	+180 +80	+240 +80	+89 +50	+112 +50	+41 +25	+50 +25	+64 +25	+87 +25
40	50	+480 +320	+340 +180	+430 +180	+290 +130										
50	65	+340 +530	+190 +380	+190 +490	+330 +140	+146 +100	+174 +100	+220 +100	+290 +100	+106 +60	+134 +60	+49 +30	+60 +30	+76 +30	+104 +30
65	80	+550 +360	+390 +200	+500 +200	+340 +150										
80	100	+600 +380	+440 +220	+570 +220	+399 +170	+174 +120	+207 +120	+260 +120	+340 +120	+126 +72	+159 +72	+58 +36	+71 +36	+90 +36	+123 +36
100	120	+630 +410	+460 +240	+590 +240	+400 +180										
120	140	+710 +520	+510 +260	+660 +260	+450 +200										
140	160	+770 +460	+530 +280	+680 +280	+460 +210	+208 +145	+245 +145	+305 +145	+395 +145	+148 +85	+185 +85	+68 +43	+83 +43	+106 +43	+143 +43
160	180	+830 +580	+560 +310	+710 +310	+480 +230										
180	200	+950 +660	+630 +340	+800 +340	+530 +240										
200	225	+1030 +740	+670 +380	+840 +380	+550 +260	+242 +170	+285 +170	+355 +170	+460 +170	+172 +100	+215 +100	+79 +50	+96 +50	+122 +50	+165 +50
225	250	+1110 +820	+710 +420	+880 +420	+570 +280										
250	280	+1240 +920	+800 +480	+1000 +480	+620 +300	+271 +190	+320 +190	+400 +190	+510 +190	+191 +110	+240 +110	+88 +56	+108 +56	+137 +56	+186 +56
280	315	+1370 +1050	+860 +540	+1060 +540	+650 +330										
315	355	+1560 +1200	+960 +600	+1170 +800	+720 +360	+299 +210	+350 +210	+440 +210	+570 +210	+214 +125	+265 +125	+98 +62	+119 +62	+151 +62	+202 +62
355	400	+1710 +1350	+1040 +680	+1250 +680	+760 +400										

常用公差带/μm

公称尺寸/mm		常用公差带/μm														
		G		H							JS			K		
大于	至	6	7	6	7	8	9	10	11	12	6	7	8	6	7	8
—	3	+8 / +2	+12 / +2	+6 / 0	+10 / 0	+14 / 0	+25 / 0	+40 / 0	+60 / 0	+100 / 0	±3	±5	±7	0 / −6	0 / −10	0 / −11
3	6	+12 / +4	+16 / +4	+8 / 0	+12 / 0	+18 / 0	+30 / 0	+48 / 0	+75 / 0	+120 / 0	±4	±6	±9	+2 / −6	+3 / −9	+5 / −13
6	10	+14 / +5	+20 / +5	+9 / 0	+15 / 0	+22 / 0	+36 / 0	+58 / 0	+90 / 0	+150 / 0	±4.5	±7	±11	+2 / −7	+5 / −10	+6 / −16
10	14	+17 / +6	+24 / +6	+11 / 0	+18 / 0	+27 / 0	+43 / 0	+70 / 0	+110 / 0	+180 / 0	±5.5	±9	±13	+2 / −9	+6 / −12	+8 / −19
14	18	+17 / +6	+24 / +6	+11 / 0	+18 / 0	+27 / 0	+43 / 0	+70 / 0	+110 / 0	+180 / 0	±5.5	±9	±13	+2 / −9	+6 / −12	+8 / −19
18	24	+20 / +7	+28 / +7	+13 / 0	+21 / 0	+33 / 0	+52 / 0	+84 / 0	+130 / 0	+210 / 0	±6.5	±10	±16	+2 / −11	+6 / −15	+10 / −22
24	30	+20 / +7	+28 / +7	+13 / 0	+21 / 0	+33 / 0	+52 / 0	+84 / 0	+130 / 0	+210 / 0	±6.5	±10	±16	+2 / −11	+6 / −15	+10 / −22
30	40	+25 / +9	+34 / +9	+16 / 0	+25 / 0	+39 / 0	+62 / 0	+100 / 0	+160 / 0	+250 / 0	±8	±12	±19	+3 / −13	+7 / −18	+12 / −27
40	50	+25 / +9	+34 / +9	+16 / 0	+25 / 0	+39 / 0	+62 / 0	+100 / 0	+160 / 0	+250 / 0	±8	±12	±19	+3 / −13	+7 / −18	+12 / −27
50	65	+29 / +10	+40 / +10	+19 / 0	+30 / 0	+46 / 0	+74 / 0	+120 / 0	+190 / 0	+300 / 0	±9.5	±15	±23	+4 / −15	+9 / −21	+14 / −32
65	80	+29 / +10	+40 / +10	+19 / 0	+30 / 0	+46 / 0	+74 / 0	+120 / 0	+190 / 0	+300 / 0	±9.5	±15	±23	+4 / −15	+9 / −21	+14 / −32
80	100	+34 / +12	+47 / +12	+22 / 0	+35 / 0	+54 / 0	+87 / 0	+140 / 0	+220 / 0	+350 / 0	±11	±17	±27	+4 / −18	+10 / −25	+16 / −33
100	120	+34 / +12	+47 / +12	+22 / 0	+35 / 0	+54 / 0	+87 / 0	+140 / 0	+220 / 0	+350 / 0	±11	±17	±27	+4 / −18	+10 / −25	+16 / −33
120	140	+39 / +14	+54 / +14	+25 / 0	+40 / 0	+63 / 0	+100 / 0	+160 / 0	+250 / 0	+400 / 0	±12.5	±20	±31	+4 / −21	+12 / −28	+20 / −43
140	160	+39 / +14	+54 / +14	+25 / 0	+40 / 0	+63 / 0	+100 / 0	+160 / 0	+250 / 0	+400 / 0	±12.5	±20	±31	+4 / −21	+12 / −28	+20 / −43
160	180	+39 / +14	+54 / +14	+25 / 0	+40 / 0	+63 / 0	+100 / 0	+160 / 0	+250 / 0	+400 / 0	±12.5	±20	±31	+4 / −21	+12 / −28	+20 / −43
180	200	+44 / +15	+61 / +15	+29 / 0	+46 / 0	+72 / 0	+115 / 0	+185 / 0	+290 / 0	+460 / 0	±14.5	±23	±36	+5 / −24	+13 / −33	+22 / −50
200	225	+44 / +15	+61 / +15	+29 / 0	+46 / 0	+72 / 0	+115 / 0	+185 / 0	+290 / 0	+460 / 0	±14.5	±23	±36	+5 / −24	+13 / −33	+22 / −50
225	250	+44 / +15	+61 / +15	+29 / 0	+46 / 0	+72 / 0	+115 / 0	+185 / 0	+290 / 0	+460 / 0	±14.5	±23	±36	+5 / −24	+13 / −33	+22 / −50
250	280	+49 / +17	+69 / +17	+32 / 0	+52 / 0	+81 / 0	+130 / 0	+210 / 0	+320 / 0	+520 / 0	±16	±26	±40	+5 / −27	+16 / −36	+25 / −56
280	315	+49 / +17	+69 / +17	+32 / 0	+52 / 0	+81 / 0	+130 / 0	+210 / 0	+320 / 0	+520 / 0	±16	±26	±40	+5 / −27	+16 / −36	+25 / −56
315	355	+54 / +18	+75 / +18	+36 / 0	+57 / 0	+89 / 0	+140 / 0	+230 / 0	+360 / 0	+570 / 0	±18	±28	±44	+7 / −29	+17 / −40	+28 / −61
355	400	+54 / +18	+75 / +18	+36 / 0	+57 / 0	+89 / 0	+140 / 0	+230 / 0	+360 / 0	+570 / 0	±18	±28	±44	+7 / −29	+17 / −40	+28 / −61

续表

公称尺寸/mm 大于	至	M6	M7	M8	N6	N7	N8	P6	P7	R6	R7	S6	S7	T6	T7	U7
—	3	−2/−8	−2/−12	−2/−16	−4/−10	−4/−14	−4/−18	−6/−12	−6/−16	−10/−16	−10/−20	−14/−20	−14/−24	—	—	−18/−28
3	6	−1/−9	0/−12	+2/−16	−5/−13	−4/−16	−2/−20	−9/−17	−8/−20	−12/−20	−11/−23	−16/−24	−15/−27	—	—	−19/−31
6	10	−3/−12	0/−15	+1/−21	−7/−16	−4/−19	−3/−25	−12/−21	−9/−24	−16/−25	−13/−28	−20/−29	−17/−32	—	—	−22/−37
10	14	−4/−15	0/−18	+2/−25	−9/−20	−5/−23	−3/−30	−15/−26	−11/−29	−20/−31	−16/−34	−25/−36	−21/−39	—	—	−26/−44
14	18	−4/−15	0/−18	+2/−25	−9/−20	−5/−23	−3/−30	−15/−26	−11/−29	−20/−31	−16/−34	−25/−36	−21/−39	—	—	−26/−44
18	24	−4/−17	0/−21	+4/−29	−11/−24	−7/−28	−3/−36	−18/−31	−14/−35	−24/−37	−20/−41	−31/−44	−27/−48	—	—	−33/−54
24	30	−4/−17	0/−21	+4/−29	−11/−24	−7/−28	−3/−36	−18/−31	−14/−35	−24/−37	−20/−41	−31/−44	−27/−48	−37/−50	−33/−54	−40/−61
30	40	−4/−20	0/−25	+5/−34	−12/−28	−8/−33	−3/−42	−21/−37	−17/−42	−29/−45	−25/−50	−38/−54	−34/−59	−43/−59	−39/−64	−51/−76
40	50	−4/−20	0/−25	+5/−34	−12/−28	−8/−33	−3/−42	−21/−37	−17/−42	−29/−45	−25/−50	−38/−54	−34/−59	−49/−65	−45/−70	−61/−86
50	65	−5/−24	0/−30	+5/−41	−14/−33	−9/−39	−4/−50	−26/−45	−21/−51	−35/−54	−30/−60	−47/−66	−42/−72	−60/−79	−55/−85	−76/−106
65	80	−5/−24	0/−30	+5/−41	−14/−33	−9/−39	−4/−50	−26/−45	−21/−51	−37/−56	−32/−62	−53/−72	−48/−78	−69/−88	−64/−94	−91/−121
80	100	−6/−28	0/−35	+6/−43	−16/−38	−10/−45	−4/−58	−30/−52	−24/−59	−44/−66	−38/−73	−64/−86	−58/−93	−84/−106	−78/−113	−111/−146
100	120	−6/−28	0/−35	+6/−43	−16/−38	−10/−45	−4/−58	−30/−52	−24/−59	−47/−69	−41/−76	−72/−94	−66/−101	−97/−119	−91/−126	−131/−166
120	140	−8/−33	0/−40	+8/−55	−20/−45	−12/−52	−4/−67	−36/−61	−28/−68	−56/−81	−48/−88	−85/−110	−77/−117	−115/−140	−107/−147	−155/−195
140	160	−8/−33	0/−40	+8/−55	−20/−45	−12/−52	−4/−67	−36/−61	−28/−68	−58/−83	−50/−90	−93/−118	−85/−125	−127/−152	−119/−159	−175/−215
160	180	−8/−33	0/−40	+8/−55	−20/−45	−12/−52	−4/−67	−36/−61	−28/−68	−61/−86	−53/−93	−101/−126	−93/−133	−139/−164	−131/−171	−195/−235
180	200	−8/−37	0/−46	+9/−63	−22/−51	−14/−60	−5/−77	−41/−70	−33/−79	−68/−97	−60/−106	−113/−142	−101/−155	−157/−186	−149/−195	−219/−265
200	225	−8/−37	0/−46	+9/−63	−22/−51	−14/−60	−5/−77	−41/−70	−33/−79	−71/−100	−63/−109	−121/−150	−113/−159	−171/−200	−163/−209	−241/−287
225	250	−8/−37	0/−46	+9/−63	−22/−51	−14/−60	−5/−77	−41/−70	−33/−79	−75/−104	−67/−113	−131/−160	−123/−169	−187/−216	−179/−225	−267/−313
250	280	−9/−41	0/−52	+9/−72	−25/−57	−14/−66	−5/−86	−47/−79	−36/−88	−85/−117	−74/−126	−149/−181	−138/−190	−209/−241	−198/−250	−295/−347
280	315	−9/−41	0/−52	+9/−72	−25/−57	−14/−66	−5/−86	−47/−79	−36/−88	−89/−121	−78/−130	−161/−193	−150/−202	−231/−263	−220/−272	−330/−382
315	355	−10/−46	0/−57	+11/−78	−26/−62	−16/−73	−5/−94	−51/−87	−41/−98	−97/−133	−87/−144	−179/−215	−169/−226	−257/−293	−247/−304	−369/−426
355	400	−10/−46	0/−57	+11/−78	−26/−62	−16/−73	−5/−94	−51/−87	−41/−98	−103/−139	−93/−150	−197/−233	−187/−244	−283/−319	−273/−330	−414/−471

表头说明：公称尺寸/mm（大于，至）；常用公差带/μm。

四、材料及热处理知识

附表 16　常用材料

名　称		牌号或代号	说　明	应　用
黑色金属	灰铸铁 GB/T 9439—1988	HT150	HT "灰铁"代号 150 抗拉强度（MPa）	用于一般铸件，如端盖、带轮、工作台、机床座等，属于中等强度铸铁
		HT200		用于较重要的铸件，如汽缸、齿轮、凸轮、机座、床身、飞轮、带轮、齿轮箱、阀壳、联轴器、衬筒、轴承座等，属于高强度铸铁
	球墨铸铁 GB/T 1438—1988	QT450-10	QT "球铁"代号 450 抗拉强度（MPa） 10 伸长率（%）	广泛用于制造曲轴、汽缸套、活塞环、摩擦片、中低压阀门、千斤顶座等，具有较高的强度和塑性
		QT500-7		
	铸钢 GB/T 11352—2009	ZG200-400	ZG "铸钢"代号 200 屈服强度（MPa） 400 抗拉强度（MPa）	用于机座、变速箱壳等
		ZG270-500		用于飞轮、机架、水压机工作缸、横梁等
	碳素结构钢 GB/T 700—2006	Q215A	Q "屈"字代号 235 屈服点数值（MPa） A 质量等级	用于炉撑、铆钉、垫圈、开口销等。塑性大、抗拉强度低、易于焊接
		Q235A		用于低速轻载齿轮、键、拉杆、钩子、螺栓、套圈等，强度和硬度较高，延伸率大，可焊接，用途十分广泛，是机械零件中的一种主要材料
	优质碳素结构钢 GB/T 699—1999	45	65 平均含碳量（万分之几） Mn 含锰量较高	用于强度要求较高的零件，如齿轮、机床主轴、花键轴等
		65Mn		强度高，用于制造各种弹簧
有色金属	普通黄铜 GB/T 5231—2001	H62	H "黄"铜代号 62 基体元素铜的含量	用于热轧、热压零件，如套管、螺母等
		H68		用于复杂的冷冲压零件和拉深件，如弹壳、垫座等
	铸造青铜 GB/T 1176—1987	ZCuSn10Zn2	Z "铸"造代号 Cu 基体金属铜元素符号 Sn10 锡元素符号及名义含量（%）	用于中等及较高负荷和小滑动速度下工作的重要管配件，以及阀、旋塞、泵体、齿轮、叶轮等
	铸造铝合金 GB/T 1173—1995	ZAlSi5Cu1Mg	Z "铸"造代号 Al 基体元素铝元素符号 Si5 硅元素符号及名义含量（%）	用于风冷发电机的汽缸头、机闸、油泵体等 225℃ 以下工作的零件
		ZAlSi12 （代号 ZL102）		用于制造形状复杂、负荷小、耐腐蚀的薄壁零件和工作温度 200℃ 以下的高气密性零件
非金属	尼龙	尼龙 6	6、66 为顺序号，66 比 6 的机械性能和线膨胀系数高	用于一般机械零件、传动件及减磨耐磨件，如齿轮、蜗轮、轴承、丝杠、螺母、凸轮、风扇叶轮、螺钉、垫圈等。机械性能高，韧性好、耐磨、耐水、耐油。零件在工作时噪声小
		尼龙 66		
	耐油橡胶板 GB/T 5574—2008	3707	37、38 顺序号 07 扯断强度（kPa）	用于在一定温度的机油、变压器油、汽油等介质中工作的零件，冲制各种形状的垫圈
		3807		
	聚四氟乙烯	PTFE		用于耐腐蚀、耐磨、耐高温的密封元件，如填料、衬垫、阀座，也用作输送腐蚀介质的高温管路、耐腐蚀衬里、容器的密封圈等

附表 17　热处理方法及应用

名称	处理方法	应　用
退火	将钢件加热到临界温度以上,保温一段时间,然后缓慢地冷却下来	用来消除铸、锻、焊零件的内应力,降低硬度,改善加工性能,增加塑性和韧性,细化金属晶粒,使组织均匀。适用于含碳量在 0.83% 以下的铸、锻、焊零件
正火	将钢件加热到临界温度以上,保温一段时间,然后在空气中冷却下来,冷却速度比退火快	用来处理低碳和中碳结构钢件及渗碳零件,使其晶粒细化,增加强度与韧性,改善切削加工性能
淬火	将钢件加热到临界温度以上,保温一段时间,然后在水、盐水或油中急速冷却下来,使其增加硬度、耐磨性	用来提高钢的硬度、强度和耐磨性。但淬火后会引起内应力及脆性,因此淬火后的钢件必须回火
回火	将淬火后的钢件加热到临界温度以下的某一温度,保温一段时间,然后在空气或油中冷却下来	用来消除淬火时产生的脆性和内应力,以提高钢件的韧性和强度
调质	淬火后进行高温回火(450～650℃)	可以完全消除内应力,并获得较高的综合机械性能。一些重要零件淬火后都要经过调质处理
时效处理	天然时效:在空气中存放半年到一年以上 人工时效:加热到200℃左右,保温10～20h 或更长时间	使铸件或淬火后的钢件慢慢消除其内应力,稳定其形状和尺寸

附表 18　钢管　　　　单位：mm

低压流体输送用焊接钢管(摘自 GB/T 3091—2015)

公称口径 DN	外径 D			最小公称壁厚 t	公称口径 DN	外径 D			最小公称壁厚 t
	系列 1	系列 2	系列 3			系列 1	系列 2	系列 3	
6	10.2	10.0	—	2.0	50	60.3	59.5	59.0	3.0
8	13.5	12.7	—	2.0	65	76.1	75.5	75.0	3.0
10	17.2	16.0	—	2.2	80	88.9	88.5	88.0	3.25
15	21.3	20.8	—	2.2	100	114.3	114.0	—	3.25
20	26.9	26.0	—	2.2	125	139.7	141.3	140.0	3.5
25	33.7	33.0	32.5	2.5	150	165.1	168.3	159.0	3.5
32	42.4	42.0	41.5	2.5	200	219.1	219.0	—	4.0
40	48.3	48.0	47.5	2.75					

注：1. 表中的公称口径系近似内径的名义尺寸,不表示外径减去两倍壁厚所得的内径。
　　2. 系列 1 是通用系列,属推荐选用系列;系列 2 是非通用系列;系列 3 是少数特殊、专用系列。

五、化工设备标准零部件

附表 19　内压筒体壁厚(经验数据)

材料	工作压力 /MPa	公称直径 DN/mm																											
		300	(350)	400	(450)	500	(550)	600	(650)	700	800	900	1000	(1100)	1200	1300	1400	(1500)	1600	(1700)	1800	(1900)	2000	(2100)	2200	(2300)	2400	2600	2800	3000
		筒体壁厚/mm																												
Q235-A Q235 -A·F	≤0.3	3				3	3	3		4	4			5	5	5	5	5	6	6	6	6	6	6	8	8	8			
	≤0.4		3	3	3				4	4		5	5	5																
	≤0.6					4	4	4		4.5	4.5			6	6	6	8	8	8	8	8	10	10	10	10	10				
	≤1.0		4	4	4.5	4.5	5	6	6	6	6	8	8	10	10	10	12	12	12	12	12	14	14	14	16	16				
	≤1.6	4.5	5	6	6	8	8	8	8	10	10	10	12	12	12	14	14	16	16	16	18	18	18	20	20	22	24	24		

续表

公称直径 DN/mm（筒体壁厚/mm）

材料	工作压力/MPa	300	(350)	400	(450)	500	(550)	600	(650)	700	800	900	1000	(1100)	1200	1300	1400	(1500)	1600	(1700)	1800	(1900)	2000	(2100)	2200	(2300)	2400	2600	2800	3000
不锈钢	≤0.3	3	3	3	3	3	3	3	3	3	3	3	4	4	4	4	4	4	4	5	5	5	5	5	5	5	5	7	7	7
	≤0.4	3	3	3	3	3	3	3	3	3	3	3	4	4	4	4	4	4	4	5	5	5	5	5	5	5	7	7	7	7
	≤0.6	3	3	3	3	3	3	3	3	3	3	3	4	4	5	5	5	5	5	6	6	6	7	7	7	8	8	9	9	9
	≤1.0				4	4	4	5	5	5	6	6	6	7	7	8	8	9	9	10	10	12	12	12	12	14	14	14	16	16
	≤1.6	4	4	5	5	6	6	7	7	7	7	8	8	9	10	12	12	12	14	14	14	16	16	18	18	18	18	20	22	24

附表 20　EHA 椭圆形封头型式参数（摘自 JB/T 4746—2002《钢制压力容器用封头》）

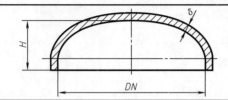

序号	公称直径 DN/mm	总深度 H/mm	内表面积 A/m²	容积 V/m³	序号	公称直径 DN/mm	总深度 H/mm	内表面积 A/m²	容积 V/m³
1	300	100	0.1211	0.0053	27	2200	590	5.5229	1.5459
2	350	113	0.1603	0.0080	28	2300	615	6.0233	1.7588
3	400	125	0.2049	0.0115	29	2400	640	6.5453	1.9905
4	450	138	0.2548	0.0159	30	2500	665	7.0891	2.2417
5	500	150	0.3103	0.0213	31	2600	690	7.6545	2.5131
6	550	163	0.3711	0.0277	32	2700	715	8.2415	2.8055
7	600	175	0.4374	0.0353	33	2800	740	8.8503	3.1198
8	650	188	0.5090	0.0442	34	2900	765	9.4807	3.4567
9	700	200	0.5861	0.0545	35	3000	790	10.1329	3.8170
10	750	213	0.6686	0.0663	36	3100	815	10.8067	4.2015
11	800	225	0.7566	0.0796	37	3200	840	11.5021	6.6110
12	850	238	0.8499	0.0946	38	3300	865	12.2193	5.0463
13	900	250	0.9487	0.1113	39	3400	890	12.9581	5.5080
14	950	263	1.0529	0.1300	40	3500	915	13.7186	5.9972
15	1000	275	1.1625	0.1505	41	3600	940	14.5008	6.5144
16	1100	300	1.3980	0.1980	42	3700	965	15.3047	7.0605
17	1200	325	1.6552	0.2545	43	3800	990	16.1303	7.6364
18	1300	350	1.9340	0.3208	44	3900	1015	16.9775	8.2427
19	1400	375	2.2346	0.3977	45	4000	1040	17.8464	8.8802
20	1500	400	2.5568	0.4860	46	4100	1065	18.7370	9.5498
21	1600	425	2.9007	0.5864	47	4200	1090	19.6493	10.2523
22	1700	450	3.2662	0.6999	48	4300	1115	20.5832	10.9883
23	1800	475	3.6535	0.8270	49	4400	1140	21.5389	11.7588
24	1900	500	4.0624	0.9687	50	4500	1165	22.5162	12.5644
25	2000	525	4.4930	1.1257	51	4600	1190	23.5152	13.4060
26	2100	565	5.0443	1.3508	52	4700	1215	24.5359	1402844

附表 21　管法兰及垫片（摘自 JB/T 81—1994、JB/T 87—1994）

凸面板式平焊钢质法兰
（摘自 JB/T 81—1994）

管路法兰用石棉橡胶垫片
（摘自 JB/T 87—1994）

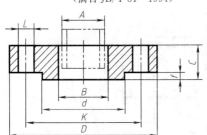
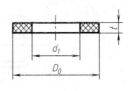

凸面板式平焊钢质法兰/mm

PN/MPa	公称通径 DN	10	15	20	25	32	40	50	65	80	100	120	150	200	250	300
	直径/mm															
0.25	管子外径 A	14	18	25	32	38	45	57	73	89	108	133	159	219	273	325
0.6	法兰内径 B	15	19	26	33	39	46	59	75	91	110	135	161	222	276	328
1.0																
1.6	密封面厚度 f	2	2	2	2	2	3	3	3	3	3	3	3	3	3	4
0.25	法兰外径 D	75	80	90	100	120	130	140	160	190	210	240	265	320	375	440
0.6	螺栓中心直径 K	50	55	65	75	90	100	110	130	150	170	200	225	280	335	395
	密封面直径 d	32	40	50	60	70	80	90	110	125	145	175	200	255	310	362
1.0	法兰外径 D	90	95	105	115	140	150	165	185	200	220	250	285	340	395	445
1.6	螺栓中心直径 K	60	65	75	85	100	110	125	145	160	180	210	240	295	350	400
	密封面直径 d	40	45	55	65	78	85	100	120	135	155	185	210	265	320	368
	厚度/mm															
0.25	法兰厚度 C	10	10	12	12	12	12	12	14	14	14	14	16	18	22	22
0.6		12	12	14	14	16	16	16	18	18	20	20	22	24	24	
1.0							18	18	20	20	22	24	24	24	26	28
1.6		14	14	16	18	18	20	22	24	24	26	28	28	30	32	32
	螺栓															
0.25,0.6	螺栓数量 n									4	4			8		
0.6		4	4	4	4	4	4	4	4	8	8	8	8	12	12	
1.6										8	8			12		
0.25	螺栓孔直径 L	12	12	12	12	14	14	14	14	18	18	18	18	18	18	23
0.6	螺栓规格	M10	M10	M10	M10	M12	M12	M12	M12	M16	M16	M16	M16	M16	M16	M20
1.0	螺栓孔直径 L	14	14	14	14	18	18	18	18	18	18	18	23	23	23	23
	螺栓规格	M12	M12	M12	M12	M16	M16	M16	M16	M16	M16	M16	M20	M20	M20	M20
1.6	螺栓孔直径 L	14	14	14	14	18	18	18	18	18	18	18	23	23	23	23
	螺栓规格	M12	M12	M12	M12	M16	M16	M16	M16	M16	M16	M16	M20	M20	M24	M24
	管路法兰用石棉橡胶垫片/mm															
0.25,0.6	垫片外径 D_0	38	43	53	63	76	86	96	116	132	152	182	207	262	317	372
0.6		46	51	61	71	82	92	107	127	142	162	192	217	272	327	377
1.6															330	385
	垫片内径 d_1	14	18	25	32	38	45	57	76	89	108	133	159	219	273	325
	垫片厚度 t								2							

附表 22 甲型平焊法兰（摘自 JB/T 4701—2000《甲型平焊法兰》）

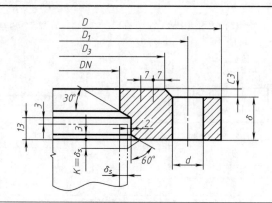

公称直径	法兰/mm							螺柱	
DN/mm	D	D_1	D_2	D_3	D_4	δ	d	规格	数量
PN＝0.25MPa									
700	815	780	750	740	737	36	18	M16	28
800	915	880	850	840	837	36	18	M16	32
900	1015	980	950	940	937	40	18	M16	36
1000	1130	1090	1055	1045	1042	40	23	M20	32
1100	1230	1190	1155	1141	1138	40	23	M20	32
1200	1330	1290	1255	1241	1238	44	23	M20	36
1300	1430	1390	1355	1341	1338	46	23	M20	40
1400	1530	1490	1455	1441	1438	46	23	M20	40
1500	1630	1590	1555	1541	1538	48	23	M20	44
1600	1730	1690	1655	1641	1638	50	23	M20	48
1700	1830	1790	1755	1741	1738	52	23	M20	52
1800	1930	1890	1855	1841	1838	56	23	M20	52
1900	2030	1990	1955	1941	1938	56	23	M20	56
2000	2130	2090	2065	2041	2038	60	23	M20	60
PN＝0.60MPa									
450	565	530	500	490	487	30	18	M16	20
500	615	580	550	540	537	30	18	M16	20
550	665	630	600	590	587	32	18	M16	24
600	715	680	650	640	637	32	18	M16	24
650	765	730	700	690	687	36	18	M16	28
700	830	790	755	745	742	36	23	M20	24
800	930	890	855	845	842	40	23	M20	24
900	1030	990	955	945	942	44	23	M20	32
1000	1130	1090	1055	1045	1042	48	23	M20	36
1100	1230	1190	1155	1141	1138	55	23	M20	44
1200	1300	1290	1255	1241	1238	60	23	M20	52
PN＝1.0MPa									
300	415	380	350	340	337	26	18	M16	16
350	465	430	400	390	387	26	18	M16	16
400	515	480	450	440	437	30	18	M16	20

续表

公称直径	法兰/mm							螺柱	
DN/mm	D	D_1	D_2	D_3	D_4	δ	d	规格	数量
$PN=1.0\mathrm{MPa}$									
450	565	530	500	490	487	34	18	M16	24
500	630	590	555	545	542	34	23	M20	20
550	680	640	605	595	592	38	23	M20	24
600	730	690	655	645	642	40	23	M20	24
650	780	740	705	695	692	44	23	M20	28
700	830	790	755	745	742	46	23	M20	32
800	930	890	855	845	842	54	23	M20	40
900	1030	990	955	945	942	60	23	M20	48
$PN=1.6\mathrm{MPa}$									
300	430	390	355	345	342	30	23	M20	16
350	480	440	405	395	392	32	23	M20	16
400	530	490	455	445	442	36	23	M20	20
450	580	540	505	495	492	40	23	M20	24
500	630	590	555	545	542	44	23	M20	28
550	680	640	605	595	592	50	23	M20	36
600	730	690	655	645	642	54	23	M20	40
650	780	740	705	695	692	58	23	M20	44

注：各类密封面的甲型平焊法兰的系列尺寸均符合此表数据。

附表 23　常压人孔（摘自 HG/T 21515—2005《常压人孔》）　　单位：mm

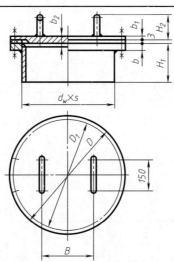

密封面型式	公称直径 DN	$d_\mathrm{w}\times s$	D	D_1	B	b	b_1	b_2	H_1	H_2	螺栓螺母 数量	螺栓 直径×长度	总质量 /kg
全平面（FF 型）	(400)	426×6	515	480	250	14	10	12	150	90	16	M16×50	37.0
	450	480×6	570	535	250	14	10	12	160	90	20	M16×50	44.4
	500	530×6	620	585	300	14	10	12	160	90	20	M16×50	50.5
	600	630×6	720	685	300	16	12	14	180	92	24	M16×55	74.0

附表 24　B 型支座系列参数尺寸（摘自 JB/T 4712.3—2007《容器支座第 3 部分：耳式支座》）

单位：mm

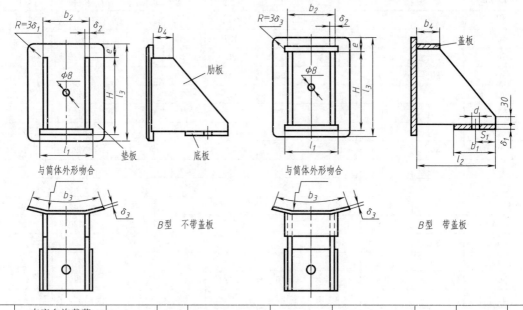

B 型　不带盖板　　　　　　　　　　　B 型　带盖板

支座号	支座允许载荷[Q]/kN		适用容器公称直径 DN	高度 H	底板				肋板			垫板				盖板		地脚螺栓		支座质量/kg
	Q235A 0Cr18Ni9	16MnR 15CrMoR			l_1	b_1	δ_1	s_1	l_2	b_2	δ_2	l_3	b_3	δ_3	e	b_4	δ_4	d	规格	
1	10	14	300～600	125	100	60	6	30	80	70	4	160	125	6	20	30	—	24	M20	1.7
2	20	26	500～1000	160	125	80	8	40	100	90	5	200	160	6	24	30	—	24	M20	3.0
3	30	44	700～1400	200	160	105	10	50	125	110	6	250	200	6	30	30	—	30	M24	6.0
4	60	90	1000～2000	250	200	140	14	70	160	140	8	315	250	8	40	30	—	30	M24	11.1
5	100	120	1300～2600	320	250	180	16	90	200	180	10	400	320	10	48	30	—	30	M24	21.6
6	150	190	1500～3000	400	320	230	20	115	250	230	12	500	400	12	60	50	12	36	M30	42.7
7	200	230	1700～3400	480	375	280	22	130	300	280	14	600	480	14	70	50	14	36	M30	69.8
8	250	320	2000～4000	600	480	360	26	145	380	350	16	720	600	16	72	50	16	36	M30	123.9

注：表中支座质量是以表中的垫板厚度为 δ_3 计算的，如果 δ_3 的厚度改变，则支座的质量应相应的改变。

附表 25　鞍式支座（摘自 JB/T 4712.1—2007《容器支座第 1 部分：鞍式支座》）

单位：mm

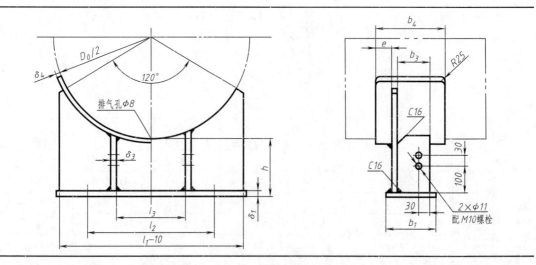

续表

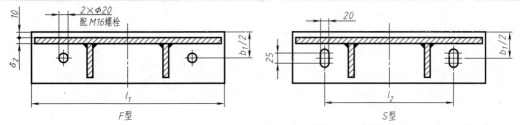

F型　　　　　　　　　　　　　　　S型

（适合 DN500～900mm 的 120°包角重型带垫板或不带垫板鞍式支座）

公称直径 DN	允许载荷 Q/kN	鞍座高度 h	底板			腹板	肋板			垫板				螺栓间距	鞍座质量/kg		增加 100mm 高度、增加的质量/kg
			l_1	b_1	δ_1	δ_2	l_3	b_3	δ_3	弧长	b_4	δ_4	e	l_2	带垫板	不带垫板	
500	155		460				250			590				330	21	45	4
550	160		510				275			650				360	23	17	5
600	165		550			8	300		8	710	240		56	400	25	18	5
650	165	200	590	150	10		325	120		770		6		430	27	19	5
700	170		640				350			830				460	30	21	5
800	220		720			10	400		10	940	260		65	530	38	27	7
900	225		810				450			1060				590	43	30	8

附表 26　补强圈（摘自 JB/T 4736—2002）　　　　　　单位：mm

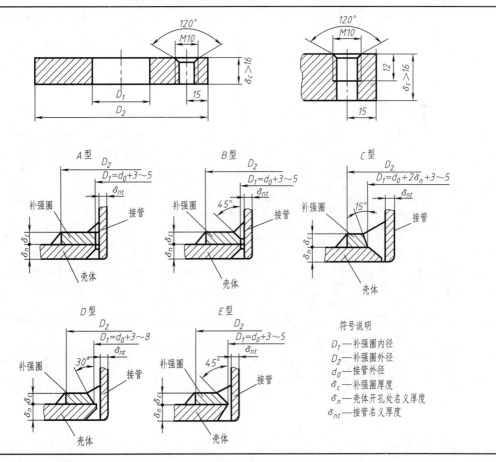

符号说明

D_1—补强圈内径
D_2—补强圈外径
d_0—接管外径
δ_c—补强圈厚度
δ_n—壳体开孔处名义厚度
δ_{nt}—接管名义厚度

续表

接管公称 直径 DN	50	65	80	100	125	150	175	200	225	250	300	350	400	450	500	600
外径 D_2	130	160	180	200	250	300	350	400	440	480	550	620	680	760	840	980
内径 D_1	按补强圈坡口类型确定															
厚度系列 δ_c	4,6,8,10,12,14,16,18,20,22,24,26,28															

六、化工工艺图中的有关图例

附表 27　管道及仪表流程图中设备、机器图例（摘自 HG/T 20519.31—1992）

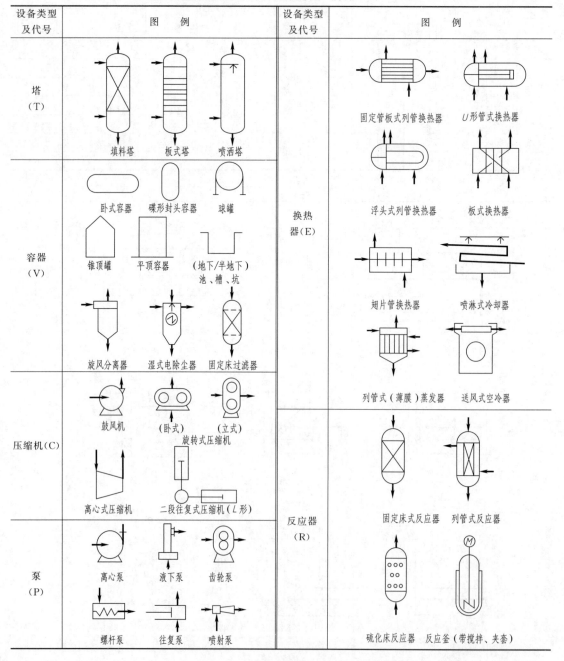

续表

设备类型及代号	图例	设备类型及代号	图例
工业炉（F）	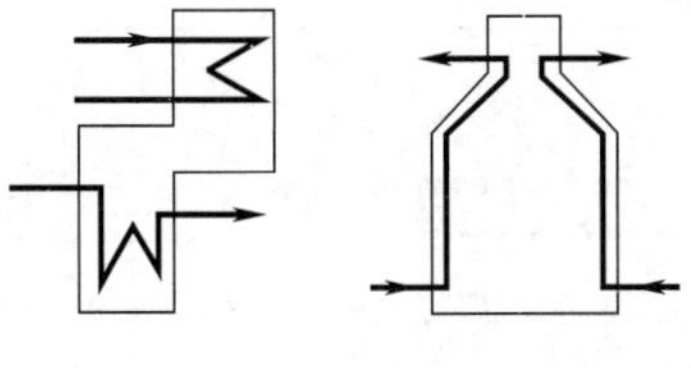 箱式炉　圆筒炉	动力机（M、E、S、D）	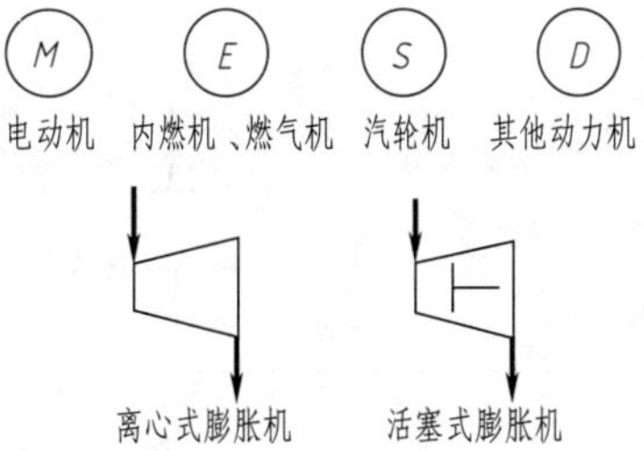 电动机　内燃机、燃气机　汽轮机　其他动力机 离心式膨胀机　活塞式膨胀机
其他机械（M）	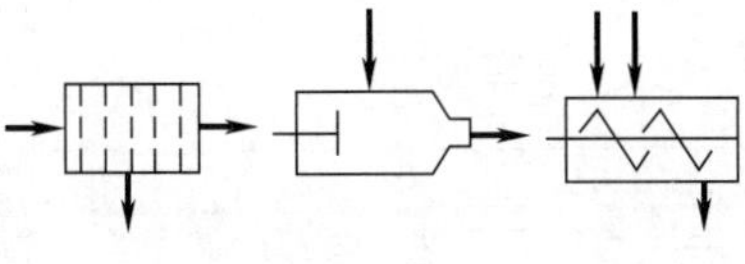 压滤机　挤压机　混合机	火炬烟囱（S）	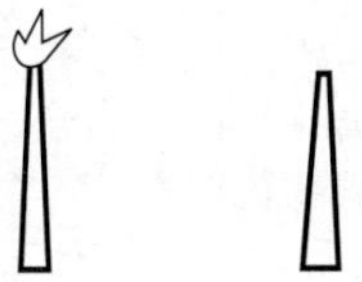 火炬　烟囱

附表28　管道及仪表流程图中管子、管件、阀门及管道附件图例（摘自 HG/T 20519.32—1992）

名称	图例	名称	图例
主要物料管道		闸阀	
辅助物料及公用系统管道		截止阀	
原有管道		球阀	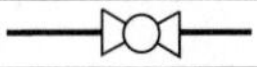
可拆短管		翅片管	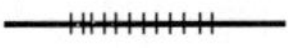
蒸汽伴热管道		文氏管	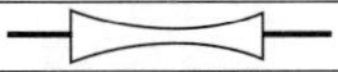
电伴热管道		管道隔热层	
柔性管		夹套管	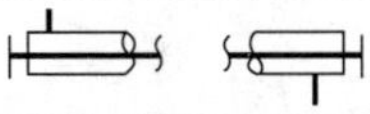
喷淋管		旋塞阀	
放空管		隔膜阀	
敞口漏斗	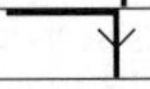	减压阀	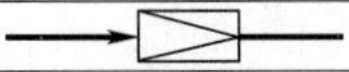
异径管		节流阀	

附表29　管件与管路连接的表示法（摘自 HG/T 20519.33—1992）

连接方式 名称	螺纹或承插焊	对焊 单线	对焊 双线	法兰式 单线	法兰式 双线
90°弯头 主视图及俯视图	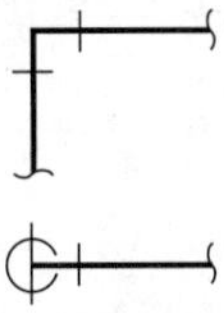	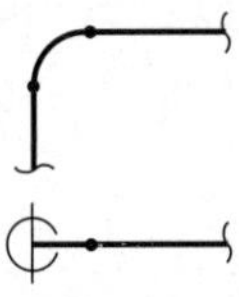	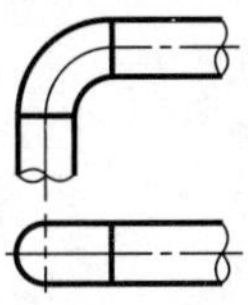		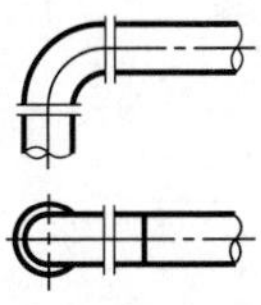
90°弯头 轴测图	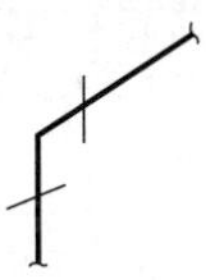	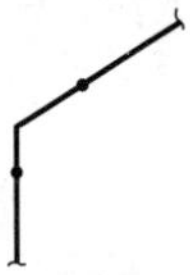		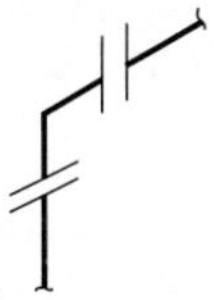	

连接方式 名称		螺纹或承插焊	对焊		法兰式	
			单线	双线	单线	双线
三通管	主视图及俯视图					
	轴测图					
偏心异径管	主视图及俯视图					
	轴测图					

参 考 文 献

[1] 董振柯. 化工制图. 3 版. 北京：化学工业出版社，2019.
[2] 胡建生. 化工制图. 4 版. 北京：化学工业出版社，2019.
[3] 彭晓兰. 机械制图. 2 版. 北京：高等教育出版社，2018.
[4] 钱可强. 机械制图. 5 版. 北京：高等教育出版社，2018.
[5] 董祥国，李世兰. 工程制图基础. 4 版. 北京：高等教育出版社，2019.
[6] 山颖，闫玉蕾. 工程制图与 CAD. 北京：机械工业出版社，2019.